U0213995

住房和城乡建设部"十四五"规划教材

高等学校土木工程专业系列教材

土木工程结构试验

（第三版）

熊仲明　朱军强　赵歆冬　陈　轩　王林科　编著

白国良　主审

中国建筑工业出版社

图书在版编目(CIP)数据

土木工程结构试验 / 熊仲明等编著;白国良主审.

3 版. -- 北京:中国建筑工业出版社,2024.7.

(住房和城乡建设部"十四五"规划教材)(高等学校

土木工程专业系列教材). -- ISBN 978-7-112-30032-7

Ⅰ. TU317

中国国家版本馆 CIP 数据核字第 2024NX0132 号

本书为高等院校土木工程的专业课教材,在第二版的基础上,根据近年来土木工程结构试验的发展进行了修订。内容包括结构试验概论、结构试验设计、结构试验的荷载与加载设备、结构试验的量测技术、工程结构静载试验、结构动力试验、结构抗震试验、工程结构模型试验、建筑结构可靠性检测鉴定的基本理论与基本方法、建筑结构可靠性的检测鉴定、结构试验的数据处理等,注重理论与实践结合,内容精炼,重点突出,适用性强。全书按照《高等学校土木工程本科专业指南》以及最新颁布的国家标准和规范编写。本书采用的二维码集成了数个仪器和相关试验的图像、视频,为试验条件有限的学校学生学习本课程创造一定条件。每章附有小结、思考题等,便于学生自学和进一步提高。

本书可供高等院校土木工程专业本科生作为教材使用,也可供结构工程、防灾减灾工程专业研究生、从事结构试验的专业人员和有关工程技术人员作为参考用书。

为支持教学,本书作者制作了多媒体教学课件,选用此教材的教师可通过以下方式获取:1. 邮箱:jckj@cabp.com.cn;2. 电话:(010) 58337285。

责任编辑:赵 莉 吉万旺 王 跃

责任校对:赵 力

住房和城乡建设部"十四五"规划教材

高 等 学 校 土 木 工 程 专 业 系 列 教 材

土木工程结构试验(第三版)

熊仲明 朱军强 赵歆冬 陈 轩 王林科 编著

白国良 主审

*

中国建筑工业出版社出版、发行(北京海淀三里河路 9 号)

各地新华书店、建筑书店经销

北京红光制版公司制版

北京圣夫亚美印刷有限公司印刷

*

开本:787 毫米×1092 毫米 1/16 印张:16¼ 字数:395 千字

2024 年 8 月第三版 2024 年 8 月第一次印刷

定价:**58.00** 元(赠教师课件、数字资源)

ISBN 978-7-112-30032-7

(42905)

出 版 说 明

党和国家高度重视教材建设。2016年，中办国办印发了《关于加强和改进新形势下大中小学教材建设的意见》，提出要健全国家教材制度。2019年12月，教育部牵头制定了《普通高等学校教材管理办法》和《职业院校教材管理办法》，旨在全面加强党的领导，切实提高教材建设的科学化水平，打造精品教材。住房和城乡建设部历来重视土建类学科专业教材建设，从"九五"开始组织部级规划教材立项工作，经过近30年的不断建设，规划教材提升了住房和城乡建设行业教材质量和认可度，出版了一系列精品教材，有效促进了行业部门引导专业教育，推动了行业高质量发展。

为进一步加强高等教育、职业教育住房和城乡建设领域学科专业教材建设工作，提高住房和城乡建设行业人才培养质量，2020年12月，住房和城乡建设部办公厅印发《关于申报高等教育职业教育住房和城乡建设领域学科专业"十四五"规划教材的通知》（建办人函〔2020〕656号），开展了住房和城乡建设部"十四五"规划教材选题的申报工作。经过专家评审和部人事司审核，512项选题列入住房和城乡建设领域学科专业"十四五"规划教材（简称规划教材）。2021年9月，住房和城乡建设部印发了《高等教育职业教育住房和城乡建设领域学科专业"十四五"规划教材选题的通知》（建人函〔2021〕36号）。为做好"十四五"规划教材的编写、审核、出版等工作，《通知》要求：（1）规划教材的编著者应依据《住房和城乡建设领域学科专业"十四五"规划教材申请书》（简称《申请书》）中的立项目标、申报依据、工作安排及进度，按时编写出高质量的教材；（2）规划教材编著者所在单位应履行《申请书》中的学校保证计划实施的主要条件，支持编著者按计划完成书稿编写工作；（3）高等学校土建类专业课程教材与教学资源专家委员会、全国住房和城乡建设职业教育教学指导委员会、住房和城乡建设部中等职业教育专业指导委员会应做好规划教材的指导、协调和审稿等工作，保证编写质量；（4）规划教材出版单位应积极配合，做好编辑、出版、发行等工作；（5）规划教材封面和书脊应标注"住房和城乡建设部'十四五'规划教材"字样和统一标识；（6）规划教材应在"十四五"期间完成出版，逾期不能完成的，不再作为《住房和城乡建设领域学科专业"十四五"规划教材》。

住房和城乡建设领域学科专业"十四五"规划教材的特点：一是重点以修订教育部、住房和城乡建设部"十二五""十三五"规划教材为主；二是严格按照专业标准规范要求编写，体现新发展理念；三是系列教材具有明显特点，满足不同层次和类型的学校专业教学要求；四是配备了数字资源，适应现代化教学的要求。规划教材的出版凝聚了作者、主审及编辑的心血，得到了有关院校、出版单位的大力支持，教材建设管理过程有严格保障。希望广大院校及各专业师生在选用、使用过程中，对规划教材的编写、出版质量进行反馈，以促进规划教材建设质量不断提高。

住房和城乡建设部"十四五"规划教材办公室

2021年11月

第 三 版 前 言

本次《土木工程结构试验（第二版）》教材的修订，是根据新版《工程结构通用规范》GB 55001—2021、《混凝土结构通用规范》GB 55008—2021 以及《建筑结构可靠性设计统一标准》GB 50068—2018 而进行的。同时，结合《民用建筑可靠性鉴定标准》GB 50292—2015 和《工业建筑可靠性鉴定标准》GB 50144—2019 对第 9 章和第 10 章进行了修订。

这次再版修订，除了对第二版的不妥之处进行修改、补充和完善外，为突出重点，将案例与扩展内容移到课外（数字资源二维码），适当地增加了新的内容。

参加本书修订工作的有：熊仲明（1、2、8 章）、王林科（3、9、10 章）、陈轩（4章、数字资源）、朱军强（5、11 章）、赵歆冬（6、7 章）。全书最后由熊仲明修改定稿。

研究生李润鹏、吴亚伟、唐佑等在本次修订过程中做了大量工作，特此表示感谢。

本书在编写过程中参考了大量的国内外文献，引用了一些学者的资料，这在本书末的参考文献中已予列出。同时，西安建筑科技大学已将本书列为本科"十四五"规划教材，并给予资助，特在此表示感谢。

限于编者水平，书中难免有误漏之处，敬请读者批评指正。

编者

2024 年 3 月

第 二 版 前 言

本次《土木工程结构试验》教材的修订，从内容上看，是完全结合《土木工程指导性专业规范》的修订工作而进行的。特别对土木工程试验操作和检验标准，既有建筑物可靠性的检测鉴定和可靠度评级标准等内容进行了较大的修订。

本书的特点是内容全面、系统性强。为了满足教学要求，本书保持了第一版的特色，对部分章节在内容上重新进行了编排，同时对第一版在使用中发现的一些问题和不足进行了修正，适当地增加了新的内容。

参加本书修订工作的有：熊仲明（1、2、8章）、王林科（3、9、10）、马乐为（4章）、王社良、朱军强（5、11章）、赵歆冬（6、7章）、霍晓鹏（光盘）。全书最后由熊仲明、王社良修改定稿。

西安建筑科技大学土木工程学院混凝土教研室全体同仁在本书编写及修订过程中给予了热情支持和帮助，西安建筑科技大学将《土木工程结构试验》列为重点建设教材，研究生陈轩在本次修订过程中做了大量工作，特此表示感谢。

本书在编写过程中参考了大量国内外文献，引用了一些学者的资料，这在本书末的参考文献中已予列出。

限于编者水平，书中难免有误漏之处，敬请读者批评指正。

编者

2014 年 10 月

第 一 版 前 言

土木工程结构试验是研究和发展土木工程结构新材料、新结构、新施工工艺及检验结构计算分析和设计理论的重要手段，在土木工程结构科学研究和技术创新等方面起着重要作用。通过本课程关于结构试验理论和试验技能的学习，切实培养学生的科研能力。结合结构专业（钢结构、钢筋混凝土结构、砌体结构）知识，独立制订出结构试验加荷方案、测试方案。经试验获得数据后，对试验数据进行处理、分析，最后得出结论。要求学生掌握基本构件检测性试验，包括制订试验方案、分析试验现象、处理试验数据的全过程。

在内容上本教材完全按照《高等学校土木工程专业本科生教育培养目标和培养方案及教学大纲》的要求编写，结构体系完整，循序渐进，理论与实践结合紧密，并配有光盘，为无试验设备或试验条件较差的学校学生学习本课程，创造一定条件，便于学生自学和进一步提高。另外，为适应双语教学的需要，书中同时相应地给出部分英文专业术语，以便应用。

本教材完全按照最新教学大纲，考虑了以往类似教材的不足，把新的试验设备、新的试验方法及最新的设计规范规定引入到各章节中，并克服了以往教材的章后无小结、无习题的缺陷，在每章后均有小结并配有一定数量的思考题，以便于学生对所学知识的巩固和掌握。

本书的特点是内容全面、系统性强，以结构试验的基本理论和基础知识为重点，在主要章节还附有详细的应用实例或试验示例，便于读者理解和掌握结构试验的基本技能，注意理论与实践相结合。本书可供高等院校土木工程专业本科生作为教材使用，也可供结构工程、防灾减灾工程专业研究生，以及从事结构试验的专业人员和有关工程技术人员作为参考用书。

本书由西安建筑科技大学土木学院部分教师编写。第 1、2、8 章由熊仲明执笔，第 3、9、10 章由王林科执笔，第 4 章由马乐为执笔，第 5、11 章由王社良、朱军强执笔，第 6、7 章由赵歆冬执笔，光盘由熊仲明、霍晓鹏制作，全书最后由熊仲明、王社良修改定稿。

资深教授赵鸿铁先生对全书进行了审阅，并提出了许多宝贵的意见，张兴虎高级工程师对本书的出版也提出了许多建议，霍晓鹏为本书编制了部分插图，西安建筑科技大学土木工程学院混凝土教研室以及陕西省结构与抗震重点试验室全体同仁在本书的编写过程中给予了热情支持和帮助，西安建筑科技大学教务处将本书列为校级十五规划重点教材，并给予资助，特在此对他们表示感谢。

本书在编写过程中参考了大量国内外文献，引用了一些学者的资料，这在本书末的参考文献中已予列出。

由于编者水平有限以及时间仓促，书中不妥之处，敬请读者批评指正。

编者

2006 年 4 月

目　　录

第1章 结构试验概论

1.1 概　述

　　建筑结构试验是一项科学性、实践性很强的活动，是研究和发展工程结构新材料、新体系、新工艺以及探索结构设计新理论的重要手段，在工程结构科学研究和技术革新等方面起着重要的作用。

　　科学研究理论往往需要在实践中证实。对工程结构而言，确定材料的力学性能，建立复杂结构计算理论，验证梁、板、柱等一些单个构件的计算方法，都离不开具体的试验研究。因此，工程结构试验与检测是研究和发展结构计算理论不可缺少的重要环节。

　　今天，由于电子计算机的普遍应用，建筑结构的设计方法和设计理论发生了根本性的变化，把以前需要手工计算难以精确分析的复杂结构问题，凭借计算机简而化之。但试验在结构科研、设计和施工中的地位并没有因此而改变。由于测试技术的进步，迅速提供精确可靠的试验数据比过去更加受到重视。试验仍是解决建筑结构工程领域科研和设计出现新问题时必不可少的手段。其原因主要有以下几个方面：

　　（1）建筑结构试验是人们认识自然的重要手段

　　认识的局限性使人们对诸如结构的材料性能等还缺乏真正透彻的了解。例如，在进行结构动力反应分析时要用到的阻尼比至今不能用分析的方法求得。正是试验手段的应用，拓宽了人们认识的局限性。

　　（2）建筑结构试验是发现结构设计问题的重要环节

　　建筑设计技术发展到 20 世纪 80 年代，为满足人们对建筑空间的使用需要，出现了异形截面柱，如 T 形、L 形和十字形截面柱。在未做试验研究之前，设计者认为，矩形截面柱和异形截面柱在受力特性方面没有区别，其区别就在于截面形式不同，因而误认为柱的受力特性与截面形式无关。通过试验发现，柱的受力特性与柱截面的形状有很大关系：矩形截面柱的破坏特征属拉压型破坏，异形截面柱破坏特征属剪切型破坏。

　　（3）建筑结构试验是验证结构理论的有效方法

　　从最简单的结构受弯杆件截面应力分布的平截面假定理论、弹性力学平面应力问题中应力集中现象的计算理论到比较复杂的、很难对研究问题建立完善的数学模型结构平面分析理论和结构空间分析理论，以及隔震结构、耗能结构的理论发展都离不开试验这种有效的方法。

　　（4）建筑结构试验是建筑结构质量鉴定的直接方法

　　对于已建的结构工程，无论灾害后的建筑工程还是事故后的建筑工程，无论是某一具体的结构构件还是结构整体，任何目的的质量鉴定，所采用的直接方法仍是结构试验。

　　（5）建筑结构试验是制定各类技术规范和技术标准的基础

　　我国现行的各种结构设计规范在制定过程中总结已有的大量科学试验的研究成果和经

验，同时为设计理论和设计方法的发展，进行了大量钢筋混凝土结构、砖石结构和钢结构的梁、柱、框架、节点、墙板、砌体等足尺和缩尺模型的试验，以及实体建筑物的试验研究，为我国编制各种结构设计规范提供了基本资料和试验数据。

（6）建筑结构试验是自身发展的需要

自动控制系统和电液伺服加载系统在结构试验中的广泛应用，从根本上改变了试验加载的技术；由过去的重力加载逐步改进为液压加载，进而过渡到低周反复加载、拟动力加载及地震模拟随机振动台加载等。在试验数据的采集和处理方面，实现了量测数据的快速采集、自动化记录和数据自动处理分析等。这些都是建筑结构试验自身发展的产物。

建筑结构试验是土木工程专业的一门技术基础课程。它研究的主要内容包括：工程结构静力试验和动力试验的加载模拟技术，工程结构变形参数的量测技术，试验数据的采集、信号分析及处理技术，以及对试验对象作出科学的技术评价或理论分析。

学习本课程的目的是通过理论和试验的教学环节，使学生掌握结构试验方面的基本知识和基本技能，并能根据设计、施工和科学研究任务的需要，完成一般建筑结构的试验设计与试验规划，为今后从事建筑结构的科研、设计或施工等工作增加一种解决问题的方法。

1.2 工程结构试验的任务

结构在外荷载作用下，可能产生各种反应。结构试验的任务就是在结构物或试验对象上，使用仪器设备和工具，采用各种试验技术手段，在荷载或其他因素作用下，通过量测与结构工作性能有关的各种参数，从强度、刚度、抗裂性以及结构实际破坏形态来判明结构的实际工作性能，估计结构的承载力，确定结构对使用要求的符合程度，并用以检验和发展结构的计算理论。例如：

（1）钢筋混凝土简支梁在静力集中荷载作用下，通过测得梁在不同受力阶段的挠度、角变位、截面上纤维应变和裂缝宽度等参数来分析梁的整个受力过程及结构的承载力、刚度和抗裂性能。

（2）当一个框架承受水平动力荷载作用时，同样可以从测得结构的自振频率、阻尼系数、振幅和动应变等研究结构的动力特性和结构承受动力荷载作用下的动力反应。

（3）在结构抗震研究中，经常是通过低周反复荷载作用下，由试验所测得的荷载与变形关系的滞回曲线来分析抗震结构的承载力、刚度、延性、刚度退化和变形能力等。

因此，结构试验的任务是以试验方式测定有关数据，由此反映结构或构件的工作性能、承载能力和相应的安全度，为结构的安全使用和设计理论的建立提供重要依据。

1.3 结构试验的分类

结构试验可按试验目的、试验对象的尺寸、荷载的性质、作用时间的长短、所在场地情况等因素进行分类。

1-1 结构试验图例

1.3.1 根据不同试验目的的分类

根据不同试验目的，结构试验可分为生产性试验和科研性试验两大类。

1. 生产性试验

这类试验经常具有直接的生产目的。它以实际建筑物或结构构件为试验鉴定对象，经过试验对具体结构构件作出正确的技术结论，常用来解决以下有关问题：

（1）综合鉴定重要工程和建筑的设计与施工质量

对于一些比较重要的结构与工程，除在设计阶段进行大量必要的试验研究外，在实际结构建成后，还要求通过试验，综合鉴定其质量的可靠程度。

（2）对已建结构进行可靠性检验，以推断和估计结构的剩余寿命

已建结构随着建造年代和使用时间的增长，结构物逐渐出现不同程度的老化现象，有的已到了老龄期、退化期或更换期，有的则到了危险期。为了保证已建建筑物的安全使用，尽可能地延长它的使用寿命和防止建筑物的破坏、倒塌等重大事故的发生，国内外对建筑物的使用寿命，尤其对使用寿命中的剩余期限，即剩余寿命特别关注。通过对已建建筑物的观察、检测和分析普查，按可靠性鉴定规程评定结构所属的安全等级，由此来判断其可靠性和评估其剩余寿命。可靠性鉴定大多采用非破损检测的试验方法。

（3）工程改建和加固，通过试验判断具体结构的实际承载能力

旧有建筑的扩建加层、加固或由于需要提高建筑抗震设防烈度而进行的加固等，对于在单凭理论计算得不到分析结论时，经常是通过试验确定这些结构的潜在能力，这在缺乏旧有结构的设计计算与图纸资料，而要求改变结构工作条件的情况下更有必要。

（4）处理受灾结构和工程质量事故，通过试验鉴定提供技术依据

对遭受地震、火灾、爆炸等而受损的结构，或在建造和使用过程中发现有严重缺陷的危险建筑，例如施工质量事故、结构过度变形和严重开裂等，必须进行必要的详细检测。

（5）鉴定预制构件的产品质量

构件厂或现场生产的钢筋混凝土预制构件，在构件出厂或在现场安装之前，必须根据科学抽样试验的原则，按照预制构件质量检验评定标准和试验规程，通过一定数量的试件试验，以推断成批产品的质量。

2. 科学研究性试验

科学研究性试验的目的是验证结构设计计算的各种假定，通过制定各种设计规范，发展新的设计理论，改进设计计算方法，为发展和推广新结构、新材料及新工艺提供理论依据与实践经验。

（1）验证结构计算理论的假定

在结构设计中，为了计算的方便，人们经常要对结构构件的计算图式及其本构关系作某些简化的假定。例如，在较大跨度的钢筋混凝土结构厂房中采用 30～36m 跨度竖腹杆式的预应力钢筋混凝土空腹桁架设计中，这类桁架的计算图式可假定为多次超静定的空腹桁架，也可按两铰拱计算，将所有的竖杆看成是不受力的吊杆，这一般可以通过试验研究来加以验证，构件的静力和动力分析中，本构关系的模型化则完全是通过试验加以确定的。

（2）为发展推广新结构、新材料与新工艺提供实践经验

随着建筑科学和基本建设发展的需要，新结构、新材料与新工艺不断涌现。例如，在钢筋混凝土结构中各种新钢筋的应用，薄壁弯曲轻型结构钢的设计推广，升板滑模施工工艺的发展，以及大跨度结构，高层建筑与特种结构的设计施工等。一种新材料的应用到一

个新结构的设计和新工艺的施工，往往需要经过多次工程实践与科学试验，即由实践到认识，由认识到实践的多次反复，从而积累资料、丰富认识，使设计计算理论不断改进和完善。结合我国钢材生产特点，人们曾对 Q345 钢以及硅钛系或硅矾等钢的原材料和使用这类钢材的结构构件做了大量的试验。在目前高层建筑的设计与施工中对筒中筒结构体系进行了较多的试验研究。又如在升板结构和滑模的施工中，通过现场实测积累了大量与施工工艺有关的数据，为发展以升带滑、滑升结合的新工艺创造了条件。

1.3.2 按试验对象的尺寸分类

1. 原型试验

原型试验的对象是实际结构或者是按实物结构足尺复制的结构或构件。

实物试验一般用于生产性试验，例如秦山核电站安全壳加压整体性能的试验就是一种非破坏性的现场试验。对于工业厂房结构的刚度试验、楼盖承载力试验等都是在实际结构上加载测量的。另外，在高层建筑上直接进行风振测试和通过环境随机振动测定结构动力特性等均属此类。在原型试验中，另一类就是对实际结构构件的试验，试验对象就是一根梁、一块板或一榀屋架之类的实物构件，它可以在试验室内试验，也可以在现场试验。为了保证测试的精度，防止环境因素对试验的干扰，目前国外已将这类足尺模型试验从现场转移到结构实验室内进行，如日本已在室内完成了 7 层框架结构房屋足尺模型的抗震静力试验。近年来国内大型结构实验室的建设也已经考虑到这类试验的要求。

2. 模型试验

模型是仿照原形并按照一定的比例关系复制而成的试验代表物。它具有实际结构的全部或部分特征，但大部分结构模型是尺寸比原模型小得多的缩尺结构。试验研究需要时也可以制作 1∶1 的足尺模型作为试验对象。由于受投资大、周期长、测量精度、环境因素等干扰的影响，进行原型结构试验在物质上或技术上会存在某些困难。人们在结构设计的方案阶段进行初步探索比较或对设计理论和计算方法进行探索研究时，较多地采用比原型结构小的模型进行试验。

模型的设计制作与试验是根据相似理论，用适当的比例和相似材料制成的与原型几何相似的试验对象，再在模型上施加相似力系使模型受力后重演原型结构的实际工作状态，最后按照相似理论由模型试验结果推算出实际结构的工作性能。为此，这类模型要求有比较严格的模拟条件，即要求做到几何相似、力学相似和材料相似。

3. 小模型试验

小模型试验是结构试验常用的形式之一。它只是将原型结构按几何比例缩小制成模型作为代表物进行试验，然后将试验结果与理论计算对比校核，用以研究结构的性能，验证设计假定与计算方法的正确性，并认为这些结果所证实的一般规律与计算理论可以推广到实际结构中去。这类试验无须考虑相似比例对试验结果的影响。正如在教学试验中通过钢筋混凝土结构受弯构件的小梁试验，可以同样地说明钢筋混凝土结构正截面的设计计算理论一样。

1.3.3 按试验荷载的性质分类

1. 结构静力试验

结构静力试验是结构试验中最多、最常见的基本试验，因为绝大部分建筑结构在工作中所承受的是静力荷载。在荷载作用下研究结构的承载力、刚度、抗裂性和破坏机理，一般可以通过重力或各种类型的加载设备来模拟和实现试验加载的要求。

静力试验的加载过程是使荷载从零开始逐步递增一直加到实现某一预定目标或破坏为止，也就是在一个不长的时间段内完成试验加载的全过程。人们称这种试验为结构静力单调加载试验。

近年来由于探索结构抗震性能，结构抗震试验无疑成为一种重要的手段。结构抗震静力试验是以静力的方式模拟地震作用的试验，它是一种控制荷载或控制变形作用于结构的周期性的反复静力荷载，为与一般单调加载试验区别，称之为低周反复静力加载试验，也称拟静力试验。目前国内外结构抗震试验较多集中在这一方面。

静力加载试验最大的优点是加载设备相对来说比较简单，荷载可以逐步施加，还可以停下来仔细观察结构变形和裂缝的发展，给人们以最明确和清晰的破坏概念。在实际工作中，即使是承受动力荷载的结构，在试验过程中为了了解静力荷载下的工作特性，在动力试验之前往往也先进行静力试验，如进行结构构件的疲劳试验就是这样。静力试验的缺点是不能反映应变速率对结构的影响，特别是在结构抗震试验中与任意一次确定性的非线性地震反应相差很远。目前在抗震静力试验中虽然发展出一种计算机与加载器联机试验系统，可以弥补后一种缺点，但设备耗资较大，且每个加载周期还远远大于实际结构的基本周期。

2. 结构动力试验

结构动力试验就是研究结构在不同性质动力作用下结构动力特性和动力反应的试验。如研究厂房结构承受吊车及动力设备作用下的动力特性，吊车梁的疲劳强度与疲劳寿命，多层厂房由于机器设备上楼后所产生的振动影响，高层建筑和高耸构筑物在风荷载作用下的动力问题，结构抗爆炸、抗冲击问题等，特别是在结构抗震性能的研究中，除了用上述静力加载模拟以外，更为理想的是直接施加动力荷载进行试验。目前抗震试验一般用电液伺服加载设备或地震模拟振动台等设备来进行。对于现场或野外的动力试验，利用环境随机振动试验测定结构的动力特性模态参数也日益增多。另外，还可以利用人工爆炸产生人工地震的方法甚至直接利用天然地震对结构进行试验。由于荷载特性的不同，动力试验的加载设备和测试手段也与静力试验有很大的差别，并且要比静力试验复杂得多。

1.3.4　按试验时间长短分类

1. 短期荷载试验

短期荷载试验是指结构试验时限于试验条件、试验时间或其他各种因素和基于及时解决问题的需要，经常对实际承受长期荷载作用的结构构件，在试验时将荷载从零开始到最后结构破坏或某个阶段进行卸荷的时间总共只有几十分钟、几小时或者几天。当结构受地震爆炸等特殊荷载作用时，整个试验加载过程只有几秒甚至是微秒或毫秒级的时间。这种试验实际上是一种瞬态的冲击试验，属于动力试验的范畴。严格讲，这种短期荷载试验不能代表长年累月进行的长期荷载试验，对其中由于具体的客观因素或技术的限制所产生的影响，必须在试验结果的分析和应用时加以考虑。

2. 长期荷载试验

长期荷载试验是指结构在长期荷载作用下研究结构变形随时间变化的规律的试验，如混凝土的徐变、预应力结构钢筋的松弛等都需要进行静力荷载作用下的长期试验。这种长期荷载试验也可称为"持久试验"，它将连续进行几个星期或几年时间，通过试验以获得结构的变形随时间变化的规律。为保证试验的精度，对试验环境要有严格控制，如保持恒温、恒湿、防止振动影响等。所以，长期荷载试验一般是在试验室内进行的。如果能在现场对实际工作中的结构构件进行系统、长期的观测，则这样积累和获得数据资料对于研究结构的实际工作性能，进一步完善和发展结构理论将具有更为重要的意义。

1.3.5 按试验场所在场地分类

1. 实验室结构试验

实验室试验由于具备良好的工作条件，可以应用精密和灵敏的仪器设备，具有较高的准确度，甚至可以人为地创造一个适宜的工作环境，以减少或消除各种不利因素对试验的影响，所以适宜进行研究性试验。其试验的对象可以是原型或模型，并可以将结构一直实验到破坏。近年来大型结构实验室的建设，特别是应用电子计算机控制试验，为发展足尺结构的整体试验和实现结构试验的自动化提供了更为有利的工作条件。

2. 现场结构试验

现场结构试验是指在生产或施工现场进行的实际结构的试验，较多用于生产性试验。试验对象主要是正在生产使用的已建结构或将要投入使用的新结构。由于受客观条件的干扰和影响，高精度、高灵敏度的仪表设备的应用经常会受到限制，因此试验精度和准确度较差。特别是由于现场试验中没有实验室所用的固定加载设备和试验装置，对试验加载会带来较大的困难。但是，目前应用非破坏检测技术手段进行现场试验，仍然可以获得近乎实际工作状态下的数据资料。

建筑结构试验技术的形成与发展，与建筑结构实践经验的积累和试验仪器设备量测技术的发展是分不开的。由于结构试验的应用日益广泛，目前几乎每一个重要工程的新结构都经过规模或大或小的检验后才投入使用，建筑设计规范的制定和建筑结构理论发展亦与试验研究紧密相连。我国社会主义建设实践为结构试验积累了丰富经验，另外，近代仪器设备和量测技术的发展，特别是非电量电测、自动控制和电子计算机等先进技术和设备应用到结构试验领域，为试验工作提供了有效的工具和先进的手段，使试验的加载控制、数据采集、数据处理以及曲线图表绘制等实现了整个试验过程的自动化。国内科研机构、高等院校以及生产单位等新建的结构实验室和科技工作者对结构试验技术的研究，也为建筑结构试验学科的发展在理论和物质上提供了有利的条件。当今科学实验与试验已成为一种独立的社会实践，它将有力地推动和促进生产的发展。建筑结构试验将与其他科学实验工作一样，必然会对建筑科学的发展产生巨大的推动作用。

1.4　结构试验的发展

我国结构试验发展的初期，主要是为了适应国民经济恢复时期的需要，对一些改建或扩建工程进行现场静力试验。

例如，鞍山钢铁公司旧厂房改建工程、黄河铁桥加固工程等，通过现场静力试验，为改建及加固处理提供了科学依据，并为结构试验的发展积累了宝贵经验。

1953 年，长春市对 25.3m 高的输电铁塔进行了原型结构的检验性试验，是我国第一次规模较大的结构试验。当时由于试验手段落后，加载设备是用吊盘内装铁块作为竖向荷载，水平荷载则用人工绞车施加，铁塔主要杆件的应变只能用机械杠杆引伸仪量测，铁塔的水平变位则用经纬仪观测。

1957 年，我国对武汉长江大桥全面地进行了静载和动载试验，是我国建桥史上第一次进行以工程验收为目的的结构试验。

1959 年，北京火车站建造时，对中央大厅的 35m×35m 双曲薄壳进行了静力试验。

20 世纪 70 年代，结构试验日益成为人们研究结构新体系不可缺少的手段。从确定结构材料的物理力学性能，到验证各种结构构件的受力特点和破坏特征，直至建立一个结构体系的计算理论，都是建立在试验研究的基础上。例如 1973 年，对上海体育馆和南京五台山体育馆进行了网架模型试验，为建立网架结构的计算理论和模型试验理论等提供了大量实测资料。在此之后，在北京、昆明、南宁、兰州等地先后进行了十余次规模较大的足尺结构试验。

我国结构动力试验的工作起步较晚，早期主要是由科学研究机构研制一些小型振动台和起振设备，用它们对建筑物、高炉及水坝等结构模型进行动力试验。后来研制出了脉动测量仪，开始对新安江、小丰满和恒山等地的大型水坝工程实地进行脉动观察和测量。1960 年后又研制出了我国第一批工程强震加速度计。从此，为研究实际地震作用下的结构性能开辟了新领域。

地震是土木工程结构的一个重要灾害源，我国曾进行过各种结构的抗震试验和减震试验，如钢筋混凝土框架、剪力墙等结构的抗震性能试验，砖砌体和砌块结构以及底层框架砖混结构的抗震性能试验。在野外进行的规模较大的足尺房屋抗震性能破坏试验就有十多次。

1973 年北京进行了装配整体式框架结构（两层、一开间）抗震试验。

1978 年兰州进行了粉煤灰密实砌块结构（五层、三开间）抗震试验。

1979 年上海进行了中型砌块结构的抗震试验。

1982 年中国建筑科学院对 12 层轻板框架结构模型进行了抗震试验。

1991 年西安建筑科技大学对砖混结构（空心砖）模型（六层、二开间）进行了抗震试验。

1-2 抗震试验案例

现在，全国各地进行的各种类型的结构试验日益增多，试验项目不胜枚举。其结果为研究发展抗震计算分析理论和指导工程应用提供了十分丰富的试验资料。

近年来，大型结构试验机、模拟地震台、大型起振机、高精度传感器、电液伺服控制加载系统、信号自动采集系统等各种仪器设备和测试技术的研制，以及大型试验台座的建立，从根本上改变了试验加载的技术，实现了量测数据的快速采集、自动化记录和数据自动处理分析等；尤其计算机控制的多维地震模拟振动台可以实现地震波的人工再现，模拟地面运动对结构作用的全过程，可以准确、及时、完整地收集并表达荷载与结构行为的各种信息。

目前结构试验技术正在向智能化、模拟化方向深入发展，不断引入现代科学技术发展的新成果来解决应力、位移、裂缝、内部缺陷及振动的量测问题，与此同时，正在广泛地开展结构模型试验理论与方法的研究、计算机模拟试验及结构非破损试验技术的研究等。随着智能仪器的出现，计算机和终端设备的广泛应用，各种试验设备自动化水平的提高，将为结构试验开辟新的广阔前景。

本 章 小 结

1. 结构试验的任务就是在结构物或试验对象上，使用仪器设备和工具，采用各种试验技术手段，在荷载或其他因素作用下，通过量测与结构工作性能有关的各种参数，从强度、刚度和抗裂性以及结构实际破坏形态来判明结构的实际工作性能，估计结构的承载力，确定结构对使用要求的符合程度，并用以检验和发展结构的计算理论。

2. 根据不同的试验目的，结构试验可归纳为生产性试验和科学研究性试验两大类。生产性试验经常具有直接的生产目的，它以实际建筑物或结构构件为试验鉴定对象，经过试验对具体结构构件作出正确的技术结论。科学研究性试验的目的是验证结构设计计算的各种假定，为制定各种设计规范、发展新的设计理论、改进设计计算方法、发展和推广新结构、新材料及新工艺提供理论依据与试验依据。

3. 结构试验除了按试验目的分为生产性试验和科研性试验外，还可按试验对象的尺寸分为原型试验、模型试验；按试验荷载的性质分为结构静力试验、结构动力试验；按试验时间长短分为短期荷载试验、长期荷载试验；按试验场所分为实验室结构试验、现场结构试验。

思 考 题

1. 结构试验的任务是什么？
2. 建筑结构试验分为几类？有何作用？
3. 目前建筑结构测量技术有何发展？

第2章 结构试验设计

2.1 结构试验设计的一般程序

结构试验大致可分为结构试验设计、结构试验准备、结构试验实施以及结构试验分析等主要环节。每个环节的关系如图 2-1 所示。

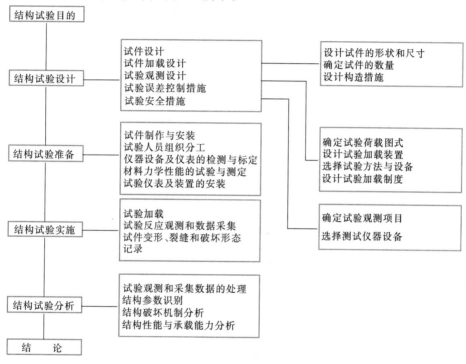

图 2-1　结构设计总框图

2.1.1 结构试验设计

结构试验设计是整个结构试验中极为重要并且带有全局性的一项工作。它的主要内容是对所要进行的结构试验工作进行全面的设计与规划，从而使设计的计划与试验大纲能对整个试验起着统管全局和具体指导的作用。

在进行结构试验的总体设计时，首先应该反复研究试验的目的，充分了解本项试验研究或生产鉴定的任务要求，进行调查研究，收集有关资料，包括在这方面已有哪些理论假定，做过哪些试验及其试验方法、试验结果和存在的问题等等。在以上工作的基础上确定试验的性质与规模。试件的设计制作、加载量测方法的确定等各个环节不可孤立考虑，必须对各种因素相互联系综合考虑才能使设计结果在执行与实施中最后达到预期的目的。

对于科研性试验设计，首先应根据研究课题，了解其在国内外的发展状况和前景，并通过收集和查阅有关的文献资料，确定试验研究的目的和任务；确定试验的规模和性质，在此基础上决定试件设计的主要组合参数，并根据试验设备的能力确定试件的外形和尺寸；进行试件设计及制作；确定加载方法和设计加载系统；选定量测项目及量测方法；进行设备和仪表的率定；做好材料性能试验或其他辅助试件的试验；制定试验安全防护措施；提出试验进度计划和试验技术人员分工；工程材料需用计划、经费开支及预算、试验设备、仪表及附件的清单等等。

生产性试验的设计，往往是针对某一已建成的具体结构进行的，一般不存在试件设计和制作问题，但主要是向有关设计、施工和使用单位或人员调查有关试验项目的设计图纸、计算书，以及设计依据、施工记录、材料性能试验报告、隐蔽工程验收记录、使用历史（年限、过程、荷载情况等）、事故过程等，并应对构件进行实地考察，检查结构的设计和施工质量状况，最后根据试验的目的和要求制定试验计划。对于受灾损伤的结构，还必须了解受灾的起因、过程与结构的现状。对于实际调查的结果要加以整理（书面记录、草图、照片等）作为拟定试验方案、进行试验设计的依据。

2.1.2 结构试验准备

结构试验准备阶段是将结构试验设计阶段确定的试件按要求制作、安装与就位，将加载设备和测试仪表率定、安装就位，完成辅助试验工作，准备设计记录表格，算出各加载阶段试验结构各特征部位的内力及变形值。结构试验准备工作十分烦琐，不仅涉及面很广，而且工作量很大，据估计准备工作约占全部试验工作量的 $1/2\sim2/3$ 以上。试验准备阶段的工作质量直接影响到试验结果的准确程度，有时还关系到试验能否顺利进行到底。在试验准备阶段控制和把握试件的制作和安装就位、设备仪表的安装、调试和率定等主要环节是极为重要的。

辅助试验完成后，要及时整理试验结果并作为结构试验的原始数据，对结构试验设计确定的加载制度控制指标进行必要的修正。结构试验准备工作，有时还与数据整理和资料分析有关，例如预埋应变片的编号和仪表的率定记录等。为了便于事后查对，试验组织者每天都应做好工作日记。

2.1.3 结构试验实施

按试验设计与试验准备阶段确定的加载制度进行正式加载试验。对试验对象施加外荷载是整个试验工作的中心环节，应按规定的加载顺序和量测顺序进行。重要的测量数据应在试验过程中随时整理分析，与事先计算的数值比较，发现有反常情况时应查明原因或故障，把问题弄清楚后才能继续加载。

试验过程中除认真读数记录外，必须仔细观察结构的变形，例如砌体结构和混凝土结构的开裂和裂缝的出现，裂缝的走向及宽度，破坏的特征等。试件破坏后要绘制破坏特征图，有条件的可拍照或录像，作为原始资料保存，以便今后研究分析时使用。

2.1.4 结构试验分析

通过试验准备和加载试验阶段，获得了大量数据和有关资料（如量测数据、试验曲线、变形观察记录、破坏特征描述等），一般不能直接回答试验研究所提出的各类问题，必须将数据进行科学的整理、分析和计算，做到去粗取精，去伪存真。最后根据试验数据和资料编写总结报告。总结报告中应提出试验中发现的新问题及进一步的研究计划。

2.2 结构试验的构件设计

结构试验的对象称为试件或试验结构，它可以是实际结构的整体或是其中的一部分，也可以是单一的构件。当不能用原型或足尺模型结构进行试验时，也可采用它的缩尺比例的模型结构或构件，此时试验的模型应考虑与原型之间的相似关系。结构试验的试件设计包括试件形状、试件尺寸与数量以及构造措施，同时还必须满足结构受力的边界条件、试验的破坏特征、试验加载条件的要求，最后以最少的试件数量获得最多的试验数据，反映研究的规律，满足研究任务的需求。

2.2.1 试件形状

试件设计要注意试件的形状，主要是要求满足在试验时形成和实际工作相一致的应力状态。当从整体结构中取出部分构件单独进行试验时，特别是在比较复杂的超静定体系中的构件，必须要注意其边界条件的模拟，使其能如实反映该部分构件的实际工作状态。

例如，钢筋混凝土框架在水平力作用下，梁和柱的应力如图 2-2 所示。框架柱受有轴力 N、剪力 V 和反对称的弯矩 M。如何构成一个柱使其受这样一组复合应力，可能的选择有表 2-1 中几种

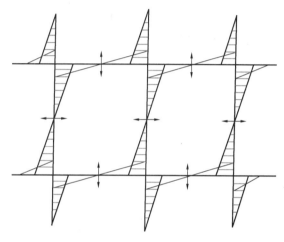

图 2-2　水平力作用下框架内力

方案。究竟选哪一种方案，要根据试验研究的目的和对 N、V、M 组合的要求，现有试验设备的容量和拥有的试验技术水平等条件而选用。

框架柱形式与 N、M、V 关系　　　　　　　　　　　　　　　　　表 2-1

力	框架柱形式					
N_{max}	P	$P\cos\theta$	$P\cos\theta$	N	N	N
M_{max}	Pa	$Pa\cos\theta$	$P\dfrac{h}{2}\sin\theta$	$\dfrac{h}{2}V$	$\dfrac{h}{2}V$	$\dfrac{h}{2}V$
V_{max}	—	$P\sin\theta$	$P\sin\theta$	V	V	V

对于砖石与砌块的墙体试件，可设计成带翼缘或不带翼缘的单层单片墙，也可采用双层单片墙或开洞墙体的形式，如图 2-3 所示。若纵墙墙面开有大量窗洞，可设计成有两个或一个窗间墙的双肢或单肢窗间墙的试件，如图 2-4 所示。

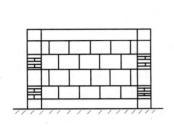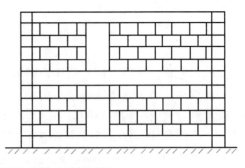

图 2-3　砖石与砌体的墙体试件

对于任一种试件的设计，其边界条件的实现与试件的安装、加载装置与约束条件等有密切关系，这必须在试验总体设计时进行周密考虑，才能付诸实施。

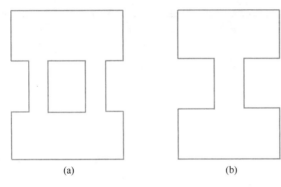

（a）　　　　　　　（b）

图 2-4　纵墙窗间墙试件

2.2.2　试件尺寸

建筑试验所用的尺寸和大小，总体上分为原型和模型两类。

1. 原型试验

屋架试验一般是采用原型试件（构件实物）或足尺模型，预制构件的鉴定都是选用原型构件，如屋面板、吊车梁等。虽然足尺模型具有反映实际构造的优点，但有些足尺试件能解决的问题（如破坏机制等），小比例尺寸试件也同样能解决。若把试验所耗费的经费和人工用来做小比例尺试验，可大大增加试验的数量和品种，况且在实验室内有较好的试验条件，可提高测试数据的可靠性。

2. 模型试验

基本构件性能研究的试件大部分是采用缩尺模型，即缩小比例的小构件。压弯构件取截面边长 16～35cm，短柱（偏压剪）取截面边长 15～50cm，双向受力构件取截面边长 10～30cm 为宜。

框架试件截面尺寸为原型的 1/4～1/2，其节点为原型比例的 1/3～1。剪力墙尺寸可取为原型的 1/10～1/3。我国昆明、南宁等地先后进行过装配式混凝土和空心混凝土大板结构的足尺房屋试验。

局部性试件尺寸可取为真型的 1/4～1，整体性结构试验的试件可取 1/10～1/2。

砖石及砌块的墙体试件一般取为原型的 1/4～1/2。我国兰州、杭州与上海等地先后做过四幢足尺砖石和砌块多层房屋的试验。

对于薄壳和网架等空间结构，较多采用比例为 1/20～1/5 的模型试验。

试验时要考虑尺寸效应。尺寸效应反映结构试件和材料强度随试件尺寸的改变而变化的性质。试件尺寸越小，表现出相对强度提高越大和强度离散性也越大的特征，所以试件尺寸不能太小。同时小尺寸试件难以满足试件构造上的要求，如钢筋混凝土构件的钢筋搭接长度，节点部位箍筋密集影响混凝土的浇捣，以及钢筋和骨料选材困难等。

对于结构动力试验，试件尺寸常受试验加载条件等因素的限制，动力特性试验可以在现场原型结构上进行。实验室内可以进行吊车梁、屋架等足尺构件的疲劳试验。至于地震模拟振动台加载试验，由于受台面尺寸、振动台的负荷能力、激振力大小等参数的限制，一般只能做缩尺的模型试验，国内在地震模拟振动台上已经完成了一批比例在 $1/50 \sim 1/4$ 的结构模型试验。1982 年 7 月，日本为满足原子能反应堆的足尺试验的需要，研制了负载为 1000t，台面尺寸为 15m×15m，竖向、水平双向同时加震的大型模拟地震振动台。

2.2.3 试验数目

在进行试件设计时，对于试件数目即试验量的设计是人们非常关注的一个重要问题，因为试验量的大小直接关系到能否满足试验的目的任务以及整个试验的工作量问题，同时也受试验研究、经费预算和时间期限的限制。

对于生产性试验，一般按照试验任务的要求有明确的试验对象。试验数量应执行相应结构构件质量检验评定标准中结构性能检验规定，确定试件数量。

对于科学研究性试验，其试验对象是按照研究要求而专门设计的，这类结构的试验往往是属于某一研究专题工作的一部分，特别是对于结构构件基本性能的研究，由于影响构件性能的参数较多，所以要根据各参数构成的因子数和水平数来决定试件数目，参数多则试件的数目也自然会增加。

因子是对试验研究内容有影响的发生着变化的因素，因子数则为可变化的个数，水平即为因子可改变的试验档次，水平数则为档次数。一般来说，试件的数量主要取决于变动参数的多少，变动参数多则试件数量大。表 2-2 为主要因子和水平数对试件数的影响。从表 2-2 可见：主要因子和水平数稍有增加，试件的个数就极大地增加。例如，在进行钢筋混凝土柱受剪承载力的基本性能试验研究中，我们取不同混凝土强度、不同配筋率和配箍率在不同轴向应力和剪跨比情况下进行试验，要求考虑的主要因子有受拉钢筋配筋率、配箍率、轴向应力、剪跨比和混凝土强度等级等，如果每个因子各自有 3 个水平数时，就需要试件 243 个。如果每个因子有 5 个水平数时，则试件的数量将猛增为 3125 个。显然，实际上是很难做到的。

主要因子和水平数对试件数的影响　　　　　　　　　表 2-2

水平数 主要因子	2	3	4	5
1	2	3	4	5
2	4	9	16	25
3	8	27	64	125
4	16	81	256	625
5	32	243	1024	3215

为此，试验工作者在试验设计中经常采用一种解决多因素问题的试验设计方法——正交试验设计法，主要是使用正交表这一工具来进行整体设计、综合比较，以便既能妥善地解决各因子和水平数相互结合和参与可能产生的影响，也能妥善地解决试验所需的试件数与实际可行的试验试件数之间的矛盾，即解决实际所做小量试验与要求全面掌握内在规律之间的矛盾。

现以钢筋混凝土柱受剪承载力基本性能研究问题为例，用正交试验设计法作试件数目设计。如果同前面所述主要分析因子数为 5，而混凝土只用一种强度等级 C20，这样实际因子数只有 4，每个因子各有 3 个档次，即水平数为 3，详见表 2-3 所列。

钢筋混凝土柱剪切强度试验分析因子与水平数   表 2-3

主要分析因子	水平数	1	2	3
A	受拉钢筋配筋率 ρ	0.4	0.8	1.2
B	配箍率 ρ_s	0.2	0.33	0.5
C	轴向应力 σ_c（N/mm^2）	20	60	100
D	剪跨比 λ	2	3	4
E	混凝土强度等级 C20	13.5N/mm^2		

钢筋混凝土柱受剪承载力试验分析因子与水平数 L_9（3^4），试件主要因子组合如表 2-4 所示，这一问题通过正交试验设计法进行设计，原来需要 81 个试件可以综合为 9 个试件。试件数正好等于水平数的平方。即：

试验数＝水平数^2

试件主要因子组合   表 2-4

试件数量	A	B	C	D	E
	配筋率	配箍率	轴向应力	剪跨比	混凝土强度等级
1	0.4	0.20	20	2	C20
2	0.4	0.33	60	3	C20
3	0.4	0.50	100	4	C20
4	0.8	0.20	60	4	C20
5	0.8	0.33	100	2	C20
6	0.8	0.50	20	3	C20
7	1.2	0.20	100	3	C20
8	1.2	0.33	20	4	C20
9	1.2	0.50	60	2	C20

正交表除了 L_9（3^4）以外，还有 L_4（2^3）、L_{16}（$4^2 \times 2^9$）等等。其中 L 表示正交设计，其他数字的含义表示为：

$L_{\text{试验数}}$（水平数 $1^{\text{相应因子数}} \times$ 水平数 $2^{\text{相应因子数}}$）

L_{16}（$4^2 \times 2^9$）的含义是某试验对象有 11 个影响因子，其中 4 个水平数的因子有两个，两个水平数的因子有 9 个，其试验数为 16，即试验数等于最大水平数的平方。

试件数量设计是一个多因素问题，在实践中应该使整个试验的试件数目要少而精，以质量取胜，切忌盲目追求数量；要使所设计的试件尽可能做到一件多用，即以最少的试件、最小的人力、最少的经费，以得到最多的数据；要使通过设计所决定的试件数量和经试验得到的结果能反映试验研究的规律性，满足研究目的和要求。

2.2.4 结构试验对试件设计的要求

在试件设计中，当确定了试件形状、尺寸和数量后，在每个具体试件的设计和制作过程中，还必须同时考虑安装、加载、测量的需要，在构件上采取必要的措施，这对科学研究尤为重要。例如，混凝土试件的支承点应预埋钢垫板以及在试件承受集中荷载的位置上应设钢板（图2-5a），在屋架试验受集中荷载作用的位置上应预埋钢板，以防止试件局部承压而破坏。试件加载面倾斜时，应作出凸缘（图2-5b），以保证加载设备的稳定设置。在钢筋混凝土框架试验时，为了框架端部侧面施加反复荷载的需要，应设置预埋构件以便与加载用的液压加载器或测力传感器连接；为保证框架柱脚部分与试验台的固接，一般均设置加大截面的基础梁（图2-5c）。在砖石或砌体试件中，为了施加在试件的竖向荷载能均匀传递，一般在砌体试件的上下均应预先浇捣混凝土的垫块（图2-5d），对于墙体试件在墙体上下均应捣制钢筋混凝土垫梁，其中下面的垫梁可以模拟基础梁，使之与试验台座固定，上面的垫梁模拟过梁传递竖向荷载（图2-5e）。在做钢筋混凝土偏心受压构件试验时，在试件两端要做成牛腿以增大端部承压面和便于施加偏心荷载（图2-5f），并在上下端加设分布钢筋网进行加强。

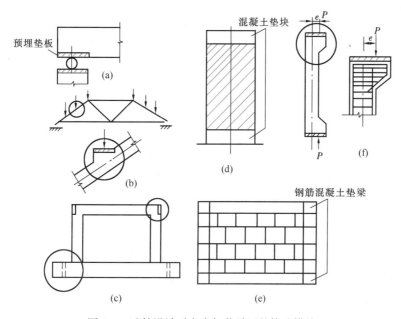

图 2-5　试件设计时考虑加载需要的构造措施

在科研试验中为了保证结构或构件在预定的部位破坏，以期得到必要的测试数据，就需要对结构或构件的其他部位事先进行局部加强。

为了保证试验量测的可靠性和仪表安装的方便，在试件内必须预设埋件或预留孔洞。对于为测定混凝土内部应力的预埋元件或专门的混凝土应变计、钢筋应变计等，应在浇筑混凝土前，按相应的技术要求用专门的方法就位、固定埋设在混凝土内部。

2.3　结构试验荷载设计

2.3.1　试验加载图式的选择与设计

试验荷载在试验结构构件上的布置（包括荷载类型和分布情况）称为加载图式。试验时荷载的加载图式要与结构设计计算的荷载图式一样。加载图式应与理论计算简图相一致。例如，在钢筋混凝土楼盖中支承楼板的次梁的试验荷载

2-1　结构试验
加载装置

应该是均布的；支承次梁的主梁应该是按次梁间距作用的几个集中荷载；而工业厂房的屋面大梁则承受间距为屋面板宽度或檩条间距的等距集中荷载。

但是，在试验时也常常采用不同于设计计算所规定的荷载图式，其原因一般有：

（1）对试验结构原有设计计算所采用的荷载图式的合理性有所怀疑，因而在试验荷载设计时可采用某种更接近于结构实际受力情况的荷载布置方式。

（2）在不影响结构工作和试验成果分析的前提下，由于受试验条件的限制和为了加载的方便，可以改变加载图式，要求采用与计算简图等效的荷载图式。

例如，当试验承受均布荷载的梁时，为了试验方便和减少加载用的荷载量，常用几个集中荷载来代替均布荷载。但是集中荷载的数量和位置应尽可能使结构所产生的内力值与均布荷载所产生的内力值相符。由于集中荷载可以很方便地用少数几个液压加载器或杠杆产生，这样不仅简化了试验装置，还可以大大减轻试验加载的劳动量。采用这样的方法时，试验荷载的大小要根据相应等效条件换算得到，即为等效荷载。

所谓等效荷载是指在它的作用下，结构构件的控制截面和控制部位上能产生与原来荷载作用时相同的某一作用效应（轴力、弯矩、剪力或变形等）的荷载。采用等效荷载时，必须全面验算由于荷载图式的改变对结构构造造成的各种影响。必要时应对结构构件作局部加强，或对某些参数进行修正。如当构件满足强度等效，而整体变形（如挠度）条件不等效时，则需对所测变形进行修正。取弯矩等效时，尚需验算剪力对构件的影响，同时要把采用等效荷载的试验结果所产生的误差控制在试验允许的范围以内。

为了满足在整体结构试验中的部分试验，特别是从复杂的超静定结构中取出一部分构件进行试验时形成和设计目的与实际受力相一致的应力状态，除了前述的在试件形状设计时要加以考虑外，还要考虑荷载图式、受力特征和边界条件。图 2-6 框架结构受水平荷载作用时，为实现图 2-6（d）、（e）梁在截面 C-C 和 D-D 处的受力情况，荷载图式应如图使梁的截面产生弯矩和剪力，并出现反弯点的受力状态，见图 2-7。这时框架柱受有轴力 N、剪力 V 和反对称的弯矩 M 作用。

2.3.2 试验加载装置的设计

为了保证试验工作的正常进行，试验的荷载装置必须进行专门的设计。首先要保证试件有足够的承载力和刚度，同时要满足试件的设计计算简图、荷载图式、边界条件和受力状态，既不能分担试件承受的试验荷载，产生卸载作用，也不能阻碍

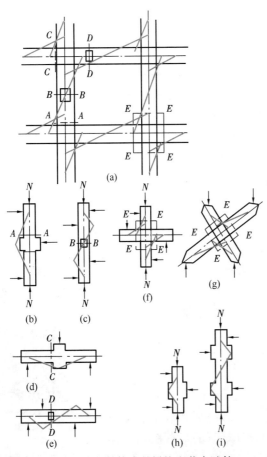

图 2-6 框架结构中的梁柱和节点试件

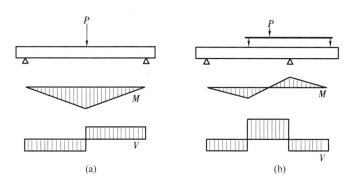

图 2-7　框架梁荷载图式

试件变形的自由发展，产生约束作用，要满足试件就位支承、荷载设备安装、试验荷载传递和试验过程的正常工作要求，具体要求如下：

（1）试验荷载装置应满足足够的强度要求储备；

（2）试验荷载装置要满足刚度要求；

（3）试验荷载装置要满足试件的边界条件和受力变形的真实状态。

2.3.3　结构试验的加载制度

根据国家标准《建筑结构可靠性设计统一标准》GB 50068—2018 和各种结构设计规范规定，结构的极限状态分为承载力极限状态、正常使用极限状态和耐久性极限状态，还规定结构构件应按不同的荷载效应组合设计值进行承载力计算，以及稳定、变形、抗裂和裂缝宽度验算。因此，在进行结构试验前，首先应确定相应于各种受力状态的试验荷载。当进行承载力极限状态试验时，应确定承载力的试验荷载值。对构件的刚度、裂缝宽度进行试验时，应确定正常使用极限状态的试验荷载值。当进行混凝土的抗裂性能试验时，应确定构件的开裂荷载试验值。

试验加载制度是指试验进行期间荷载与时间的关系。它包括：加载速度的快慢、加载时间间歇的长短、分级荷载大小和加载卸载循环的次数等。结构构件的承载力和变形性质与其所受荷载作用的时间特性有关。不同性质的试验必须根据试验的要求制定不同的加载制度。对于结构静力试验，一般采用包括预加载、设计试验荷载或变形的低周反复加载，而结构拟动力试验则由计算机控制，按结构受地震地面运动加速度作用后的位移反应时程曲线进行加载试验。一般结构动力试验采用正弦激振试验，而结构抗震的地震模拟振动台则采用模拟地震地面运动加速度地震波的激振试验。

2.4　结构试验的量测方案设计

制定试验量测方案应考虑的主要问题是：（1）根据试验的目的和要求，确定观测项目，选择量测区段，布置测点位置；（2）按照确定的量测项目，选择合适的仪表；（3）确定试验观测方法。

2-2　结构试验
测量仪器

2.4.1　观测项目的确定

结构在试验荷载及其他模拟条件作用下的变形可以分为两类：一类反映结构整体工作状况，如梁的最大挠度及整体挠度曲线；拱式结构和框架结构的最大垂直和水平位移及整

17

体变形曲线；杆塔结构的整体水平位移及基础转角等。另一类反映结构局部工作状态，如局部纤维变形、裂缝以及局部挤压变形等。

在确定试验的观测项目时，首先应该考虑整体变形，因为结构的整体变形最能概括其工作全貌。结构任何部位的异常变形或局部破坏都能在整体变形中得到反映。对于检测性试验，按照结构设计规范关于结构构件在正常使用极限状态的要求，当需要控制结构构件的变形时，则结构构件的试验，也应量测结构构件的整体变形。转角和曲率的量测也是实测分析中的重要内容，特别在超静定结构中应用较多。

在缺乏量测仪器的情况下，对于一般的生产稳定性试验，只测定最大挠度一项也能做出基本的定量分析。但对易于产生脆断破坏的结构构件，挠度的不正常发展与破坏会同时发生，变形曲线上没有十分明显的预告，量测中的安全工作要引起足够的重视。

其次是局部变形的量测，如钢筋混凝土结构裂缝的出现就直接说明其抗裂性能，而控制截面上的应变大小和方向则可推断截面应力状态，并验证设计与计算方法是否合理正确。在非破坏性试验中，实测应变又是推断结构应力和极限承载力的主要指标。在结构处于弹塑性阶段时，应变、曲率、转角或位移的量测和描绘，也是判定结构工作状态和抗震性能的主要依据。

总的说来，观测项目和测点布置必须满足分析和推断结构工作状态的要求。

2.4.2　测点的选择与布置

用仪器对结构或构件进行内力和变形等参数的量测时，测点的选择与布置有以下几条原则：

（1）在满足试验目的的前提下，测点宜少不宜多，以简化试验内容，节约经费开支，并使重点观测项目突出；

（2）测点的位置必须有代表性，以便能测取最关键的数据，便于对试验结果分析和计算；

（3）为了保证量测数据的可靠性，应该布置一定数量的校核性测点，这是因为在试验过程中，由于偶然因素会有部分仪器或仪表工作不正常或发生故障，影响量测数据的可靠性，因此不仅在需要量测的部位设置测点，也应在已知参数的位置上布置校核测点，以便于判别量测数据的可靠程度；

（4）测点的布置对试验工作的进行应该是方便、安全的。安装在结构上的附着式仪表在达到正常使用荷载的 1.2～1.5 倍时应该拆除，以免结构突然破坏使仪表受损。为了测读方便，减少观测人员，测点的布置宜适当集中，便于一人管理多台仪器。控制部位的测点大多处于比较危险的位置，应慎重考虑安全措施，必要时应选择特殊的仪器仪表或特殊的测定方法来满足量测要求。

2.4.3　仪器的选择与测读的原则

1. 仪器的选择

从观测的角度讲，选择仪器应考虑如下问题：

（1）选择的仪器仪表，必须能满足试验所需的精度与量程要求，能用简单仪器仪表的就不要选择精密的。精密量测仪器的使用要求有比较良好的环境和条件，选用时，既要注意条件，又要避免盲目追求精度。试验中若仪器量程不够，中途调整必然会增大量测误差，应尽量避免。

（2）现场试验，由于仪器所处条件和环境复杂，影响因素较多，电测仪器的适应性就不如机械式仪表。测点较多时，机械式仪表却不如电测仪器灵活、方便，选用时应作具体分析和技术比较。

（3）试验结构的变形与时间因素有关，测读时间应有一定限制，必须遵守有关试验方法标准的规定，仪器的选择应尽可能测读方便、省时，当试验结构进入弹塑性阶段时，变形增加较快，应尽可能使用自动记录仪表。

（4）为了避免量测的误差和方便工作，量测仪器的型号、规格应尽可能一致，种类越少越好。有时为了控制试验观测结果的准确性，常在控制测点或校核性测点上同时使用两种类型的仪器，以便比较。

2. 测读的原则

仪器的测读应按一定的程序进行，具体的测试方法与试验方案、加载程序有密切关系，应当注意：

（1）在进行测读时，主要的原则是全部仪器的读数必须同时进行，至少也要基本上同时。只有将同时测得的数据联合起来才能说明结构在某一承载状态下的实际情况。

（2）测读仪器的时间，一般选在试验荷载过程中恒载间歇的时间内。若荷载分级较细，某些仪表的读数变化非常小，对于这些仪表或其他一些次要仪表，可以每两级测读一次。

（3）当恒载时间较长，按结构试验的要求，应测取恒载下变形随时间的变化。空载时，也应测取变形随时间的恢复情况。

（4）每次记录仪器的读数时，应该同时记下周围的温度。

（5）重要的数据应边作记录，边作初步整理，同时算出每级荷载的读数差，与预计的理论值进行比较。

2.5　材料的力学性能与结构试验的关系

2.5.1　概述

一个结构或构件的受力和变形特点，除受荷载等外界因素影响外，还要取决于组成这个结构或构件的材料内部抵抗外力的性能。充分了解材料的力学性能，对于在结构试验前或试验过程中正确估计结构的承载能力和实际工作状况，以及在试验后整理试验数据、处理试验结果等工作中都具有非常重要的意义。

在结构试验中按照结构或构件材料性质不同，必须测定相应的一些基本的数据，如混凝土的抗压强度、钢材的屈服强度和抗拉极限强度、砖石砌体的抗压强度等。在科学研究性的试验中为了了解材料的荷载变形及其应力-应变关系，需要测定材料的弹性模量。有时根据试验研究的要求，尚需测定混凝土材料的抗拉强度以及各种材料的应力-应变曲线等有关数据。

测量材料各种力学性能时，应该按照国家标准或行业标准规定的标准试验方法进行，试件的形状、尺寸、加工工艺及试验加载、测量方法等都要符合规定的统一标准。由这种标准试件试验得出相应的强度，称为"强度标准值"，作为比较各种材料性能的相对指标。同时也把测定所得其他数据（如弹性模量）作为用于结构试验资料整理分析或该项试验理论分析的有关参数。

在建筑结构抗震研究中，根据地震作用的特点，在结构上施加周期性反复荷载，结构将进入非线性阶段工作，因此相应的材料试验也需在周期性反复荷载下进行，这时钢筋将会出现"包辛格效应"。对于混凝土材料就需要进行应力-应变曲线全过程的测定，特别要测定曲线的下降段部分，还需要研究混凝土的徐变-时间和握裹力-滑移等关系，以供结构非线性分析使用。

在结构试验中确定材料力学性能的方法有直接试验法与间接试验法两种：

（1）直接试验法是最普通和最基本的测定方法，它是把材料按规定做成标准试件，然后在试验机上用规定的试验方法进行测定。这时要求材料应该尽可能与结构试件的工作情况相同。对钢筋混凝土结构来说，应该使它们的材性、级配、龄期、养护条件和加荷速度等保持一致。同时必须注意，当采用的试件尺寸和试验方法有别于标准试件时，则应将试验结果按规定换算为标准试件的结果，就是在制作结构构件的同时，留出足够组数的标准试件，配合试验研究工作的需要，测定相应的参数。

（2）间接试验法也称为"非破损试验法"，对于已建结构的生产鉴定性试验，由于结构的材料力学性能随时间发生变化，为判断结构目前现有的承载力，在没有同条件试块的情况下，必须通过对结构各部位现有材料的力学性能检测来确定。非破损试验是采用某种专用设备或仪器，直接在结构上测量与材料强度有关的另一物理量，如硬度、回弹值、声波传播速度等，通过理论关系或经验公式间接推算得到材料的力学性能。半破损试验是在结构或构件上进行局部微破损或直接取样的方法，推算出材料的强度。由试验所得的力学性能直接鉴定结构构件的承载力。

这种间接测定的方法自 20 世纪 50 年代开始就被应用，经过 20 年来电子技术、固体物理学等技术理论的发展和应用，已有了精度足够和性能良好的仪器设备，因此非破损试验逐渐发展成为一项专门的新型试验技术。

2.5.2 材料力学性能的试验对强度指标的影响

材料的强度指标是由钢材、钢筋和混凝土等各种材料分别制成试样或试块进行结构试验的平均值。但是，由于材质的不均匀性等原因，测定的结果必然会产生较大的波动。尤其当试验方法不妥时，波动值将会更大。

长期以来人们通过生产实践和科学实验发现试验方法对材料强度指标有着一定的影响，特别是试件的形状、尺寸和试验加荷速度（应变速率）对试验结果的影响尤为显著。对于同一种材料，仅仅由于试验方法与试验条件的不同，就会得出不同的强度指标。对于混凝土这类非均匀材料，它的强度尚与材料本身的组成（骨料的级配，水灰比等）、制作工艺（搅拌、振捣、养护、成型等）以及周围环境、材料龄期等多种因素有关，在进行材料的力学性能试验时，更需加以注意。下面就混凝土材料的力学性能试验作进一步的说明。

1. 试件尺寸与形状的影响

在国际上，各国混凝土材料强度测定用的试件通常有立方体和圆柱体两种。按照我国《混凝土物理力学性能试验方法标准》GB/T 50081—2019 规定，采用 150mm×150mm×150mm 的立方体试件测定的抗压强度为标准值，采用 $h/a=2$ 的 150mm×150mm×300mm 的棱柱体试件（h 为试件的高度，a 为试件的边长），为测定混凝土轴心抗压强度和弹性模量的标准试件。国外采用圆柱体试件时，试件尺寸为 $h/d=2$（h 为圆柱体高度，d 为圆柱体直径），即为 100mm×200mm 或 150mm×300mm 的圆柱体。

随着材料试件尺寸的缩小，在试验中出现了混凝土强度会系统地稍微有提高的现象。一般情况下，截面较小而高度较低的试件得出的抗压强度偏高，其原因可归结为试验方法和材料本身两个方面的因素。试验方法问题可解释为试验机压板对试件承压面的摩擦力起的箍紧作用，由于受压面积与周长的比值不同而影响程度不一，对小试件的作用比对大试件要大。材料自身的原因是由于内部存在缺陷（裂缝），表面和内部硬化程度的差异在大小不同的试件中影响不同，随试件尺寸的增大而增加。

采用立方体或棱柱体的优点是制作方便，试件受压面是试件的模板面，平整度易于保证。但浇筑时试件的棱角处多由砂浆来填充，因而混凝土拌合物的颗粒分布不及圆柱体试件均匀。由于圆柱体试件无棱角，边界条件的均一性好，所以圆柱体截面应力分布均匀。此外，圆柱体试件外形与钻芯法从结构上钻取的试样一致。但圆柱体试件是立式成型，所以试件一个端面即试验加载的受压面比较粗糙，造成试件抗压强度的离散性较大。

2. 试验加载速度（应变速率）的影响

在进行材料力学性能试验时，加载速度越快，引起材料的应变速率越高，试件的强度和弹性模量也就相应提高。

钢筋的强度随加荷速度（或应变速率）的提高而加大。图 2-8（a）是国外所做的软钢试验，图 2-8 中的 $\dot{\varepsilon}$ 表示应变速率；图 2-8（b）中 t_s 表示达到屈服的时间，反映了加载速度。

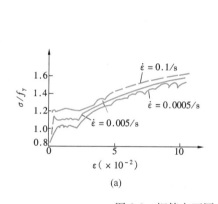

(a)

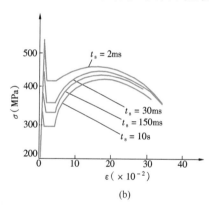

(b)

图 2-8　钢筋在不同应变速率下的应力-应变关系

混凝土尽管是非金属材料，但也和钢筋一样，随着加荷速度的增加，其强度和弹性模量也相应提高。在很高应变速率的情况下，由于混凝土内部细微裂缝来不及发展，初始弹性模量随应变速率加快而提高。图 2-9 表示了变形速度对混凝土应力-应变曲线的影响。一般认为试件开始加荷并在不超过破坏强度值的 50% 内，可以用任意速度进行，而不会影响最后的强度指标。

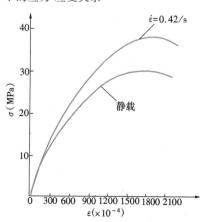

图 2-9　不同应变速率的混凝土
应力-应变曲线

2.6 试验大纲及其他文件

2.6.1 结构试验大纲

结构试验组织计划的表达形式是试验大纲。试验大纲是进行整个试验工作的指导性文件。其内容的详略程度视不同的试验而定，一般应包括以下几个部分：

（1）试验项目来源，即试验任务产生的原因、渠道和性质；

（2）试验研究目的，即通过试验最后应得出的数据，如破坏荷载值、设计荷载值下的内力分布和挠度曲线、荷载-变形曲线等；

（3）试件设计及制作要求，包括试件设计的依据及理论分析，试件数量及施工图，对试件原材料、制作工艺、制作精度等要求；

（4）辅助试验内容，包括辅助试验的目的，试件的种类、数量及尺寸，试件的制作要求，试验方法等；

（5）试件的安装与就位，包括试件的支座装置、保证侧向稳定装置等；

（6）量测方法，包括测点布置、仪表标定方法、仪表的布置与编号、仪表安装方法、量测程序；

（7）加载方法，包括荷载数量及种类、加载设备、加载装置、加载图式、加载程序；

（8）试验过程的观察，包括试验过程中除仪表读数外在其他方面应做的记录；

（9）安全措施，包括安全装置、脚手架、技术安全规定等；

（10）试验进度计划；

（11）经费使用计划，即试验经费的预算计划；

（12）附件，包括经费、器材及仪表设备清单等。

2.6.2 试验其他文件

除试验大纲外，每一项结构试验从开始到最终完成尚应包括以下几个文件：

（1）试件施工图及制作要求说明书；

（2）试件制作过程及原始数据记录，包括各部分实际尺寸及疵病情况；

（3）自制试验设备加工图纸及设计资料；

（4）加载装置及仪器仪表编号布置图；

（5）仪表读数记录表，即原始记录表格；

（6）量测过程记录，包括照片及测绘图等；

（7）试件材料及原材料性能测定数值的记录；

（8）试验数据的整理分析及试验结果总结，包括整理分析所依据的计算公式，整理后的数据图表等；

（9）试验工作日志；

以上文件都是原始资料，在试验工作结束后均应整理、装订成册、归档保存。

（10）试验报告。

试验报告是全部试验工作的集中反映，它概括了其他文件的主要内容。编写试验报告，应力求精简扼要。试验报告有时可不单独编写，而作为整个研究报告中的一部分。试验报告的内容一般包括：

1）试验目的；2）试验对象的简介和考察；3）试验方法及依据；4）试验过程及问题；5）试验成果处理与分析；6）技术结论；7）附录。

应该注意，由于试验目的的不同，其试验技术结论内容和表达形式也不完全一样。生产性试验的技术结论，可根据《建筑结构可靠性设计统一标准》GB 50068—2018 中的有关规定进行编写。例如，该标准对结构设计规定了两种极限状态，即承载力极限状态和正常使用极限状态。因而在结构性能检验的报告书中必须阐明试验结构在承载力极限状态和正常使用极限状态两种情况下，是否满足设计计算所要求的功能，包括构件的承载力、变形、稳定、疲劳及裂缝开展等。只要检验结果同时都满足两个极限状态所要求的功能，则该构件的结构性能可评为"合格"，否则为"不合格"。

检验性（或鉴定性）试验的技术报告，主要应包括：

（1）检验或鉴定的原因和目的；

（2）试验前或试验后，存在的主要问题，结构所处的工作状态；

（3）采用的检验方案或鉴定整体结构的调查方案；

（4）试验数据的整理和分析结果；

（5）技术结论或建议；

（6）试验计划、原始记录、有关的设计、施工和使用情况调查报告等附件。

结构试验必须在一定的理论基础上才能有效地进行。试验的成果为理论计算提供了宝贵的资料和依据，绝不能凭借一些观察到的表面现象，为结构的工作妄下断语；一定要经过周详的考察和理论分析，才可能对结构作出正确的符合实际的结论。"感觉只能解决现象问题，理论才能解决本质问题。"因此，不应该认为结构试验纯系经验式的试验分析。相反，它是根据丰富试验资料对结构工作的内在规律进行的更深入一步的理论研究。

本 章 小 结

1. 建筑试验大致可分为结构试验设计、结构试验准备、结构试验实施以及结构试验分析等主要环节。

2. 结构试验的试件设计包括试件形状、试件尺寸与数量以及构造措施，同时还必须满足结构与受力的边界条件、试验的破坏特征、试验加载条件的要求，最后以最少的试件数量获得最多的试验数据，反映研究的规律，以满足研究任务的需求。

3. 正交试验设计法，主要是使用正交表这一工具来进行整体设计、综合比较，可以妥善解决各因子和水平数相互结合可能造成的影响，也妥善地解决了试验所需的试件数与实际可行的试验试件之间的矛盾，即解决了实际所做小量试验与要求全面掌握内在规律之间的矛盾，确定试验试件的个数。

4. 所谓等效荷载是指在它的作用下，结构构件的控制截面和控制部位上能产生与原来荷载作用时相同的某一作用效应（轴力、弯矩、剪力或变形等）的荷载。采用等效荷载时，必须全面验算由于荷载图式的改变对结构构造造成的各种影响。必要时应对结构构件作局部加强，或对某些参数进行修正。

5. 制定试验量测方案：（1）根据试验的目的和要求，确定观测项目，选择量测区段，布置测点位置；（2）按照确定的量测项目，选择合适的仪表；（3）确定试验观测方法。

6. 结构在试验荷载及其他模拟条件作用下的变形可以分为两类：一类反映结构整体

工作状况；另一类反映结构局部工作状态，如局部纤维变形、裂缝以及局部挤压变形等。在确定试验的观测项目时，首先应该考虑整体变形，然后是局部变形。观测项目和测点布置须满足分析和推断结构工作状态的要求。

7. 在结构试验中确定材料力学性能的方法有直接试验法与间接试验法两种。直接试验法是最普通和最基本的测定方法，它是把材料按规定做成标准试件，然后在试验机上用规定的试验方法进行测定。间接试验法也称为非破损试验法，是对于已建结构的生产鉴定性试验。由于结构的材料力学性能随时间发生变化，为判断结构目前实有的承载力，在没有同条件试块的情况下，必须通过对结构各部位现有材料的力学性能检测来确定。

通过生产实践和科学实验发现试验方法对材料强度指标有着一定的影响，特别是试件的形状、尺寸和试验加荷速度（应变速率）对试验结果的影响尤为显著，对于同一种材料，仅仅由于试验方法与试验条件的不同，就会得出不同的强度指标。

8. 试验大纲是结构试验组织计划的表达形式，是进行整个试验工作的指导性文件。其内容的详略程度视不同的试验而定，一般应包括试验项目来源、试验研究目的、试件设计及制作要求、辅助试验内容、试件的安装与就位、量测方法、加载方法、安全措施、试验进度计划、经费使用计划、附件等。

思 考 题

1. 建筑试验大致分为哪些主要环节？简述试验各环节的内容。
2. 什么是正交设计？其目的是什么？试解释 L_9 (3^4) 及 L_{12} ($3^1 \times 2^4$) 的意义。
3. 什么是等效荷载？在试验时为什么要采用等效荷载？采用等效荷载时应注意哪些问题？
4. 在进行试验加载装置的设计时，应满足什么要求？
5. 用仪器对结构或构件进行内力和变形等参数的量测时，测点的选择与布置应遵循哪些原则？
6. 梁、板、柱的鉴定试验及科研试验中的观测项目有哪些？
7. 简述材料力学性能的试验方法对强度指标的影响。
8. 试验大纲包括哪些内容？

第3章 结构试验的荷载与加载设备

3.1 概　述

大部分结构试验是在模拟荷载条件下进行，如何模拟以及模拟荷载与实际荷载的吻合程度的高低对试验成功与否非常重要。正确的荷载设计和选择适合试验目的需要的加载设备是保证整个工作顺利进行的关键。试验荷载的形式、大小、加载方式等一般根据试验的目的要求和实验室的设备以及现场所具备的条件来选择。

结构试验中荷载的模拟方法、加载设备有很多种。如静力试验有利用重物直接加载法、通过重物和杠杆作用的间接加载的重力加载法；有利用液压加载器（千斤顶）、液压加载系统（液压试验机、大型结构试验机）的液压加载法；有利用吊链、卷扬机、绞车、花篮螺丝和弹簧的机械加载法，以及利用气体压力的气压加载法。在动力试验中一般利用惯性力或电磁系统激振，比较先进的设备有：自动控制、液压和计算机系统相结合组成的电液伺服加载系统和由此作为振源的地震模拟振动台加载等设备；以及由人工爆炸和利用环境随机激振（脉动法）的方法加载。

试验加载设备应满足下列基本要求：

（1）荷载值准确稳定且符合实际荷载作用模式及传递模式，产生的内力或在要分析部位产生的内力与设计计算等效；

（2）荷载易于控制，能够按照设计要求的精度逐级加载和卸载；

（3）加载设备本身应具有足够的承载力、刚度，确保加载和卸载安全可靠；

（4）加载设备不应参与试验结构或构件的工作，不影响结构自由变形，不影响试验结构受力；

（5）试验加载方法力求采用先进技术，减少人为误差，提高工作效率。

3.2 重力加载法

重力加载就是借助于一定的支撑装置，利用物体本身的重量作为荷载施加于准备试验的结构或构件设计荷载作用点，常用的重物有标准铸铁块、混凝土块、水箱等易于施加又便于准确计量的物体。在现场还可就地取材，用砌块、砂、石乃至废钢锭、废构件作为荷载。

3-1 重力加载法
图例

3.2.1 重力直接加载法

重物荷载可直接有规则地堆放于结构或构件表面形成均布荷载（图3-1），或通过悬吊装置挂于结构构件的某一点形成集中荷载（图3-2）。前者多用于板等受力面积较大的结构，后者多用于现场做屋架、屋面梁的承载力试验。

使用砂、石等松散材料作为均布荷载时应注意重物的堆放方式，勿将材料连续堆放以

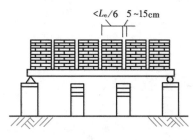

图 3-1 用重物在板上加均布荷载

免因荷载材料本身的起拱作用造成结构卸载。此外，小颗粒及粉状材料的摩擦角（安息角）也可引起卸载，某些材料的重量如砂会随环境湿度的不同而发生变化。为此，可将材料置于容器中，再将容器叠加于结构之上。对于形体比较规整的块状材料，如砖、钢锭等，则应整齐叠放，每堆重物的宽度小于 $l/5$（l 为试验结构的跨度），堆与堆之间应有一定间隙（约 30～50mm）。为了方便加载和分级的需要，并尽可能减少加载时的冲击力，重物的块（件）重不宜太大，一般宜不大于 20～25kg，且不超过加载面积上荷载标准值的1/10，以保证分级精确及均匀分布。当通过悬吊装置加载时，应将每一悬吊装置分开或通过静定的分配梁体系作用于试验的对象上，使结构受力明确。

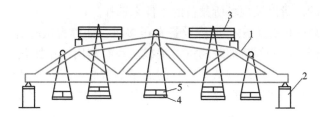

图 3-2　重物作集中荷载试验
1—试件；2—支座；3—分配梁；4—吊盘；5—重物

利用水作为重力加载用的荷载简单、方便而又经济。加载可以利用进水管，卸载则可利用虹吸管原理，可以减少大量的加载劳动。水直接用作均布荷载时，可用水的高度计算、控制荷载值（图 3-3），但当结构产生较大变形时，应注意水荷载的不均匀性对结构受力所产生的影响。利用水作均布荷载的缺点是全部承载面被掩盖，不利于布置测量仪表及裂缝观测。此外，水也可以盛在水桶中通过悬挂作用在结构上，作为集中荷载。

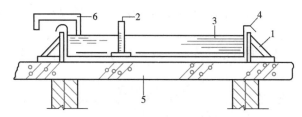

图 3-3　用水作均布荷载的装置
1—侧向支撑；2—标尺；3—水；4—防水胶布或塑料布；
5—试件；6—水管

3.2.2　重物杠杆加载法

利用重物加载往往会受到荷载量的限制，此时可利用杠杆原理将荷重放大作用于结构上。杠杆加载法制作方便，只有杠杆、支点、荷载盘。它的特点是当结构发生变形时荷载值可以保持恒定，对于做持久荷载试验尤为适合。杠杆加载的装置根据实验室或现场试验条件的不同，可以有图 3-4 所示的几种方案。根据试验需要，当荷载不大时可以用单梁式或组合式杠杆；荷载较大时则可采用桁架式杠杆。

利用杠杆加载时，杠杆必须具有足够的刚度、平直度。加载点、支点及重物悬挂点必须

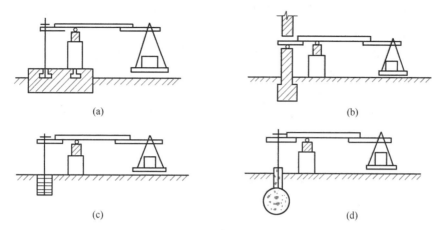

图 3-4　杠杆加载装置

(a) 利用试验台座；(b) 利用墙身；(c) 利用平衡重；(d) 利用桩

明确不含糊，尽量保证是点；三点之间的距离确定荷载的放大比例或比率，三点尽量在同一条线上以免因结构变形杠杆倾斜，改变杠杆原有的放大率。

3.3 液压加载法

液压加载一般为油压加载，是目前结构试验中普遍应用且比较理想的一种加载方式。它的最大优点是利用油压使液压加载器（千斤顶）产生较大的荷载，试验操作安全方便，无需大量的搬运工作，特别是对于要求荷载点数多，吨位大的大型结构试验更为合适。由此发展而成的电液伺服液压加载系统为结构动力试验模拟地震荷载等不同的动力荷载创造了有利条件，应用到结构的拟静力、拟动力和结构动力加载中使动力加载技术发展到一个新的水平。

液压加载系统由油箱、油泵、阀门、液压加载器等用油管连接起来，配以测力计和支承机构组成。油压加载器是液压加载设备中的一个重要部件，其主要工作原理是高压油泵将具有一定应力的液压油压入液压加载器的工作缸，使之推动活塞，对结构施加荷载。荷载值由油压表指示值和加载器活塞受压底面积求得，也可由液压加载器与荷载承力架之间所置的测力计直接测得，或用传感器将信号输给电子秤显示，或由记录器直接记录。

使用液压加载系统在试验台座上或现场进行试验时还须配置各种支承系统，来承受液压加载器对结构加载时产生的平衡力系。

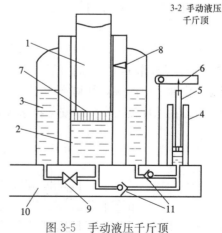

图 3-5　手动液压千斤顶

3.3.1 手动液压加载

手动液压加载器主要包括手动油泵和液压加载器两部分，其构造原理见图 3-5。当手柄 6

1—工作活塞；2—工作油缸；3—储油箱；
4—油泵油缸；5—油泵活塞；6—手柄；7—油封；
8—安全阀；9—泄油阀；10—底座；11—单向阀

上提带动油泵活塞5向上运动时，油液从储油箱3经单向阀11被抽到油泵油缸4中，当手柄6下压带动油泵活塞5向下运动时，油泵油缸4中的油经单向阀11被压出到工作油缸2内。手柄不断地上下运动，油被不断地压入工作油缸，从而使工作活塞不断上升。如果工作活塞运动受阻，则油压作用力将反作用于底座10。试验时千斤顶底座放在加载点上，从而使结构受载。卸载时只需打开阀门9，使油从工作油缸2流回储油箱3即可。

手动油泵一般能产生 $40N/mm^2$ 或更大的液体压力，为了确定实际的荷载值，可在千斤顶之前安装一个荷重传感器。或在工作油缸中引出紫铜管，安装油压表，根据油压表测得的液体压力和活塞面积即可算出荷载值。千斤顶活塞行程在 200mm 左右，通常可满足结构试验的要求。其缺点是一台千斤顶需一人操作，多点加载时难以同步，油压压力大，操作时附近禁止人员逗留以防高压油喷出伤人。

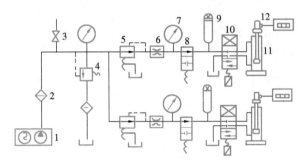

图 3-6　同步液压加载系统图

1—高压油泵；2—滤油器；3—截止阀；4—溢流阀；
5—减压阀；6—节流阀；7—压力表；8—电磁阀；
9—蓄能器；10—电磁阀；11—加载器；12—测力器

3.3.2　同步液压加载

若在油泵出口接上分油器，可以组成一个油源供多个加载器同步工作的系统，适应多点同步加载要求。分油器出口再接上减压阀，则可组成同步异荷加载系统，满足多点同步异荷加载需要。图3-6为组成原理图。

同步液压加载系统采用的单向加载千斤顶与普通手动千斤顶的主要区别是：储油缸、油泵和阀门等不附在千斤顶上，千斤顶部分只由活塞和工作油缸构成，其活塞行程大，顶端装有球铰，能灵活倾角15°。

利用同步液压加载系统可以做各种土木结构如屋架、柱、桥梁及板等的静载试验，尤其对大跨度、大吨位、大挠度的结构试验更为适用，它不受加荷点的数量和距离的限制，并能适应对称和非对称加荷的需要。

3.3.3　双向液压加载

为了适应结构抗震试验施加底周期反复荷载的需要，采用了一种双向作用液压加载器（图3-7）。它的特点是在油缸的两端各有一个进油孔，设置油管接头，可通过油泵与换向阀交替供油，由活塞对结构产生拉、压双向作用，施加反复荷载。为了测定拉力或压力值，可以在千斤顶活塞杆端安装拉压传感器直接用电子秤或应变仪测量，或将信号送入记录仪。

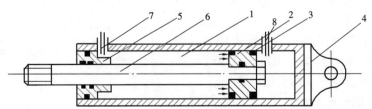

图 3-7　双向作用液压加载器

1—工作油缸；2—活塞；3—油封装置；4—固定环；5—端盖；6—活塞杆；7、8—进油孔

3.3.4 大型结构试验机加载

大型结构试验机本身就是一个比较完善的液压加载系统，是结构实验室内进行大型结构试验的专门设备，比较典型的是结构长柱试验机、万能材料试验机和结构疲劳试验机等。

1. 结构长柱试验机

结构长柱试验机用以进行柱、墙板、砌体、节点与梁的受压、受弯试验。这种设备的构造和原理与一般材料试验机相同，由液压操纵台、大吨位的液压加载器和试验机架三部分组成（图3-8）。由于进行大型构件试验的需要，它的液压加载器的吨位要比一般材料试验机大，至少在2000kN以上，机架高度在3m左右或更大，试验机的精度不应低于2级。

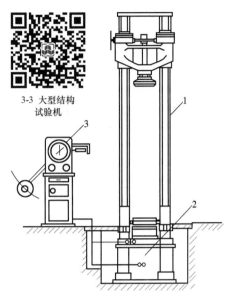

3-3 大型结构试验机

这类大型结构试验机还可以通过中间接口与计算机相连，由程序控制自动操作。此外，还配有专门的数据处理设备，使试验机的操纵和数据处理能同时进行，极大地提高了试验效率。

2. 结构疲劳试验机

结构疲劳试验机主要由脉动发生系统、控制系统和千斤顶工作系统三部分组成，它可做正弦波形荷载的疲劳试验，也可做静载试验和长期荷载试验等。工作时从高压油泵打出的高压油经脉动器再与工作千斤顶和装于控制系统中的油压表连通，使脉动器、千斤顶、油压表都充满压力油。当飞轮带动曲柄运动时，就使脉动器活塞上下移动而产生脉动油压。脉动频率通过电磁无极调速电机控制飞轮转速进行调整。国产的PME-50A疲劳试验机，实验频率为$100\sim500$次/min。疲劳次数由计数器自动记录，计数至预定次数、时间或破坏时即自动停机。

图 3-8 结构长柱试验机

1—试验机架；2—液压加载器；3—液压操纵台

应注意的是，在进行疲劳试验时，由于千斤顶运动部件的惯性力和试件质量的影响，会产生一个附加作用力作用在构件上，该值在测力仪表中未测出，故实际荷载值需按机器说明加以修正。

3.3.5 电液伺服液压加载

电液伺服液压加载系统由液压源、控制系统和执行系统三大部分组成，它是一种先进的、完善的液压加载系统，见图3-9。它可将荷载、应变、位移等物理量直接作为控制参数，实行自动控制，能够模拟并产生各种振动荷载，如地震、海浪等荷载。

3-4 电液伺服结构试验机

液压源：又称泵站，是加载的动力源，由油泵输出高压油，通过伺服阀控制进出加载器的两个油腔产生推拉荷载。系统中带有蓄能器，以保证油压的稳定性。

控制系统：电液伺服程控系统是由电液伺服阀和计算机联机组成。电液伺服阀是电液伺服系统的核心部件，电-液信号转换和控制主要靠它实现。按放大级数可分为单级、二级和三级，多数大、中型振动台使用三级阀。构造原理如图3-10所示。由电动机、喷嘴、挡板、反馈杆、滑阀等组成。当电信号输入伺服线圈时，衔铁偏转，带动一挡板偏移，使

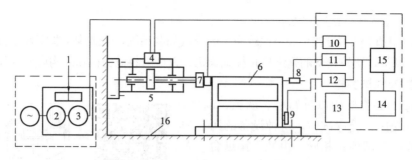

图 3-9 电液伺服液压加载系统工作原理

1—冷却器；2—电动机；3—高压油泵；4—电液伺服阀；5—液压加载器；6—试验结构；7—荷重传感器；8—位移传感器；9—应变传感器；10—荷载调节器；11—位移调节器；12—应变调节器；13—记录及显示装置；14—指令发生器；15—伺服控制器；16—试验台座

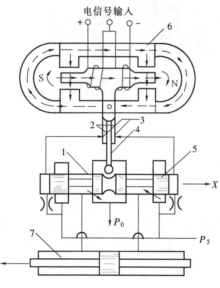

图 3-10 电液伺服阀原理图

1—阀套；2—挡板；3—喷嘴；4—反馈杆；5—阀芯；6—永久磁铁；7—加载器

两边喷油嘴的流量失去平衡，两个喷腔产生压力差，推动滑阀滑移，高压油进入加载器的油腔使活塞工作。滑阀的移动，又带动反馈杆偏转，使另一挡板开始上述动作。如此反复运动，使加载器产生动或静荷载。由于高压油流量与方向随输入电信号而改变，再加上闭环回路的控制，便形成了电-液伺服工作系统。三级阀就是在二级阀的滑阀与加载器间再经一次滑阀功率放大。

电液伺服工作系统：它的工作原理是将一个工作指令（电信号）加给比较器，通过比较器后进行伺服放大，输出电流信号推动伺服阀工作，从而使液压执行机械的作动器（双向作用千斤顶）的活塞杆动作，作用在试件上，连在作动器上的荷载传感器或连在试件上的位移传感器都由信号输出，经放大器放大后，由反馈选择器选择其中一种，通过比较器与原指令输入信号进行比较，若有差值信号，则进行伺服放大，使执行机构作动器继续工作，直到差值信号为零时，伺服放大的输出信号也为零，从而使伺服阀停止工作，即位移或荷载达到了所要给定之值，达到了位移或荷载控制的目的。指令信号由函数发生器提供或外部接入，能完成信号提供的正弦波、方波、梯形波、三角波荷载。

执行机构：执行机构是由刚度很大的支承机构和加载器组成。加载器又称液压激振器或作动器，基本构造如图 3-11 所示，为单缸双油腔结构，刚度很大，内摩擦很小，适应快速反应要求，尾座内腔和活塞前端分别装有位移和荷载传感器，能自动计量和发出反馈信号，

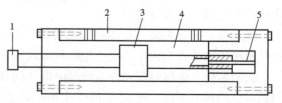

图 3-11 液压激振器构造示意图

1—荷载传感器；2—缸体；3—活塞；4—油腔；5—位移传感器

分别实行按位移、应变或荷载自动控制加载，两端头均做成铰连接形式。规格有 1～3000kN，行程 5～35cm，活塞运行速度有 2mm/s、35mm/s 等多种。

目前电液伺服液压试验系统大多数与计算机配合联机使用，这样整个系统可以进行程序控制，具有输出各种波形、进行数据采集和数据处理、控制试验的各种参数、进行试验情况的快速判断的功能。能够进行数值计算与荷载试验相组合的试验，实现多个系统大闭环同步控制，进行多点加载，完成模拟控制系统所不能实现的随机波荷载试验，是目前对真型或接近足尺结构模型进行非线性地震反应试验（又称拟动力试验）的一种有效手段。

电液伺服加载系统具有响应快、灵敏度高、量测与控制精度好、出力大、波形大、波形多、频带宽、自动化程度高等优点，可以做静态、动态、低周疲劳和地震模拟振动台试验等，在结构试验中应用越来越广泛。但目前投资大，维护费用高，使用受到一定限制。

3.3.6 地震模拟振动台

为了深入研究结构在地震和各种振动作用下的动力性能，特别是在强地震作用下结构进入超弹性阶段的性能，20 世纪 70 年代以来，国内外先后建成了一批大型的地震模拟振动台，在实验室内进行结构物的地震模拟试验，研究地震反应对结构的影响。

3-5 地震模拟振动台

地震模拟振动台是再现各种地震波对结构进行动力试验的一种先进试验设备，其特点是具有自动控制和数据采集及处理系统，采用了计算机和闭环伺服液压控制技术，并配合先进的振动测量仪器，使结构动力试验水平达到了一个新的高度。

地震模拟振动台的组成和工作原理如下：

1. 振动台台体结构

振动台台面是有一定尺寸的平板结构，其尺寸的规模确定了结构模型的最大尺寸。台体自重和台身结构是与承载的试件重量及使用频率范围有关。一般振动台都采用钢结构，控制方便，经济而又能满足频率范围要求，模型重量和台身重量之比以不大于 2 为宜。

振动台必须安装在质量很大的基础上，基础的重量一般为可动部分质量或激振力的 10～20 倍以上，这样可以改善系统的高频率特性，并可以减小对周围建筑和其他设备的影响。

2. 液压驱动和动力系统

液压驱动系统是向振动台施加巨大的推力。按照振动台是单向（水平或垂直）、双向（水平-水平或水平-垂直）或三向（二向水平-垂直）运动，并在满足产生运动各项参数的要求下，各向加载器的推力取决于可动质量的大小和最大加速度要求。目前世界上已经建成的大中型的地震模拟振动台，基本是采用电液伺服系统来驱动。它在低频时能产生大推力，故被广泛使用。

液压加载器上的电液伺服阀，根据输入信号（周期波或地震波）控制进入加载器液压油的流量大小和方向，从而由加载器推动台面能在垂直或水平轴方向上产生相位受控的正弦运动或随机运动。

液压动力部分是一个巨大的液压功率源，能供给所需要的高压油流量，以满足巨大推力和台身运动速度的要求。比较先进的振动台中都配有大型蓄能器组，根据蓄能器容量的大小使瞬时流量可为平均流量的1~8倍，它能产生具有极大能量的短暂的突发力，以便模拟地震产生的扰力。

3. 控制系统

在目前运行的地震模拟振动台中有两种控制方法：一种纯属于模拟控制；另一种是用数字计算机控制。

模拟控制方法有位移反馈控制和加速度信号输入控制两种。在单纯的位移反馈控制中，由于系统的阻力小，很容易产生不稳定现象，为此在系统中加入加速度反馈，增大系统阻尼，从而保证系统稳定。与此同时，还可以加入速度反馈，以提高系统的反应性能，由此可以减少加速度波形的畸变。为了能使直接得到的强地震加速度记录推动振动台，在输入端可以通过二次积分，同时输入位移、速度和加速度三种信号进行控制，图3-12为地震模拟振动台加速度控制系统图。

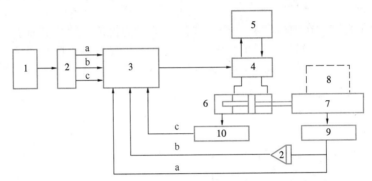

图3-12　地震模拟振动台加速度控制系统图

（a、b、c分别为加速度、速度、位移信号输入）

1—加速度、位移输入；2—积分器；3—伺服放大器；4—伺服阀；5—油源；
6—加载器；7—振动台；8—试件；9—加速度传感器；10—位移传感器

为了提高振动台控制精度，采用计算机进行数字迭代的补偿技术，实现台面地震波的再现。试验时，振动台台面输出的波形是期望再现的某个地震记录或是模拟设计的人工地震波。由于包括台面、试件在内的系统的非线性影响，在计算机给台面的输入信号激励下所得到的反应与输出的期望之间必然存在误差。这时，可由计算机将台面输出信号与系统本身的传递函数（频率响应）求得下一次驱动台面所需的补偿量和修正后的输入信号。经过多次迭代，直至台面输出反应信号与原始输入信号之间的误差小于预先给定的量值，完成迭代补偿并得到满意的期望地震波形。

4. 测试和分析系统

测试系统除了对台身运动进行控制而测量位移、加速度等外，对作为试件的模型也要进行多点测量，一般是测量位移、加速度和使用频率等，总通道数可达百余点。位移测量多数采用差动变压器式和电位计式的位移计，可测量模型相对于台面的位移或相对于基础的位移；加速度测量采用应变式加速度计、压电式加速度计，近年来也有采用容式或伺服式加速度计。

对模型的破坏过程可采用摄像机进行记录，便于在电视屏幕上进行破坏过程的分析。数据的采集可以在直视式示波器或磁带记录器上将反应的时间历程记录下来，或经过模数转换送到数字计算机储存，并进行分析处理。

振动台台面运动参数最基本的是位移、速度和加速度以及使用频率。一般是按模型比例及试验要求来确定台身满负荷时最大加速度、速度和位移等数值。最大加速度和速度均需按照模型相似原理来选取。

使用频率范围由所做试验模型的第一频率而定，一般各类结构的第一频率在 $1\sim10Hz$ 范围内，故整个系统的频率范围应该大于 $10Hz$。为考虑高阶振型，频率上限当然越大越好，但这又受到驱动系统的限制，即当要求位移振幅大了，加载器的油柱共振频率下降，缩小了使用频率范围，为此这些因素都必须权衡后确定。

3.4 其他加载方法

3-6 其他加载设备

3.4.1 机械荷载系统

常用的机械加载机具有吊链、绞车、卷扬机、倒链葫芦、花篮螺丝、螺旋千斤顶和弹簧等。

吊链、绞车、卷扬机、倒链葫芦、花篮螺丝等主要用钢丝绳或绳索配合，用于远距离或高耸结构施加拉力，连接滑轮组可提高加载能力、改变力的方向，荷载值用串联在绳索中的测力计测定或荷载传感器量测。这些设备也可用于试验前的准备以及仪器、构件的就位。

弹簧与螺旋千斤顶均较适用于施加长期试验荷载。螺旋千斤顶由蜗杆等组成，手动机械顶升方法类同普通手动液压千斤顶。弹簧加载法常用于构件的持久荷载试验，弹簧可直接旋紧螺帽，或先用千斤顶加压后旋紧螺帽，靠其弹力加压，用百分表测其压缩变形确定荷载值。值得注意的是，弹簧加载结构变形后会自动卸载，应及时加以调节。

机械加载的优点是设备简单，容易实现。缺点是人工操作量大，可加的荷载值一般不能太大，荷载作用点产生变形时，荷载值将随之发生改变。

3.4.2 气压荷载系统

利用气体压力对结构加载称之为气压加载。气压加载有两种，利用压缩空气加载和利用抽真空产生负压对结构加载。气压加载的特点是产生的是均布荷载，对于平板、壳体、球体试验尤为适合。

1. 空气压缩机充气加载

空气压缩机对气包充气，给试件施加均匀荷载，如图 3-13 所示。为提高气包耐压能力，四周可加边框。这样最大压力可达 $180kN/m^2$。压力用不低于 1.5 级的压力表量测。此法较适用于板、壳试验，但当试件为脆性破坏时，气包可能发生爆炸，要加强安全防范。有效办法一是监视位移计示值不停地急剧增加时，立即打开泄气阀卸载；二是试件上方架设承托架，承力架与承托架间用垫块调节，随时使垫块与承力架横梁保持微小间隙，以备试件破坏时搁住，不致引起因气包卸载而爆炸。

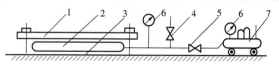

图 3-13 压缩空气加载示意图
1—试件；2—气包；3—台座；4—泄气针阀；5—进气针阀；
6—压力表；7—空气压缩机

压缩空气加载的优点是加载、卸载方便，压力稳定。缺点是结构的受载截面被压住无法布设仪表观测。

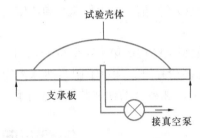

图 3-14　大气压差加载

2. 真空泵抽真空加载

用真空泵抽出试件与台座围成的封闭空间的空气，形成大气压力差对试件施加均匀荷载，如图 3-14 所示。最大压力可达 80～100kN/m²。压力值用真空表（计）量测。保持恒载由封闭空间与外界相连通的短管与调节阀控制。试件与围壁间缝隙可用薄钢板、橡胶带粘贴密封。试件表面必要时可刷薄层石蜡，这样既可堵住试体微孔，防止漏气；又能突出裂缝出现后的光线反差，用照相机可明显地拍下照片。此法安全可靠，试件表面又无加载设备，便于观测，特别适用于不能从板顶面加载的板或斜面、曲面的板壳等加垂直均匀荷载。这种方法在模型试验中应用较多。

结构加载的方法还有很多，如利用物体在运动时产生的惯性力对结构施加动力荷载，利用旋转质量产生的离心力对结构施加简谐振动荷载，利用在磁场中通电的导体受到与磁场方向垂直的作用力加载的电磁激振器、电磁振动台加载等。

3.5　荷载支承设备和试验台座

3.5.1　支座与支墩

1. 支座与支墩的形式

支座和支墩是根据试验的结构构件在实际状态中所处的边界条件和应力状态而模拟设置的。它是支承结构、正确传递作用力和模拟实际荷载图式的设备。

3-7 支座

支墩：支墩在试验室可用型钢、钢板焊接或钢筋与混凝土浇筑成专用设备，在现场多用砖块临时砌成。支墩上部应有足够大的平整的支承面，最好在砌筑时铺以钢板。支墩本身的强度必须要进行验算，支承底面积要按地基承载力复核，保证试验时不致发生沉陷或大的变形。

支座：按作用的形式不同，支座可分为滚动铰支座、固定铰支座、球铰支座和刀口支座等。支座一般都用钢材制作，常见的构造形式如图 3-15 所示。

对铰支座的基本要求：

（1）必须保证结构在支座处能自由转动；

（2）必须保证结构在支座处力的传递。

为此，如果结构在支承处没有预埋支承钢垫板，则在试验时必须另加垫板。其宽度一般不得小于试件支承处的宽度，支承垫板的长度 l 可按下式计算：

$$l = \frac{R}{bf_c} \quad (\text{mm}) \tag{3-1}$$

式中　R——支座反力（N）；

　　　b——构件支座宽度（mm）；

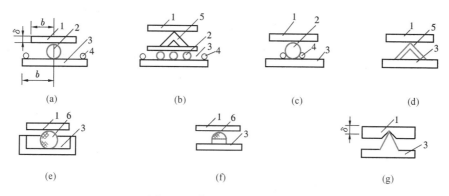

图 3-15　常用几种支座的形式

（a）滚动铰支座；（b）滚动铰支座；（c）固定铰支座 1；（d）固定铰支座 2；

（e）球铰支座；（f）球铰支座；（g）刀口支座

1—上垫板；2—滚轴；3—下垫板；4—限位圆条；5—角钢；6—钢球

f_c——试件材料的抗压强度设计值（N/mm²）。

（3）构件支座处铰的上下垫板要有一定刚度，其厚度 d 可按下式计算：

$$d = \sqrt{\frac{2f_c a^2}{f}} \qquad （\text{mm}）$$ (3-2)

式中　f_c——混凝土抗压强度设计值（N/mm²）；

　　　f——垫板钢材的强度设计值（N/mm²）；

　　　a——滚轴中心至垫板边缘的距离（mm）。

（4）滚轴的长度，一般取等于试件支承处截面宽度 b。

（5）滚轴的直径，可参照表 3-1 选用，并按下式进行强度验算：

$$\sigma = 0.418\sqrt{\frac{RE}{rb}}$$ (3-3)

式中　E——滚轴材料的弹性模量（N/mm²）；

　　　r——滚轴半径（mm）。

滚轴直径选用表 　　　　　　　　　　　　　　　　　　　表 3-1

滚轴受力（kN/mm）	<2	2～4	4～6
滚轴直径 d（mm）	40～60	60～80	80～100

2. 常见构件的支座

（1）简支构件及连续梁：这类构件一般一端为固定铰支座，其他为滚动支座。安装时各支座轴线应水平、彼此平行并垂直于试验构件的纵轴线。

（2）板壳结构：按其实际支承情况用各种铰支座组合而成。对于四角支承板，在每一边应有固定滚珠；对于四边支承的板，滚珠间距不能太大，宜取板在支承处厚度的3～5倍。当四边支承板无边梁时，加载后四角会翘起，因此角部应安置能受拉的支座。为了保证板壳的全部支承在一个平面内，防止支承处脱空，影响试验结果，应将各支承点设计成上下可作微调的支座，以便调整高度保证与试件接触受力。

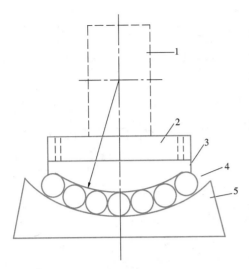

图 3-16　受扭试验转动支座构造
1—受扭试验构件；2—垫板；3—转动支座盖板；
4—滚轴；5—转动支座

（3）受扭构件两端的支座：对于梁式受扭构件的试验，为保证试件在受扭平面内自由转动，支座形式可如图 3-16 所示。试件两端架设在两个能自由转动的支座上，支座转动中心应与试件转动中心重合，两支座的转动平面应相互平衡，并应与试件的扭轴相垂直。

（4）受压构件两端的支座：进行柱与压杆试验时，构件两端应分别采用球形支座或双层正交刀口支座。球铰中心应与加载点重合，双层刀口的交点应落在加载点上。当柱在进行偏心受压试验时，可以通过调节螺栓来调整刀口与试件几何中线的距离，满足不同偏心距的要求。

结构试验用的支座是结构试验装置中模拟结构受力和边界条件的重要组成部分，对于不同的结构形式，不同的试验要求，就要求有不同形式与构造的支座与之相适应，这也是在结构试验设计中需要着重考虑和研究的一个重要问题。

3.5.2　简单的荷载支承机构

在进行结构试验加载时，液压加载器（即千斤顶）的活塞只有在其行程受到约束时，才会对试件产生推力。利用杠杆加载时，也必须要有一个支承点承受支点的上拔力。故进行试验加载时除了前述各种加载设备外，还必须要有一套荷载支承设备，才能实现试验的加载要求。

荷载支承设备在实验室内一般是由型钢制成的横梁、立柱构成的反力架和试验台座组成，也可利用适用于试验中小型构件的抗弯大梁或空间桁架式台座。在现场试验则通过反力支架用平衡重、锚固桩头或专门为试验浇筑的钢筋混凝土地梁来平衡对试件所加的荷载，也可用箍架将对构件作卧位或正反位加荷试验。

为了使支承机构随着试验需要在试验台座上移位，可安装一套电力驱动机构使支架接受控制能前后运行，横梁可上下升降，将液压加载器连接在横梁上，这样整个加荷架就相当于一台移动式的结构试验机，机架由电动机驱动使之以试验台的槽轨为导轨前后运行，当试件在台座上安装就位后，按试件位置需要调整加荷架，即可进行试验加载。

3.5.3　结构试验台座及支撑装置

1. 抗弯大梁式台座和空间桁架式台座

在预制品构件厂和小型的结构实验室中，由于缺少大型的试验台座，可以采用抗弯大梁式或空间桁架式台座来满足中小型构件的试验或混凝土制品检验的要求。

3-8　结构试验台座
及支撑装置

抗弯大梁台座本身是一刚度极大的钢梁或钢筋混凝土大梁，试验结构的支座反力也由台座大梁承受，使之保持平衡。台座的荷载支承及传力机构可用上述型钢或圆钢制成的加荷架。

由于受大梁本身抗弯强度与刚度的限制，抗弯大梁台座一般只能试验尺寸较小的板和梁。

空间桁架台座一般用以试验中等跨度的桁架及屋面大梁。通过液压加载器及分配梁可对试件进行若干点的集中荷载加荷，其液压加载器的反作用力由空间桁架自身进行平衡。

2. 大型试验台座

试验台座是永久性的固定设备，一般与结构实验室同时建成，其作用是平衡施加在试验结构物上的荷载所产生的反力。

试验台的台面一般与实验室地坪标高一致，这样可以充分利用实验室的地坪面积，使室内水平运输搬运物件比较方便，但对试验活动可能造成影响。也可以高出地平面，使之成为独立体系，这样试验区划分比较明确，不受周边活动及水平交通运行的影响。

试验台座的长度可从十几米以上到几十米，宽度也可达到十余米，台座的承载能力一般在 $200\sim1000kN/m^2$，台座的刚度极大，所以受力后变形极小，这样就允许在台面上同时进行几个结构试验，而不考虑相互的影响，不同的试验可沿台座的纵向或横向布设。

试验台座除作为平衡对结构加载时产生的反力外，同时也能用以固定横向支架，以保证构件侧向稳定。还可以通过水平反力架对试件施加水平荷载，由于它本身的刚度很大，还能消除试件试验时的支座沉降变形。

台座设计时在其纵向和横向均应按各种试验组合可能产生的最不利受力情况进行验算与配筋，以保证它有足够的强度和整体刚度。用于动力试验的台座还应有足够的质量和耐疲劳强度，防止引起共振和疲劳破坏，尤其要注意局部预埋件和焊缝的疲劳破坏。如果实验室内同时有静力和动力台座，则动力台座必须有隔振措施，以免试验时产生相互干扰现象。

目前国内外常见的大型试验台座，按结构构造的不同可分为：槽式试验台座、地脚螺栓式试验台座、箱式试验台座、抗侧力试验台座等。

（1）槽式试验台座

这是目前国内用得较多的一种比较典型的静力试验台座，其构造特点是沿台座纵向全长布置若干条槽轨，这些槽轨是用型钢制成的纵向框架式结构，埋置在台座的混凝土内，如图 3-17 所示。槽轨的作用在于锚固加载支架，用以平衡结构物上的荷载所产生的反力。

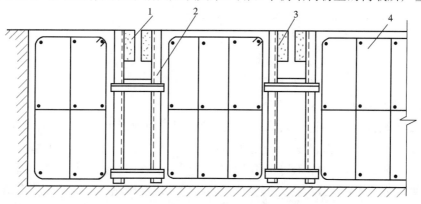

图 3-17　槽式试验台座横向剖面图

1—槽轨；2—型钢骨架；3—高强度等级混凝土；4—混凝土

如果加载架立柱用圆钢制成，可直接用两个螺帽固定于槽内，如加载架立柱由型钢制成，则在其底部设计成类似钢结构柱脚的构造，用地脚螺丝固定在槽内。在试验加载时立柱受向上拉力，故要求槽轨的构造应该和台座的混凝土部分有很好的联系，不致变形或拔出。这种台座的特点是加载点位置可沿台座的纵向任意变动，不受限制，以适应试验结构不同加载位置的需要。

（2）地脚螺栓式试验台座

这种试验台的特点是在台面上每隔一定间距设置一个地脚螺栓，螺栓下端锚固在台座内，其顶端伸出于台座表面特制的圆形孔穴内（但略低于台座表面标高），使用时通过用套筒螺母与加载架的立柱连接，平时可用圆形盖板将孔穴盖住，保护螺栓端部及防止杂物落入孔穴。其缺点是螺栓受损后修理困难，此外由于螺栓和孔穴位置已经固定，所以试件安装就位的位置受到限制，不像槽式台座那样可以移动，灵活方便。这类台座通常设计成预应力钢筋混凝土结构，造价低。

图 3-18 所示为地脚螺栓式试验台座的示意图。这类试验台座不仅用于静力试验，同时可以安装结构疲劳试验机进行结构构件的动力疲劳试验。

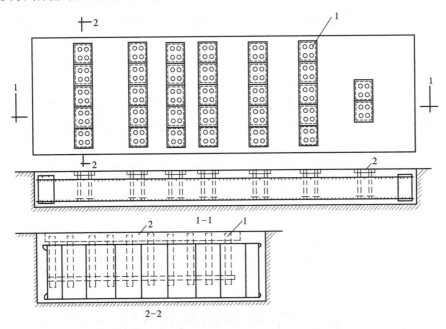

图 3-18　地脚螺栓式试验台座

1—地脚螺栓；2—台座地槽

（3）箱式试验台座（孔式试验台座）

图 3-19 为箱式试验台座示意图。这种试验台座的规模较大，由于台座本身构成箱形结构，所以它比其他形式的台座具有更大刚度。在箱形结构的顶板上沿纵横两个方向按一定间距留有竖向贯穿的孔洞，便于沿孔洞连线的任意位置加载。即先将槽轨固定在相邻的两孔洞之间，然后将立柱或拉杆按需要加载的位置固定在槽轨中，也可在箱形结构内部进行，所以台座结构本身也即是实验室的地下室，可供进行长期荷载试验或特种试验使用。大型箱形试验台座可同时兼作实验室房屋的基础。

（4）抗侧力试验台座

为了适应结构抗震试验研究的要求，需要进行结构抗震的静力和动力试验，即使用电液伺服加载系统对结构或模型施加模拟地震荷载的低周期反复水平荷载。近年来国内外大型结构实验室都建造了抗侧力试验台，见图 3-20。它除了利用前面几种形式的试验台座用以对试件施加竖向荷载

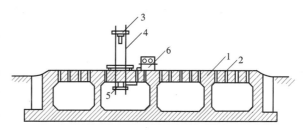

图 3-19　箱式试验台座剖面
1—箱形台座；2—顶板上的孔洞；3—试件；4—加荷架；
5—液压加载器；6—液压操纵台

外，在台座的端部建有高大的刚度极大的抗侧力结构，用以承受和抵抗水平荷载所产生的反作用力。为了满足试验时变形很小，抗侧力结构往往是钢筋混凝土或预应力钢筋混凝土的实体墙即反力墙或剪力墙，或者是为了增大结构刚度而建的大型箱形结构物，在墙体的纵横方向按一定距离间隔布置锚孔，以便按试验需要在不同的位置上固定为水平加载用的液压加载器。这时抗侧力墙体结构一般是固定的并与水平台座连成整体，以提高墙体抵抗弯矩和基底剪力的能力。其平面形式有一字形、L 形等。

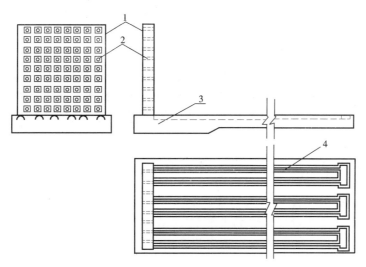

图 3-20　水平推力试验台座
1—承力墙；2—加载设备固定孔；3—水平台座；4—滑槽

简单的抗侧力结构可采用钢推力架的方案，利用地脚螺栓与水平台座连接锚固，其特点是推力钢架可以随时拆卸，按需要移动位置、改变高度。但用钢量较大而且承载能力受到限制，此外钢推力架与台座的连接锚固较为复杂、费时，同时要满足可在任意位置安装水平加载器亦有一定困难。

大型结构实验室也有在试验台座左右两侧设置两座反力墙的，这时整个抗侧力台座的竖向剖面不是 L 形而成为 U 形，其特点是可以在试件的两侧对称施加荷载；也有在试验台座的端部和侧面建造在平面上呈直角的抗侧力墙体，这样可以在 x 和 y 两个方向同时对试件加载，模拟 x、y 两个方向的地震荷载。

有的实验室为了提高反力墙的承载能力，将试验台座建在低于地面一定深度的深坑

内，利用坑壁作为抗侧力墙体，这样在坑壁四周的任意面上的任意部位均可对结构施加水平推力。

(5) 现场试验的荷载装置

现场试验装置的主要矛盾是液压加载器加载所产生的反力如何平衡的问题，也就是要设计一个能在现场安装并代替静力试验台座的荷载平衡装置。

在工地现场广泛采用的是平衡重式的加载装置，其工作原理与前述固定试验设备中利用抗弯大梁或试验台座一样，即利用平衡重来承受与平衡由液压加载器加载产生的反力。此时在加载架安装时必须要求有预设的地脚螺栓与之连接，为此在试验现场必须开挖地槽，在预制的地脚螺栓下埋设横梁和板，也可采用钢轨或型钢，然后在上面堆放块石、钢锭或铸铁，其重量必须经过计算。地脚螺栓露出地面以便于与加载架连接，连接方式可用螺丝帽或正反扣的花篮螺丝，甚至用简单的直接焊接。

平衡重式加载装置的缺点是要耗费较大的劳动量。目前有些单位采用打桩或用爆扩桩的方法作为地锚，也有的利用厂房基础下原有桩头作锚固，在两个或几个基础间沿柱的轴线浇捣一钢筋混凝土大梁，作为抗弯平衡用，在试验结束后这大梁则可代替原设计的地梁使用。

根据现场条件，当缺乏上述加载装置时，通常采用成对构件试验的方法，即用另一根构件作为台座或平衡装置使用，通过简单的箍架作用以维持内力的平衡。此时较多地采用结构卧位试验的方法。当需要进行破坏试验时，用作平衡的构件最好要比试验对象的强度和刚度都大一些，但这往往有困难。所以，经常使用两个同样的构件并列作为平衡的构件，这种方法常在重型吊车梁试验中使用。成对构件卧位试验中所用箍架，实际上就是一个封闭的加载架，一般常用型钢作为横梁，用圆钢为拉杆较为方便，对于荷载较大时，拉杆以型钢制作为宜。

本 章 小 结

1. 大部分结构试验是在模拟荷载条件下进行，模拟荷载与实际荷载的吻合程度的高低对试验成功与否非常重要。试验加载设备应满足以下基本要求：荷载值准确稳定且符合实际；荷载易于控制；加载设备安全可靠且不参与试验结构或构件的工作；加载方法尽量先进。

2. 结构试验中常见的荷载模拟方法、加载设备有静力试验中重物直接加载法、通过重物和杠杆作用的间接加载的重力加载法；液压加载器（千斤顶）、液压加载系统（液压试验机）、大型结构试验机的液压加载法；利用吊链、卷扬机、绞车、花篮螺栓和弹簧的机械加载法；以及利用气体压力的气压加载法。在动力试验中有利用惯性力或电磁系统激振；自由控制、液压和计算机系统相结合组成的电液伺服加载系统和由此作为振源的地震模拟振动台加载等设备；以及人工爆炸和利用环境随机激振（脉动法）的方法。

3. 在试验中需根据试验的结构构件在实际状态中所处的边界条件和应力状态，模拟设置支座和支墩，以支承结构、正确传递作用力和模拟实际荷载图式。此外，还需由型钢制成的横梁、立柱组成的反力架和大型试验台座，或利用适用于试验中小型构件的抗弯大梁、空间桁架式台座作荷载支承设备。

4. 试验台座是永久性的固定设备，一般与结构实验室同时建成，其作用是平衡施加在试验结构物上的荷载所产生的反力。目前国内外常见的试验台座，按结构构造的不同可分为：槽式试验台座、地脚螺栓式试验台座、箱形试验台座、抗侧力试验台座等。

思 考 题

1. 结构试验加载设备应满足哪些基本要求？

2. 结构试验中荷载的模拟方法、加载设备有哪几种？哪些属于静力试验、哪些属于动力试验？

3. 液压加载有哪些优点？常见的液压加载设备有哪几种？

4. 电液伺服液压加载系统由哪几部分组成？试述其工作原理。

5. 常见的支座形式有哪几种？对铰支座的基本要求是什么？

6. 试介绍几种结构试验台座及支撑装置。

7. 请简单介绍现场试验的荷载装置。

第 4 章 结构试验的量测技术

4.1 概 述

结构试验的量测技术是指通过一定的测量仪器或手段，直接或间接地取得结构性能变化的定量数据。只有取得了可靠的数据，才能对结构性能做出正确的结论，达到试验目的。由于测量数据的获得是结构试验的最终结果，因此，量测技术与设备对试验的成败具有"一锤定音"的效果，值得试验人员反复推敲。

一般来说，土木工程试验中的量测系统基本上由以下测试单元组成：

$$\boxed{结构（试件）}\rightarrow\boxed{敏感元件（感受装置）}\rightarrow\boxed{变换器（传感器）}\rightarrow\boxed{控制装置}\rightarrow\boxed{指示记录系统}$$

敏感元件是从被测物接受能量，并输出一定测量数值的元件。但这一测量数值总会受到测量装置本身的干扰，好的测量装置能使这种干扰减少到最低程度。敏感元件所输出的信号是一些物理量，如位移、电压等，例如测力计的弹簧装置、电阻应变仪中的应变片等都是敏感元件。

变换器又叫传感器、换能器、转换器等，它的作用是将被测参数变换成电量，并把转换后的信号传送到控制装置中进行处理。根据能量转换形式的不同，又可将传感器分成电阻式、电感式、压式、光电式、磁电式等。

控制装置的作用是对传感器的输出信号进行测量计算，使之能够在显示器上显示出来。控制装置中最重要的部分就是放大器，这是一种精度高、稳定性好的微信号高倍放大器。有时在控制装置中还包括振荡电路（如静态电阻应变仪）、整流回路等。

指示记录系统是用来显示所测数据的，一般分为模拟显示和数字显示两种。前者常以指针或模拟信号表示，如 x-y 函数记录仪、磁带记录器；后者用数字形式显示，是比较先进的指示记录系统。

测量技术的发展是一个从简单到复杂、从单一学科到各学科互相渗透、从低级到高级的过程。其中，用直尺量距离的方法可能就是一种最简单的测量技术；此后发展起来的机械式量测仪器，是利用杠杆、齿轮、螺杆、弹簧、滑轮、指针、刻度盘等，将被测量值进行放大，转化为长度的变化，再以刻度的形式显示出来；随着电子技术的日新月异，结构试验越来越多地应用电测仪器，这些仪器能够将各种试验参数转变为电阻、电容、电压、电感等电量参数，然后加以测量，这种量测技术通常又被称为"非电量的电测技术"。目前，量测仪器的发展趋势主要体现在数字化与集成化两个方面，许多仪器均属声、光、电联合使用的复合式设备。

结构试验的主要测量参数包括外力（支座反力、外荷载）、内力（钢筋的应力、混凝土的拉、压力）、变形（挠度、转角、曲率）、裂缝等。相应的量测仪器包括荷重传感器、电阻应变仪、位移计、读数显微镜等。这些设备按其工作原理可分为：机械式、电测式、光学式、复合式、伺服式；按仪器与试件的位置关系可分为：附着式与手持式、接触式与非接触式、绝对式与相对式；按设备的显示与记录方式又可分为：直读式与自动记录式、模拟式和数字式。

无论测量仪器的种类有多少，其基本性能指标主要包括以下几个方面：

（1）刻度值 A（最小分度值）：仪器指示装置的每一刻度所代表的被测量值，通常也表示该设备所能显示的最小测量值（最小分度值）。在整个量测范围内 A 可能为常数，也可能不是常数。例如千分表的最小分度值为 0.001mm，百分表则为 0.01mm。

（2）量程 S：仪器的最大测量范围即量程，在动态测试（如房屋或桥梁的自振周期）中又称作动态范围。如千分表的量程是 1.0mm，某静态电阻应变仪的最大测量范围是 $50000\mu\varepsilon$ 等。

（3）灵敏度 K：被测物理量单位值的变化引起仪器读数值的改变量叫作灵敏度，也可用仪器的输出与输入量的比值来表示，数值上它与精度互为倒数。例如电测位移计的灵敏度＝输出电压/输入位移。

（4）测量精度：表示量测结果与真值符合程度的量称为精度或准确度，它能够反映仪器所具有的可读数能力或最小分辨率。从误差观点来看，精度反映了量测结果中的各类误差，包括系统误差与偶然误差，因此，可以用绝对误差和相对误差来表示测量精度，在结构试验中，更多的用相对于满量程（F.S.）的百分数来表示测量精度。很多仪器的测量精度与最小分度值是用相同的数值来表示。例如千分表的测量精度与最小分度值均为 0.001mm。

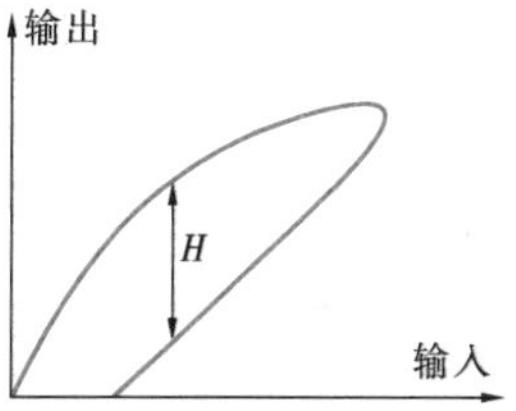

图 4-1 滞后量的示意图

（5）滞后量 H：当输入由小增大和由大减小时，对于同一个输入量将得到大小不同的输出量。在量程范围内，这种差别的最大值称为滞后值 H（如图 4-1 所示），滞后量越小越好。

（6）信噪比：仪器测得的信号中信号与噪声的比值，称作信噪比，以杜比（dB）值来表示。这个比值越大，测量效果越好，信噪比对结构的动力特性测试影响很大。

（7）稳定性：指仪器受环境条件干扰影响后其指示值的稳定程度。

4.2 应 变 量 测

应变量测是结构试验中的基本量测内容，主要包括钢筋局部的微应变和混凝土表面的变形量测；另外，由于直接测定构件截面的应力目前还没有较好的方法，因此，结构或构件的内力（钢筋的拉压力）、支座反力等参数实际上也是先测量应变，然后再通过 $\sigma=E\varepsilon$ 或 $F=EA\varepsilon$ 转化成应力或力，或由已知的 $\sigma\text{-}\varepsilon$ 关系曲线查得应力。由此可见，应变量测在结构试验量测内容中具有极其重要的地位，它往往是其他物理量测量的基础。

应变测量的方法和仪表很多，主要有电测与机测两类。机测是指机械式仪表，例如双杠杆应变仪、手持应变仪。机械式仪表适用于各种建筑结构在长时间过程中的变形，无论是构件制作过程中变形的测量，还是结构在试验过程中变形的观察，均可采用。它特别适用于野外和现场作业条件下结构变形的测试。例如，南京赛峰科技仪器实业有限公司的YB25 手持应变仪的主要技术参数如下：

(1) 基距：250mm；

(2) 位移计量程：±5mm；

(3) 最小刻度值：$40\mu\varepsilon$；

(4) 外形尺寸：280mm×71mm×75mm；

(5) 重量：约 0.8kg。

机测法简单易行，适用于现场作业或精度要求不高的场合；电测法手续较多，但精度更高、适用范围更广。因此，目前大多数结构试验，特别是在试验室内进行的试验，基本上均采用电测法进行应变量测。

4.2.1 电阻应变计

1. 电阻应变计的工作原理

电阻应变计，简称应变片。利用电阻应变片测量应变是基于电阻丝长度的变化会引起阻值的变化这一原理。如图 4-2 所示，由电阻公式：

4-1 电阻应变计

$$R = \rho \frac{L}{A} \qquad (4\text{-}1)$$

式中　ρ——金属丝的电阻率；

　　　L——金属丝的长度；

　　　A——其截面面积。

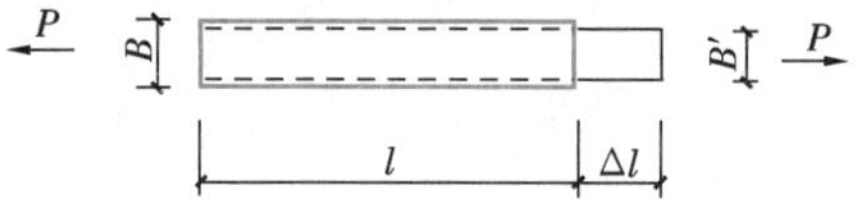

因此，当金属丝受拉或受压时，L 和 A 均会有相应的变化。为了研究阻值 R 随 L、A 的变化规律，可以利用数学的微分原理，对电阻 R 按复合函数求微分，得

图 4-2　金属丝式电阻应变片的工作原理

$$\mathrm{d}R = \frac{\partial R}{\partial \rho}\mathrm{d}\rho + \frac{\partial R}{\partial L}\mathrm{d}L + \frac{\partial R}{\partial A}\mathrm{d}A = \frac{L}{A}\mathrm{d}\rho + \frac{\rho}{A}\mathrm{d}L - \frac{\rho L}{A^2}\mathrm{d}A \qquad (4\text{-}2)$$

上式两端同除以 R，有：

$$\frac{\mathrm{d}R}{R} = \frac{\mathrm{d}\rho}{\rho} + \frac{\mathrm{d}L}{L} - \frac{\mathrm{d}A}{A} \qquad (4\text{-}3)$$

如果设电阻丝的泊松比为 μ，则有：

$$\frac{\mathrm{d}A}{A} = \frac{\frac{\pi}{4}\cdot 2D\mathrm{d}D}{\frac{\pi D^2}{4}} = 2\frac{\mathrm{d}D}{D} = -2\mu\frac{\mathrm{d}L}{L} = -2\mu\varepsilon \qquad (4\text{-}4)$$

式中　D——金属丝横截面的直径；

　　　ε——沿电阻丝长度方向上的应变值；

"—"号表示金属丝长度 L 的拉长将导致横截面面积 A 的减小。

将式（4-4）代入式（4-3），得

$$\frac{\mathrm{d}R}{R} = \frac{\mathrm{d}\rho}{\rho} + (1+2\mu)\varepsilon \quad \text{或} \quad \frac{\frac{\mathrm{d}R}{R}}{\varepsilon} = \frac{\frac{\mathrm{d}\rho}{\rho}}{\varepsilon} + (1+2\mu) \qquad (4\text{-}5)$$

令

$$\frac{\frac{\mathrm{d}\rho}{\rho}}{\varepsilon} + (1+2\mu) = K_0 \qquad (4\text{-}6)$$

则有：
$$\frac{\mathrm{d}R}{R} = K_0\varepsilon \tag{4-7}$$

式中　K_0——电阻应变计的单丝灵敏度系数。

K_0 的物理意义表示单位应变所引起电阻丝阻值的改变量，它能够反映出电阻丝阻值对应变的敏感程度，故称作单丝灵敏度系数。由式（4-6）可知：K_0 由两部分组成，其中 $(1+2\mu)$ 反映了电阻丝材料的几何特性对灵敏度的影响，对于常见的金属丝而言，该值约为 1.6；$(\mathrm{d}\rho/\rho)/\varepsilon$ 则表示电阻率随应变的改变量，对于大多数材料来讲，其值约为 0.4。故电阻丝的单丝灵敏度系数 K_0 为常数。

这里需指出的是：金属单丝的灵敏度系数 K_0 与相同材料做成的应变片的灵敏度系数 K 稍有不同。K 由实验求得，实验表明 $K < K_0$。其原因主要有两个：一是由于敏感栅几何形状的改变和粘胶、基底等的影响；二是由于金属丝绕成栅状后存在横向效应。一般来说，电阻应变片的灵敏度系数 K 取值范围在 $1.9 \sim 2.3$ 之间，通常 $K = 2.0$。因此，式（4-7）也可以用电阻应变片的灵敏度系数 K 来表示：

$$\frac{\mathrm{d}R}{R} = K\varepsilon \tag{4-8}$$

公式（4-8）是一个很重要的关系式，它的意义不仅在于揭示了电阻变化率与机械应变之间确定的线性关系，更重要的是它建立了机械量与电量之间的相互转换关系。

2. 电阻应变片的基本构造及分类

不同用途的电阻应变片，其构造有所不同，但都包括敏感栅、基底、覆盖层和引出线四部分。其结构如图 4-3 所示。

（1）敏感栅：电阻丝应变片是用直径为 0.025mm 左右，具有高电阻率的电阻丝制成的，为了获得高的电阻值，将金属（康铜、镍铬或镍铬合金）或半导体材料制成的电阻丝排列成栅状，称为敏感栅，并用胶粘剂固定在绝缘的基底上。

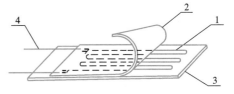

图 4-3　电阻应变片的基本构造
1—敏感栅；2—覆盖层；3—基底；4—引出线

（2）基底与覆盖层：基底与覆盖层起定位与保护敏感栅的作用，并使电阻丝与被测试件之间绝缘，通常分为纸质和塑料胶基两种，另外，对于一些有特殊要求的应变片，也可以用石棉、云母、无碱玻璃和氧化镁等做成基底。

（3）引出线：引出线的作用是将电阻应变片通过它焊接于应变测量电桥。引出线通常采用镀银、镀锡或镀合金的软铜线制成，并与应变片的电阻丝焊在一起。为了减小横向效应可采用直角线栅或箔式应变片。

应变片根据所使用的材料不同，可分为金属应变片和半导体（压阻式）应变片两大类（如图 4-4 所示）。

金属应变片又可以再分为丝式应变片、箔式应变片和膜式应变片。金属丝式应变片有 U 形（圆头形，图 4-4b）和 H 形（直角形或短接式，图 4-4c）两种。其中，金属丝式应变片是土木工程结构试验中最常用的应变片。

金属箔式应变片是利用照相制版或光刻技术，将厚约为 $0.001 \sim 0.01$mm 的金属箔片制成敏感栅。箔式应变片的优点是：

（1）可制成多种复杂性状、尺寸准确的敏感栅，其栅长最小可做到 0.2mm，以适应不同的测量要求。例如：图 4-4（e）的圆形应变片就可用于测量平面应力。

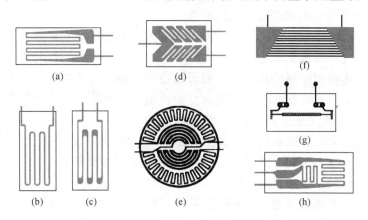

图 4-4　几种电阻应变计（片）

（a）、（d）、（e）、（f）、（h）—箔式；（b）、（c）—丝式；（g）—半导体式

（2）横向效应小。

（3）散热条件好，允许电流大，提高了输出灵敏度。

（4）蠕变和机械滞后小，疲劳寿命长。

（5）生产效率高，便于实现自动化生产。

基于上述特点，箔式应变片的使用范围正日益扩大，将会逐渐取代丝式应变片。

半导体应变片可分为体型半导体应变片、扩散型半导体应变片、薄膜型半导体应变片等。半导体应变片具有灵敏系数大，机械滞后小，阻值范围大，横向效应小等特点。主要用于测量应力分布，以及作为各种传感器的力-电转换元件。广泛用于机械、电子、航空、船舶、铁路和桥梁等工程结构的静态和动态测量，进行比较复杂的应力分析。

3. 电阻应变片的技术指标

应变片的品种和规格甚多，选用时必须根据试验目的、测点位置、环境条件等全面考虑。下面针对应变片的主要指标加以说明。

（1）标距：指敏感栅在纵轴方向上的有效长度 L。可分为小标距（2～7mm）、中标距（10～30mm）、大标距（>30mm）。由于应变片的变形感应是指应变片标距范围内的平均应变，故当被测试件的应变场变化较大时，应采用小标距应变片。对非均质材料，如混凝土宜选用大标距应变片，以便测出较长范围内的平均应变，根据试验分析，应变片的标距应大于被测材料中最大骨料（如混凝土中的石子）粒径的 4 倍；对于钢筋则可根据直径选用小标距或中标距的应变片。

（2）规格：以使用面积 $L×B$ 表示。

（3）电阻值：由于目前国内用于测量应变片电阻值变化的电阻应变仪多按 120Ω 设计，故大多数应变片的电阻值均在 120Ω 左右。否则应通过电阻应变仪将测量结果予以修正。

（4）精度等级：国家标准《金属粘贴式电阻应变计》GB/T 13992—2010 把电阻应变计的单项工作特性的精度划分为 A、B、C 三级，各精度等级的工作特性指标如表 4-1 和

表 4-2 所示。《混凝土结构试验方法标准》GB/T 50152—2012 规定混凝土结构试验中允许使用 C 级和 C 级以上的电阻应变计。

（5）灵敏度系数：应变计的灵敏度系数由抽样结果的平均值确定，这个平均值就作为被抽样的该批应变片的灵敏度系数，对于 C 级应变计，若灵敏度系数为 2.0，则有 95% 的把握说，这批应变片中每一个应变片的实际灵敏度系数在 1.94～2.06 范围内。在静态测量时，当采用 $K \neq 2.0$ 的应变片时，只要把应变仪灵敏度系数刻度对准所选用的灵敏度系数即可，读数不需修正。

用于应力分析的应变计单项技术指标　　　　　　　　　　表 4-1

序号	工作特性	说　明		级　别		
				A	B	C
1	应变计电阻	对平均值的允差	单栅	0.3	0.5	0.8
			双栅　±%	0.7	1.0	1.5
			多栅	0.8	1.0	1.5
		对标准值的偏差　±%		1.0	1.5	2.0
2	灵敏度系数	对平均值的分散　±%		1	2	3
3	机械滞后	室温下的机械滞后　μm/m		3	5	8
		极限工作温度下的机械滞后　μm/m		10	20	30
4	蠕　变	室温下的蠕变　μm/m		3	5	10
		极限工作温度下的蠕变　μm/m		20	30	50
5	横向效应系数	室温下的横向效应系数　±%		0.6	1	2
6	灵敏度系数的温度系数	工作温度范围内的平均变化　±%/100℃		1	2	3
		每一温度下灵敏系数对平均值的分散　±%		3	4	6
7	热输出	平均热输出系数　（μm/m）/℃		1.5	2	4
		对平均热输出的分散　±μm/m		60	100	200
8	漂　移	室温下的漂移　μm/m		1	3	5
		极限工作温度下的漂移　μm/m		10	25	50
9	热滞后	每一工作温度下　μm/m		15	30	50
10	绝缘电阻	室温下的绝缘电阻　MΩ		10^4	2×10^3	10^3
		极限工作温度下的绝缘电阻　MΩ		10	5	2
11	应变极限	室温下的应变极限　μm/m		2×10^4	10^4	8×10^3
		极限工作温度下应变极限　μm/m		8×10^3	5×10^3	3×10^3
12	疲劳寿命	室温下的疲劳寿命　循环次数		10^7	10^6	10^5
		极限工作温度下的疲劳寿命				
13	瞬时热输出	根据用户需要，测试并给出应变计平均瞬时热输出数据或曲线				

序号	工作特性	说　明			级　别		
					A	B	C
1	应变计电阻	对平均值的允差	单栅	±%	0.2	0.3	0.6
			双栅		0.7	1.0	1.5
			多栅		0.8	1.0	1.5
		对标准值的偏差		±%	0.5	0.8	1.5
2	灵敏度系数	对平均值的分散		±%	1	2	3
3	机械滞后	室温下的机械滞后		μm/m	3	5	8
		极限工作温度下的机械滞后		μm/m	10	20	30
4	蠕变	蠕变对平均值的分散		±μm/m	3	5	10
		极限工作温度下的蠕变		μm/m	20	30	50
5	灵敏度系数的温度系数	工作温度范围内的平均变化		±%/100℃	1	2	3
		每一温度下灵敏系数对平均值的分散		±%	3	4	6
6	热输出	平均热输出系数		(μm/m)/℃	1.5	2	4
		对平均热输出的分散		±μm/m	30	100	200
7	漂移	室温下的漂移		μm/m	1	3	5
		极限工作温度下的漂移		μm/m	10	25	50
8	疲劳寿命	室温下的疲劳寿命		循环次数	10^7	10^6	10^5
		极限工作温度下的疲劳寿命					

注：1. 对中、高、低温及特殊情况的应变计，企业可根据具体情况制定相关的企业标准；

　　2. 对于 4 栅以上的应变计，允许生成厂和用户协商确定其"应变计电阻对标准值的偏差"的技术指标。

（6）温度适用范围：主要取决于胶合剂的性质，可溶性胶合剂的工作温度约为 $-20℃\sim +60℃$；经化学作用而固化的胶合剂，其工作温度约为 $-60℃\sim +200℃$。

国产电阻应变计型号正是根据应变片的种类、技术指标进行命名的。例如，某应变片的型号为 SF120-3AA80（23）N6-X，含义如下：

（1）S：表示应变计类别（B：箔式，S：丝式，T：特殊用途，Z：专用）；

（2）F：表示基底材料种类（B：玻璃纤维布浸胶类，F：改性酚醛，H：特殊环氧，A：聚酰亚胺，Q：其他）；

（3）120：表示电阻应变计的标称电阻值；

（4）3 表示敏感栅长度（mm）；

（5）AA 表示敏感栅结构形式；

（6）80 表示极限工作温度；

（7）23 表示温度自补偿或弹性模量自补偿代号；

（8）N6 表示蠕变自补偿标号；

（9）X 表示接线方式（X：自带引线，密封型；D：上锡焊点，密封型；C：焊端敞开式，无引线，密封型；U：自带引线，非密封型；F：无引线，非密封型）。

除了以上这些基本技术指标以外，还有一些因素也会对电阻应变片的测量结果产生误差，这些因素包括应变片的横向效应、蠕变、机械滞后等。

为使应变片达到一定的电阻值，制作敏感栅的金属丝必须有足够的长度。但是，为测量试件上一点的应变值，又要求应变片尽量短些。于是常将金属电阻丝绕成栅状。因此，当应变片纵向伸长（缩短），横向便会缩短（伸长），这将会使敏感栅总电阻的变化值 ΔR 减小，从而降低了应变计的灵敏度，这种现象称为横向效应。

应变计的机械滞后是指已粘贴好的应变片，在恒定温度下，增加和减少应变过程中，对同一应变的读出应变的差。实践证明，机械滞后在第一次加卸载循环中最明显。它随着加载次数的增多而减少，并逐步趋向稳定。

应变片的蠕变是指已贴好的应变片，在应变恒定、温度恒定时读出应变随时间的变化。应变计的这一特性，常常给试验过程中的持续荷载期间量测构件应变的发展规律带来很大困难，使用精度等级较高的应变计将有助于解决这一问题。

4.2.2 电阻应变仪

电阻应变片可以把试件的应变信号转换成电阻的变化，但由于土木工程中的试件应变往往较小，因此，电阻的变化值也将非常微小。例如，建筑结构中使用的 HRB400 钢筋的屈服强度 f_y 为 $360\text{N}/\text{mm}^2$，钢筋的弹性模量 $E=2.0\times10^5\text{N}/\text{mm}^2$，因此，钢筋屈服时的应变为 0.00180，即为 $1800\mu\varepsilon$，如果所使用的应变计的电阻值为 120Ω、灵敏度系数为 2.0，则根据公式（4-8）可知，电阻值的变化量 $\Delta R=0.432\Omega$。这样微弱的电信号，利用普通的电路检测是很困难的，而且应变值还有拉、压和静、动之分，必须要有专门的仪器才能对信号进行量测和鉴别，这种专门的仪器称为电阻应变仪。

4-2 电阻应变仪

按测量对象的不同，应变仪分成静态电阻应变仪和动态电阻应变仪，也有将静、动态电阻应变仪做在一起的。静态应变仪的信号与时间无关，而动态则有关。无论何种应变仪其基本构成是相同的，即均由振荡器、测量电路、放大器、相敏检波器和电源等部分组成。

振荡器的作用是产生一个频率和振幅稳定的交变电压，作为测量电路的参考电压；测量电路的主要作用是将机械变形所引起的应变计电阻值的变化转换成电流或电压信号；然后再经放大器进行放大，以便得到足够的功率去进行显示或记录；相敏检波器则用来区分应变的极性，即是拉伸还是压缩。

现行行业标准《电阻应变仪　技术条件》JB 6261 把电阻应变仪划分为 3 个级别 A、B、C，相应地规定了上述各类误差的允许值，如表 4-3 所示。《混凝土结构试验方法标准》GB/T 50152—2012 规定，混凝土结构试验中允许使用不低于 B 级的静态和动态电阻应变仪来量测应变。

各等级电阻应变仪允许误差 表 4-3

No.	误差类别	静态电阻应变仪			动态电阻应变仪		
		A	B	C	A	B	C
1	基本误差	$\pm(0.1\%+1\mu\varepsilon)$	$\pm(0.5\%+1\mu\varepsilon)$	$\pm(1\%+2\mu\varepsilon)$	—	—	—
2	灵敏度系数刻度误差	±0.1	±0.5	±1.0	—	—	—
3	线性误差	—	—	—	±0.1	±0.5	±1.0

No.	误差类别	静态电阻应变仪			动态电阻应变仪		
		A	B	C	A	B	C
4	标定误差	—	—	—	$\pm(0.1\%+1_{\mu\varepsilon})$	$\pm(0.5\%+1_{\mu\varepsilon})$	$\pm(1\%+2_{\mu\varepsilon})$
5	衰减误差	—	—	—	±0.5	±1.0	±2.0
6	频率响应误差(dB)	—	—	—	±0.2	±0.5	±0.7
7	信噪比	—	—	—	50	40	30
8	稳定性 零点漂移($\mu\varepsilon$)	±1.0	±2.0	±3.0	±1.0	±2.0	±5.0
	灵敏度变化(%)	—	—	—	±0.5	±1.0	±2.0
	读数变化(%)	±0.1	±0.5	±1.0	—	—	—

1. 测量电路

（1）偏位法

通过以上的分析可知：电阻值的变化量往往非常小。那么，如何通过测量电路将这样小的电阻变化值进行放大，就成为测量电路设计的关键问题。事实上，应变仪的测量电路一般均采用惠斯通电桥[1]来解决这个矛盾。

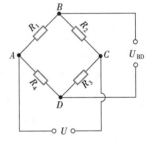

图 4-5 惠斯通电桥

图 4-5 是惠斯通电桥的基本桥路，输出电压 U_{BD} 与输入电压 U 之间的关系如下：

$$U_{BD}=U_{BA}-U_{DA}=U\cdot\frac{R_1}{R_1+R_2}-U\cdot\frac{R_4}{R_4+R_3}=U\cdot\frac{R_1R_3-R_2R_4}{(R_1+R_2)(R_3+R_4)} \quad (4\text{-}9)$$

当 $R_1R_3=R_2R_4$ 时，输出电压 $U_{BD}=0$，称为电桥平衡。如果某一个桥臂的电阻发生了变化，则输出电压 $U_{BD}\neq0$，称为电桥不平衡。例如，当 AB 桥上的电阻从平衡时的阻值 R_1 变化到 $R_1+\Delta R_1$ 时，根据上式，有：

$$U_{BD}=U_{BA}-U_{DA}=U\cdot\frac{R_1+\Delta R_1}{R_1+\Delta R_1+R_2}-U\cdot\frac{R_4}{R_4+R_3}$$

$$\approx U\cdot\frac{R_2R_4}{(R_1+R_2)(R_3+R_4)}\cdot\frac{\Delta R_1}{R_1} \quad (4\text{-}10)$$

如果 AB 桥路上的电阻不是在应变仪的测量电路中，而是放在被测构件上（图4-7），

---

❶ 惠斯通（1802—1875），英国物理学家。惠斯通电桥实际并非惠斯通发明的，而是由英国发明家克里斯蒂在1833年发明，但是由于惠斯通第一个用它来测量电阻，所以人们习惯上就把这种电桥称作惠斯通电桥。

那么，根据公式（4-8），上式又可写成：

$$U_{BD} \approx U \cdot \frac{R_2 R_4}{(R_1 + R_2)(R_3 + R_4)} \cdot K\varepsilon \tag{4-11}$$

由此可见，输出电压 U_{BD} 与构件的应变呈线性关系，知道了输出电压 U_{BD}，也就可以求出构件的应变值。由于 4 个桥路（AB、BC、CD、DA）中只有 AB 桥路作为工作片接在被测试件上，因此，这种接法又称 1/4 电桥；同理，接 2 个应变片（R_1、R_2 为工作片）则为半桥接法；接 4 个应变片（R_1、R_2、R_3、R_4 均为工作片）则称为全桥接法。

对于全桥测量，设 4 个桥臂的电阻变化量分别为 ΔR_1、ΔR_2、ΔR_3、ΔR_4，且变化前电桥平衡，则：

$$U_{BD} = U \cdot \frac{R_2 R_4}{(R_1 + R_4)(R_3 + R_4)} \cdot \left(\frac{\Delta R_1}{R_1} - \frac{\Delta R_2}{R_2} + \frac{\Delta R_3}{R_3} - \frac{\Delta R_4}{R_4} \right) \tag{4-12}$$

上式中，忽略了分母中 ΔR 项及分子中 ΔR_i^2 的高阶小量。此时，如果 4 个应变片的规格相同，则有：

$$U_{BD} = \frac{1}{4} UK(\varepsilon_1 - \varepsilon_2 + \varepsilon_3 - \varepsilon_4) \tag{4-13}$$

上式说明：4 个桥臂都工作时，输出电压和 4 个桥臂的电阻应变率有关，应变仪的总读数应变等于 $\varepsilon_1 - \varepsilon_2 + \varepsilon_3 - \varepsilon_4$。

同理，对半桥测量，可写成：

$$U_{BD} = \frac{U}{4} \left(\frac{\Delta R_1}{R_1} - \frac{\Delta R_2}{R_2} \right) = \frac{1}{4} UK(\varepsilon_1 - \varepsilon_2) \tag{4-14}$$

由式（4-13）和式（4-14）可见，电桥的邻臂电阻变化的符号相反，成相减输出；对臂符号相同，成相加输出。这种利用桥路的不平衡输出进行测量的方法称为直读法或偏位法。偏位法一般用于动态应变（即应变仪测量信号与时间有关）的测量。

另外，如果各电阻应变片的阻值 R 相同，且电阻的变化值 ΔR 也相同，那么，式（4-13）、式（4-14）可统一写成：

$$U_{BD} = \frac{1}{4} AUK\varepsilon \tag{4-15}$$

式中，A 称作桥臂系数，表示电桥对输入电压 U 的提高倍数。A 越大，则说明该种桥路的灵敏度越大。因此，外荷载作用下的实际应变 ε'，应该是实测应变 ε^0 与桥臂系数 A 之比，即 $\varepsilon' = \varepsilon^0 / A$。

（2）零位法

偏位法的输出电压易受电源电压不稳定的干扰。零位法正是为了克服这个问题而提出的。如图 4-6 所示，若在电桥的两臂之间接入一个可变电阻，当试件受力电桥失去平衡后，调节可变电阻，使 R_3 增加 Δr，R_4 减少 Δr，电桥将重新平衡，根据平衡条件：

$$(R_1 + \Delta R_1)(R_4 - \Delta r) = R_2(R_3 + \Delta r) \tag{4-16}$$

若 $R_1 = R_2 = R'$、$R_3 = R_4 = R''$，并忽略 Δr^2 的高阶小量，则上式可转化为：

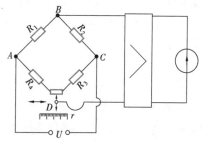

图 4-6　零位法测量电路

$$\varepsilon = \frac{1}{K} \frac{\Delta R_1}{R_1} = 2\frac{\Delta r}{KR''} \tag{4-17}$$

上式说明了电桥重新平衡时的可变电阻值 Δr 与试件的应变 ε 呈线性关系，此时电流计仅起指示电桥平衡与否的作用，故可以避免偏位法测量电压不稳的缺点。此法称零位法测定，零位法一般用于静态应变（即应变仪测量信号与时间无关）的测量。

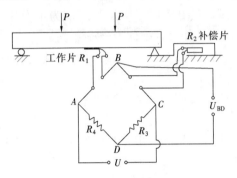

图 4-7　温度补偿方法

2. 电阻应变片的温度补偿

在一般情况下，试验环境的温度总是变化的，即温度变化总是伴随着荷载一起作用到应变片和试件上去。例如某种型号的应变片，$R=145\Omega$，$K=2.375$，粘贴在铝质材料的试件上，当温度变化 1℃ 时，由温度产生的虚假应变（视应变）ε_t 可达 $48\mu\varepsilon$，即相当于试件受到 $33.6\text{N}/\text{mm}^2$ 的应力。这是不能忽略的，必须加以消除，主要是利用惠斯通电桥桥路的特性进行的，称为温度补偿。

如图 4-7 所示，在电桥 BC 臂上接一个与工作片 R_1 阻值相同的应变片 $R_2=R_1=R$（温度补偿片），并将 R_2 贴在一个与试件材料相同、置于试件附近的位置。因为 R_1、R_2 具有同样的温度变化条件，但 R_2 不受外力作用，因此 $\Delta R_2 = \Delta R_{\varepsilon t}$（由温度产生的阻值变化），而 ΔR_1 既受外力作用又受温度影响，故有 $\Delta R_1 = \Delta R_s + \Delta R_{\varepsilon t}$。根据公式（4-14）有：

$$U_{BD} = \frac{U}{4}\left(\frac{\Delta R_s + \Delta R_{\varepsilon t}}{R} - \frac{\Delta R_{\varepsilon t}}{R}\right) = \frac{U}{4}\frac{\Delta R_s}{R} = \frac{UK}{4}\varepsilon \tag{4-18}$$

可见，温度产生的应变将通过惠斯通电桥自动得到消除。由此进一步可知：如果试件上的两个工作片阻值相同（$R_2=R_1=R$），并且应变的符号相反，例如，受弯的矩形截面梁的上下表面即存在大小相同、方向相反的拉压应变，则上式可写成：

$$U_{BD} = \frac{U}{4}\left(\frac{\Delta R_s + \Delta R_{\varepsilon t}}{R} - \frac{-\Delta R_s + \Delta R_{\varepsilon t}}{R}\right) = \frac{U}{2}\frac{\Delta R_s}{R} = \frac{UK}{2}\varepsilon \tag{4-19}$$

即 $R_2=R_1$ 互为温度补偿片。但这种方法一般不适用于混凝土等非匀质材料或不具有对称截面的匀质材料试件的测量。

以上的这种温度补偿称为桥路补偿，该方法的优点是方法简单、经济易行，在常温下效果较好，缺点是在温度变化大的条件下，补偿效果差；另外，很难做到补偿片与工作片所处的温度完全一致，因而影响补偿效果。

目前除桥路补偿外，还有用温度自补偿应变片的方法来解决温度的影响，但主要用于机械类试验中，土木工程结构试验中尚少采用。

3. 实用桥路

通过以上的分析，我们已经知道，根据工作应变片在惠斯通电桥中所占桥路的个数，可以将接桥方法分为 1/4 桥、半桥和全桥。其中最常用的是半桥与全桥。1/4 桥是指桥路中只有 1 个工作片 R_1，这时补偿必须用另一个补偿片 R_2 来完成，这种接线方法对输出电压没有放大作用；半桥的特点是将两个工作片接入电桥相邻的桥臂上，输出电压可比 1/4

桥提高一倍，且 2 个工作片可互作温度补偿；全桥则是电桥的 4 个桥臂上均为工作片，其输出电压可比半桥进一步提高。

根据具体的试验条件，并结合材料力学的有关知识，我们可以通过合理地选择接桥方法，以便获得更大、更灵敏的电桥输出值。接桥方法的原则是：在满足特殊要求的条件下，选择测量电桥输出电压较高、桥臂系数大，能实现温度互补且便于分析的接桥方法。几种常见的接桥方法见表 4-4。

布片和接桥方法

表 4-4

序号	受力状态及其简图	工作片数	电桥形式	电桥线路	温度补偿	测量电桥输出	测量项目及应变值	特点
1	轴向拉（压）	1	1/4 桥		另设补偿片	$U_{BD}=\dfrac{1}{4}UK\varepsilon$	拉（压）应变 $\varepsilon_r=\varepsilon$	不易消除偏心作用引起的弯曲影响
2	轴向拉（压）	2	全桥		另设补偿片	$U_{BD}=\dfrac{1}{2}UK\varepsilon$	拉（压）应变 $\varepsilon_r=2\varepsilon$	输出电压提高 1 倍，可消除弯曲影响
3	轴向拉（压）	2	半桥		互为补偿	$U_{BD}=\dfrac{1}{4}UK\varepsilon(1+\nu)$	拉（压）应变 $\varepsilon_r=(1+\nu)\varepsilon$	输出电压提高到 $(1+\nu)$ 倍，不能消除弯曲影响
4	轴向拉（压）	4	半桥		互为补偿	$U_{BD}=\dfrac{1}{4}UK\varepsilon(1+\nu)$	拉（压）应变 $\varepsilon_r=(1+\nu)\varepsilon$	输出电压提高到 $(1+\nu)$ 倍，能消除弯曲影响且可提高供桥电压
5	轴向拉（压）	4	全桥		互为补偿	$U_{BD}=\dfrac{1}{2}UK\varepsilon(1+\nu)$	拉（压）应变 $\varepsilon_r=2(1+\nu)\varepsilon$	输出电压提高到 $2(1+\nu)$ 倍且能消除弯曲影响
6	拉伸	4	全桥		互为补偿	$U_{BD}=UK\varepsilon$	拉应变 $\varepsilon_r=4\varepsilon$	输出电压提高到 4 倍

序号	受力状态及其简图	工作片数	电桥形式	电桥线路	温度补偿	测量电桥输出	测量项目及应变值	特 点
7	弯曲	2	半桥		互为补偿	$U_{BD}=\dfrac{1}{2}UK\varepsilon$	弯曲应变 $\varepsilon_r=2\varepsilon$	输出电压提高 1 倍且能消除轴向拉(压)影响
8	弯曲	4	全桥		互为补偿	$U_{BD}=UK\varepsilon$	弯曲应变 $\varepsilon_r=4\varepsilon$	输出电压提高到 4 倍且能消除轴向拉(压)影响
9	弯曲	2	半桥		互为补偿	$U_{BD}=\dfrac{1}{4}UK(\varepsilon_1-\varepsilon_2)$	两处弯曲应变之差 $\varepsilon_r=\varepsilon_1-\varepsilon_2$	可测出横向剪力 V 值 $V=\dfrac{EW}{a_1-a_2}\varepsilon_r$
10	扭转	1	半桥		另设补偿片	$U_{BD}=\dfrac{1}{4}UK\varepsilon$	扭转应变 $\varepsilon_r=\varepsilon$	可测出扭矩 M_t 值 $M_t=W_t\dfrac{E}{1+\nu}\varepsilon_r$
11	扭转	2	半桥		互为补偿	$U_{BD}=\dfrac{1}{2}UK\varepsilon$	扭转应变 $\varepsilon_r=2\varepsilon$	输出电压提高 1 倍,可测剪应变 $\gamma=\varepsilon_r$

下面通过 2 个例子来说明应变片在构件上的布置和桥路接入方法。

【例题 4-1】 以矩形截面简支梁的跨中受拉边缘的应变测量为例,说明 1/4 桥、半桥和全桥的桥路特点。

【解】

(1) 1/4 桥(图 4-8a):工作片 R_1 的应变包括由弯矩 M 和温度 T 引起的应变两部分,即 $\varepsilon_1=\varepsilon_M+\varepsilon_T$。为消除温度影响,应在简支梁附近放置一个与梁同材料的试块,并粘贴温度补偿片 R_2(应与 R_1 规格相同)。由于 R_2 不受力,只是由温度 T 而产生应变,故 $\varepsilon_2=\varepsilon_T$。电桥输出电压为:

$$U_{BD}=\frac{U}{4}K(\varepsilon_M+\varepsilon_T-\varepsilon_T)=\frac{U}{4}K\varepsilon_M$$

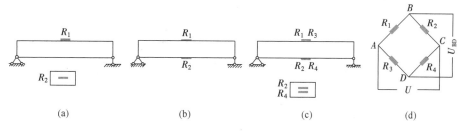

图 4-8 应变片布置示意图

可见，1/4 桥路的桥臂放大系数为 1，输出电压没有放大。实测应变与受拉边缘的拉应变相同。

（2）半桥（图 4-8b）：将工作片 R_1 布置在受拉区边缘，将工作片 R_2 布置在受压区边缘，接桥方法同 1/4 桥路，则 R_1、R_2 可互为温度补偿；并由于矩形截面有水平对称轴，两个应变大小相等、符号相反，故输出电压为：$U_{BD} = \dfrac{2UK}{4}\varepsilon_M$。桥臂放大系数为 2，即将受拉区边缘的拉应变放大了 2 倍。

（3）全桥（图 4-8c）：将工作片 R_2、R_4 布置在受拉区边缘，将工作片 R_1、R_3 布置在受压区边缘，则有 $\varepsilon_1 = \varepsilon_4 = -\varepsilon_2 = -\varepsilon_3$，利用公式（4-13），有：

$$U_{BD} = \frac{1}{4}UK(\varepsilon_1 - \varepsilon_2 + \varepsilon_3 - \varepsilon_4) = \frac{UK}{4}4\varepsilon_M$$

即桥臂放大系数为 4，所以这时从应变仪上得到的应变读数为单贴一片时的 4 倍，说明测量灵敏度提高了 4 倍，这便是全桥电路的优点之处。

【例题 4-2】 利用全桥电路测量悬臂梁的剪力。

【解】 按图 4-9 进行测点布置，由材料力学知剪力 V 为：

$$V = \mathrm{d}M/\mathrm{d}x = \frac{M_2 - M_1}{a_2 - a_1}$$

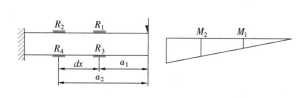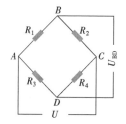

图 4-9 应变片布置示意图

又因为 $M = \sigma W = EW\varepsilon$

故：$V = EW\dfrac{\varepsilon_2 - \varepsilon_1}{a_2 - a_1} = EW\dfrac{2U_{BD}}{UK} \cdot \dfrac{1}{a_2 - a_1}$

4.2.3 电阻应变计（应变片）的粘贴技术

电阻应变计的质量及粘贴技术对测量结果的准确性有重要影响。为保证质量，要求测点基底平整、清洁、干燥；胶粘剂的电绝缘性、化学稳定性及工艺性能良好，蠕变小，粘贴强度高（剪切强度不低于 3～4MPa）

4-3 应变片的粘贴

55

温湿度影响小，常用的胶粘剂有环氧类、酚醛类等。粘贴的具体方法见表4-5。

电阻应变计粘贴技术 表4-5

顺序	工作内容		方法	要求
1	应变片检查分选	外观检查	借助放大镜肉眼检查	应变片应无气泡、霉斑、锈点，栅极应平直、整齐、均匀
		阻值检查	用万用电表检查	应无短路或断路
			用单臂电桥测量电阻值并分组	同一测区应用阻值基本一致的应变计，相差不大于0.5%
2	测点处理	测点检查	检查测点处表面状况	测点应平整、无缺陷、无裂缝等
		打磨	用1号砂布或磨光机打磨	表面达▽₅、平整、无锈、无浮浆等，并不使断面减小
		清洗	用棉花蘸丙酮或酒精等清洗	棉花干擦时无污染
		打底	用环氧树脂：邻苯二甲酸二丁酯：乙二胺＝(8～10)：100：(10～15)或环氧树脂：聚酰胺＝100：(90～110)	胶层厚度0.05～0.1mm左右，硬化后用0号砂布磨平
		测线定位	用铅笔等在测点上划出纵横中心线	纵线应与应变方向一致
3	应变片粘贴	上胶	用镊子夹应变计引出线，在背面上一层薄胶，测点也涂上薄胶，将片对准放上	测点上十字中心线与应变计上的标志应对准
		挤压	在应变计上盖一小片玻璃纸，用手指沿一个方向滚压，挤出多余胶水	胶层应尽量薄，并注意应变计位置不滑动
		加压	快干胶粘贴，用手指轻压1～2min，其他胶则适当方法加压1～2h	胶层应尽量薄，并注意应变计位置不滑动
4	固化处理	自然干燥	在室温15℃以上，湿度60%以下1～2d	胶强度达到要求
		人工固化	气温低、湿度大，则在自然干燥12h后，用人工加温（红外线灯照射或电吹热风）	加热温度不超过50℃，受热应均匀
5	粘贴质量检查	外观检查	借助放大镜肉眼检查	应变计应无气泡、粘贴牢固、方位准确
		阻值检查	用万用电表检查应变计	无短路和断路
			用单臂电桥量应变计	电阻值应与前基本相同
		绝缘度检查	用兆欧表检查应变计与试件绝缘度	一般量测应在50MΩ以上，恶劣环境或长期量测大于500MΩ
			或接入应变仪观察零点漂移	不大于2με/15min
6	导线连接	引出线绝缘	应变计引出线底下贴胶布或胶纸	保证引出线不与试件形成短路
		固定点设置	用胶固定端子或用胶布固定电线	保证电线轻微拉动时，引出线不断
		导线焊接	用电烙铁把引出线与导线焊接	焊点应圆滑、丰满、无虚焊等
7	防潮防护		根据环境条件，贴片检查合格接线后，加防潮、防护处理。防潮剂参照表4-6选择，防护处理一般为用胶类防潮剂浇注或加布带绑扎	防潮剂必须覆盖整个应变计并稍大5mm左右。防护应能防机械损坏

序号	种类	配方和牌号	使用方法	固化条件	使用范围
1	凡士林	纯凡士林	加热去除水分，冷却后涂刷	室温	室内，短期<55℃
2	凡士林 黄蜡	凡士林 40%～80% 黄蜡 20%～60%	加热去除水分，调匀、冷却后用	室温	室内，短期<65℃
3	黄蜡 松香	黄蜡 60%～70% 松香 30%～40%	加热熔化，脱水调匀，降温到50℃左右用	室温	<70℃
4	石蜡涂料	石蜡 40% 凡士林 20% 松香 30%，机油 10%	松香研末，混合加热至150℃，搅匀，降温至60℃后涂刷	室温	一般室内外试验，−50～+70℃
5	环氧树脂类	914 环氧胶粘剂 A 和 B 组分	按重量 A：B=6：1 按体积 A：B=5：1 混合调匀用即可	20℃，5h 或 25℃，3h	室内外各种试验及防水包扎，−60～+60℃
		E⁴⁴ 环氧树脂 100，甲苯酚 15～20，间苯二胺 8～14	树脂加热到50℃左右，依次加入甲苯酚、间苯二胺，搅匀	室温，10h	室内外各种试验及防水包扎，−15～+80℃
6	酚醛缩醛类	JSF-2	每隔 20～30min 涂一层，共 2～3 层	70℃，1h 140℃，1～2h	室内外各种试验，−60～+80℃
7	橡胶类	氯丁橡胶（88 号，G_1G_2 等）90%～99%，列克纳胶（聚乙氧酸酯）1%～10%	先预热 50～60℃，胶拌匀后分层涂敷，每次涂完晾干后，再涂下一层，直至5mm左右	室温	液压下常温防潮
8	聚丁二烯类	聚丁二烯胶	用毛笔蘸胶，均匀涂在应变片上，加温固化	70℃，1h 130℃，1h	常温防潮
9	丙烯酸类树脂	P-4	涂刷或包扎	室温 5min 内溶剂挥发，24h 完全固化或 80℃/30min 更佳	各种应力分析应变片及传感器防潮及保护，也可固定接线与绝缘，−70～+120℃

4.3 力 的 量 测

4-4 力的测量
相关仪器

结构静载试验中的力，主要是指荷载和支座反力。相应的量测方法也可分机械式与电测式两种。机械式测力仪器的基本原理是利用弹性元件的弹性变形与所受外力呈一定比例关系而制成的，例如环箍式拉压测力计、环箍式拉力计等（图 4-10）。

电测式仪器又称电子测力计、负荷传感器或荷载传感器。根据荷载性质不同，负荷传感器的形式有拉伸型、压缩型和通用型三种。其基本原理是：弹性元件把被测力的变化转变为应变量的变化，粘贴在传感器内表面的应变片加以特殊固化处理后，则能感受到此应变量，因而可将其转换成电阻的变化；然后，再把所贴的应变片接入电桥线路中，则电桥的输出变化就正比于被测力的变化。

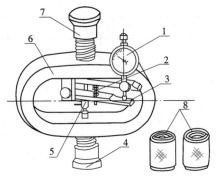

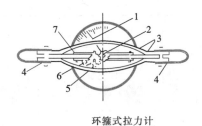

环箍式拉力计

环箍式拉压测力计

图 4-10　机械式测力仪器

1—位移计；2—弹簧；3—杠杆；4—下压头；　　　1—指针；2—中央齿轮；3—弓形弹簧；

5—杠杆顶子；6—钢环；7—上压头；　　　　　　4—耳环；5—连杆；6—扇形齿轮；

8—拉力夹头　　　　　　　　　　　　　　　　　　7—可动接板

　　传感器的弹性元件有多种结构形式，可以是圆柱，也可以是方柱；根据荷载量的大小，可以是实心柱，也可以是空心柱。对中等量程的传感器，一般都做成空心圆柱状，图 4-11 （a)是一种环形截面圆筒状的应变式力传感器，在它的内部筒壁上粘贴应变片，

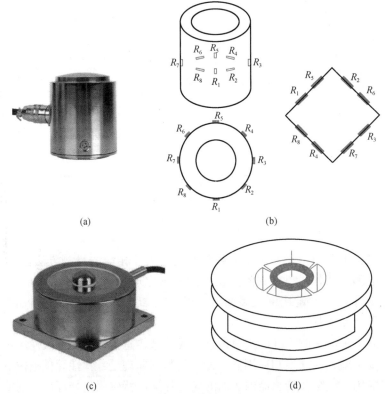

(a)　　　　　　　　　　　　　(b)

(c)　　　　　　　　　　　　　(d)

图 4-11　电测式传感器

（a）应变式力传感器；（b）粘贴应变片示意图；

（c）轮辐式压力传感器；（d）轮辐式压力传感器示意图

如图 4-11（b）所示，根据惠斯通电桥的输出特性，不难求得 $U_{BD}=\dfrac{U}{4}K\varepsilon\cdot 2\,(1+\mu)$，其中

桥臂放大系数为 $2(1+\mu)$。因此，其上作用的荷载 $P=E\varepsilon A=\dfrac{E\pi\,(D^2-d^2)}{4}\varepsilon=\dfrac{E\pi\,(D^2-d^2)}{8\,(1+\mu)}\varepsilon^0$，

其中 E、d、D、μ 分别为弹性元件的弹性模量、圆筒的内外径和泊松比；ε、ε^0 分别表示传感器轴向应变值和电桥的实测应变读数值。图中每一个桥路上粘有 2 个应变片，其目的是消除传感器受力偏心所产生的影响。图 4-11（c）为轮辐式压力传感器，轮辐式压力传感器可以利用安装在"辐条"上的电阻应变片测量辐条的剪应变，并且该传感器高度较小，常应用于超静定结构中支座反力的测量。

4.4　位移与变形的量测

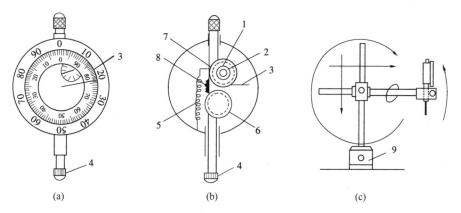

4.4.1　位移的量测

结构的位移主要指构件的挠度、侧移以及可转化为位移测量的转角等参数。量测位移的仪器有机械式、电子式及光电式等多种。其中，机械式仪表主要包括建筑结构试验中常用的接触式位移计（千分表、百分表、挠度计），以及桥梁试验中常用的千分表引伸仪和绕丝式挠度计。而电子式仪表则包括广泛采用的滑线电阻式位移传感器和差动变压器式位移传感器等。

1. 接触式位移计

接触式位移计主要包括千分表、百分表和挠度计。图 4-12 是百分表的外形及构造简图。其基本原理是：测杆上下运动时，测杆上的齿条就带动齿轮，使长、短针同时按一定比例关系转动，从而表示出测杆相对于表壳的位移值。千分表比百分表增加了一对放大齿轮或放大杠杆，因此灵敏度提高了 10 倍。常用的接触式位移计性能指标见表 4-7。

图 4-12　接触式位移计

（a）外形；（b）构造；（c）磁性表座

1—短针；2—齿轮弹簧；3—长针；4—测杆；5—测杆弹簧；6、7、8—齿轮；9—表座

常用的接触式位移计性能指标　　　　表 4-7

仪表名称	刻度值（mm）	量程（mm）	允许误差（mm）
千分表	0.001	1	0.001

仪表名称	刻度值（mm）	量程（mm）	允许误差（mm）
百分表	0.01	5；10；50	0.01
挠度计	0.05	≥50	0.1

图 4-13 滑线电阻式位移传感器

2. 滑线电阻式位移传感器

如图 4-13 所示，滑线电阻式位移传感器的工作原理也是利用应变片的电桥进行测量。测杆通过触头可调节滑线电阻的阻值，如图 4-14 所示。当测杆向下移动位移 Δ 时，R_1 增大 Δr，R_2 减少 Δr，因此 $U_{BD} = \dfrac{U}{4}$

$\dfrac{\Delta r - (-\Delta r)}{R} = \dfrac{U}{4} \times K \cdot 2\varepsilon$。采用这样的半桥接线，其输出电压与应变呈正比，即与位移也呈正比。这种滑线电阻式位移计的量程为 10～200mm，精度一般高于百分表 2～3 倍。

4.4.2 转角的测定

利用两个百分表就可以测出构件的转角。如图 4-15 所示，结构变形后，测得 A、B 两点的位移为 Δ_a、Δ_b，则该截面转角为：

$$\tan\theta = \frac{\Delta_b - \Delta_a}{l} \tag{4-20}$$

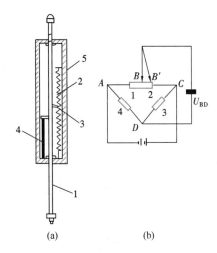

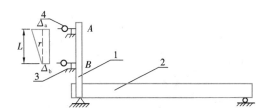

图 4-14 滑线电阻式位移传感器
（a）位移传感器；（b）滑线电阻测量线路
1—测杆；2—滑线电阻；3—触头；
4—弹簧；5—外壳

图 4-15 用位移计测定梁支座截面转角
1—刚性杆；2—试件；3—位移计支架；4—位移计

4.4.3 曲率的测定

受弯构件的弯矩-曲率（M-φ）关系是反映构件变形性能的主要指标。当构件表面变形符合二次抛物线时，可以根据曲率的数学定义，利用构件表面两点的挠度差，近似计算测区内构件的曲率。

如图 4-16（a）所示，一根金属杆上有两个刀口，A 为固定刀口、B 为可移动刀口；

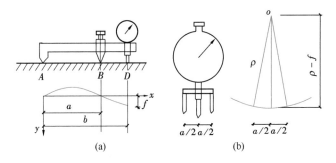

图 4-16

百分表安装于 D 点，选定标距 AB 并使其距离不因构件的变形而改变。设构件的变形符合如下的二次抛物线方程：

$$y = c_1 x^2 + c_2 x + c_3 \tag{4-21}$$

则根据曲率公式，构件的曲率 k 为：

$$|k| = \frac{1}{\rho} = \frac{|y''|}{(1+y'^2)^{3/2}} \tag{4-22}$$

对于大多数小变形受弯构件，转角均很小，故有 $|y'| \ll 1$，因此，

$$|k| \approx |y''| = 2|c_1|$$

将 A、B、D 点的边界条件代入式（4-21），有：

$$c_3 = 0 \qquad c_1 a^2 + c_2 a = 0 \qquad c_1 b^2 + c_2 b = f$$

故有 $c_1 = \dfrac{f}{b(b-a)}$，因此，构件的曲率 k 为：

$$|k| = 2|c_1| = \frac{2f}{b(b-a)} \tag{4-23}$$

对于薄板曲率的测定方法如图 4-16（b）所示。假定薄板变形曲线近似为球面，且当薄板的挠度 f 远远小于测点标距 a 时，有：

$$(\rho - f)^2 + (a/2)^2 = \rho^2 \tag{4-24}$$

即 $\rho = \dfrac{f}{2} + \dfrac{a^2}{8f} \approx \dfrac{a^2}{8f}$，故有：

$$\frac{1}{\rho} = \frac{8f}{a^2} \tag{4-25}$$

4.4.4 梁柱节点剪切变形的测量

框架结构在水平荷载作用下，梁柱节点核心区将产生剪切变形。这种剪切变形可以用核心区角度的改变量来表示，并通过用百分表或千分表测量核心区对角线的改变量来间接求得。如图 4-17 所示，设节点剪切变形角为 γ，则：

$$\gamma = 90° - \beta = \alpha_1 + \alpha_2 = \alpha_3 + \alpha_4 = \frac{1}{2}(\alpha_1 + \alpha_2 + \alpha_3 + \alpha_4)$$

根据几何关系可知：

$$\alpha_1 = \frac{\Delta_2 \sin\theta + \Delta_3 \sin\theta}{a} = \frac{\Delta_2 + \Delta_3}{a} = \frac{b}{\sqrt{a^2 + b^2}}$$

同理，可求解 α_2、α_3 和 α_4，并代入式（4-26），得：

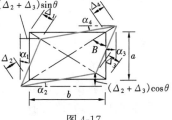

图 4-17

$$\gamma = \frac{1}{2}(\Delta_1 + \Delta_2 + \Delta_3 + \Delta_4)\frac{\sqrt{a^2 + b^2}}{ab}$$

4.4.5 裂缝的检测

对于钢筋混凝土结构试验来说,裂缝的出现与分布特征具有重要意义。目前,裂缝的观察和寻找主要靠肉眼或借助于放大镜。在试验前可先用石灰浆均匀地刷在试件表面并待其干燥;试件受荷后,便会在石灰涂层表面留下裂缝,这种裂缝实际上就显示出了混凝土表面的开裂过程,这种简单的方法即为白色涂层法。除此之外,目前比较先进的方法还有裂纹扩展片法、脆漆涂层法、光弹贴片法等。

裂缝宽度的量测常用读数显微镜,它是由物镜、目镜、刻度分划板组成的光学系统。以国产的 JC4-10 型读数显微镜(图 4-18)为例,其主要技术指标如下:

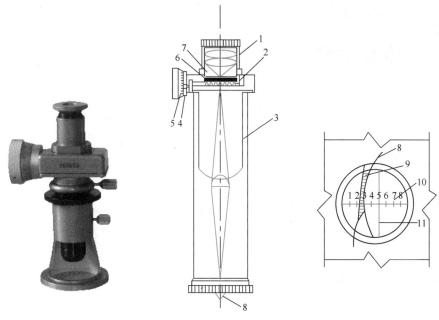

图 4-18 读数显微镜实物及构造

1—目镜组;2—分划板弹簧;3—物镜;4—微调螺栓;5—微调鼓轮;
6—可动下分划板;7—上分划板;8—裂缝;9—放大后的裂缝;
10—上下分划板刻度线;11—下分划板刻度长线

(1)仪器总放大倍数:40 倍;

(2)目镜放大倍数:10 倍;

(3)物镜放大倍数:4 倍;

(4)分划板格值:0.5mm;

(5)分划板刻度范围:4mm;

(6)测量范围:0~2mm;

(7)最小读数值:0.005mm;

(8)仪器质量:0.5kg。

随着图像处理技术的迅速发展,目前已出现了基于数字图像处理技术的非接触式表面裂缝宽度测量方法，该方法可在一定程度上解决传统人工裂缝宽度检测耗时、耗力、安全风险大、花费高等问题。以 HPCK-1 智能裂缝测宽仪为例（图 4-19），该仪器设计小巧，方便操作及携带，裂缝测量图像和宽度数据可实现实时显示，且测量精度可达 0.01mm。

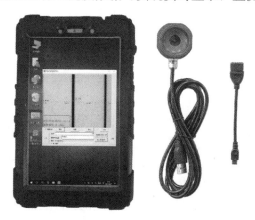

图 4-19　HPCK-1 智能裂缝测宽仪

本 章 小 结

1. 土木工程试验中的量测系统基本上由以下测试单元组成：试件→感受装置→传感器→控制装置→指示记录系统。

2. 无论测量仪器的种类有多少，其基本性能指标均主要包括以下几个方面：刻度值、量程、灵敏度、精度、滞后量、信噪比、稳定性。

3. 应变的测量方法主要包括电测和机测两种。其中，电测法是目前结构工程试验中的主要方法。它主要由电阻应变计、电阻应变仪及其测量桥路共同组成。电阻应变计的工作原理就是电阻定律；电阻应变仪是对测量信号进行控制、放大、显示或记录的装置，又可分为静态电阻应变仪和动态电阻应变仪。

4. 测量桥路是用来将微小的、由应变所产生的电信号进行放大的方法。可分为 1/4 桥、半桥和全桥 3 种常用的接桥方式，应熟练掌握各种桥路的特点、桥路的放大系数及其应用。

5. 应对常见的位移、力、转角、曲率、裂缝等测量方法、测量装置有所了解。

思 考 题

1. 结构工程的量测系统基本上由哪些方面构成？
2. 请指出测量仪器的主要技术指标有哪些，其物理意义是什么？
3. 请从电阻率定理的角度出发，说明电阻应变计的灵敏度系数的物理意义。
4. 试以滑线电阻式位移传感器为例，说明其桥路特点。

第5章 工程结构静载试验

5.1 概 述

　　建筑结构的主要职能是承受结构的直接作用，因此，研究结构承受直接静载作用的状况是结构试验与分析的主要目的。在结构直接作用中，经常起主导的是静力荷载。因此，结构静载试验成为结构试验中最基本和最大量的试验。例如，对结构的强度、刚度及稳定等问题的试验研究，就常常只做静载试验。当然，相对动载试验而言，结构静载试验所需的技术与设备也比较简单，容易实现，这也是静载试验被经常应用的原因之一。

　　结构静载试验是用物理力学方法，测定和研究结构在静荷载作用下的反应，分析、判定结构的工作状态与受力情况。根据试验观测时间长短不同，又分为短期试验与长期试验。为了尽快取得试验成果，通常多采用短期试验。但短期试验存在荷载作用与变形发展的时间效应问题，例如，混凝土与预应力混凝土结构的徐变和预应力损失、裂缝开展等，其时间效应比较明显，有时按试验目的就需要进行长期试验观测。

　　结构静载试验方法，人类很早就加以应用，并揭示了许多结构受力的奥秘，有效地促进了结构理论的发展与结构形式的创新。在科学技术迅猛发展的今天，尽管各种各样的结构分析方法不断涌现，动载试验也被置于越来越突出的位置，但静载试验分析方法在结构研究、设计和施工中仍起着主导作用，成为基准试验。

　　大型振动台的出现，无疑给结构抗震试验提供了一个有效手段，振动台能提供结构比较接近实际的震害现象与数据，但振动台试验存在诸多局限性，如台面承载力小、试验费用高、技术比较复杂等。低周反复试验（又称静力试验）和计算机-电液伺服联机试验（又称拟动力试验）方法，相对于振动台试验比较简单，耗资较小，加载器出力也较大，可以对许多足尺结构或大模型进行静力和抗震性能试验。目前国内外大多数规范的抗震条文都是以这种试验结果为依据的，但就其方法的实质来说，仍为静载试验。因此，静载试验方法不仅能为结构静力分析提供依据，同时也可为某些动力分析提供间接依据。此外，这种试验不仅促进了静载试验方法的不断发展与完善，而且在试验设备、量测仪表、试验方法、数据采集与处理技术等方面也有长足进步。因而，静载试验是结构试验的基本方法，是结构试验的基础。

　　结构静载试验项目是多种多样的，其中最大量、最基本的试验是单调加载静力试验。单调加载静力试验是指在短时间内对试验对象进行平稳的一次连续施加荷载，荷载从"零"开始一直加到结构构件破坏，或在短时期内平稳地施加若干次预定的重复荷载后，再连续增加荷载直到结构构件破坏。

　　单调加载静力试验主要用于研究结构承受静荷载作用下构件的承载力、刚度、抗裂性等基本性能和破坏机制。土木工程结构中大量的基本构件试验主要是承受拉、压、弯、剪、扭等最基本作用的梁、板、柱和砌体等系列构件。通过单调加载静力试验可以研究各种基本作用单独或组合作用下构件的荷载和变形的关系。对于混凝土构件尚有荷载与开裂的相关关系及反映结构构件变形与时间关系的徐变问题。对于钢结构构件则还有局部或整体失稳问题。对于框架、屋架、壳体、折板、网架、桥梁、涵洞等由若干基本构件组成的扩大构件，在实际工程中除了有必要研究与基本构件相类似的问题外，尚有构件间相互作用的次应力、内力重分布等问题。对于整体结构通过单调加载静力试验能揭示结构空间工作、整体刚度、非承重构件和某些薄弱环节对结构整体工作的影响等方面的某些规律。

我国工程实践和为编制各类结构设计规范而进行的试验研究，为结构单调加载静力试验积累了许多经验，试验技术与试验方法已趋成熟。我国第一本完整反映钢筋混凝土和预应力混凝土结构试验方法的国家标准《混凝土结构试验方法标准》GB/T 50152—2012 已颁布施行。它既统一了量大面广的生产检验性试验方法，又对一般性科研试验方法提出了基本要求，对生产和科研有广泛的实用性，是一本具有中国特色的混凝土结构试验方法标准，将有利于促进结构工程质量的提高和土木工程结构学科的发展。

本章主要讨论结构和构件的静载试验原理、内容和方法，包括低周反复荷载作用和拟动力试验的抗震试验等。结构试验和结构检验本质上没有区别，只是试验目的、深入程度上有所差异，两者都是静载试验的重要组成部分。因此，这里的基本原理和方法也适用于已建结构的检测。

5.2 试验前的准备

试验前的准备，泛指正式试验前的所有工作，包括试验规划和准备两个方面。这两项工作在整个试验过程中，时间长，工作量大，内容也最庞杂。准备工作的好坏，将直接影响试验成果。因此，每一阶段每一细节都必须认真、周密地进行。具体内容包括下面所述的几项。

5.2.1 调查研究、收集资料

准备工作首先要把握信息，这就要调查研究，收集资料，充分了解本项试验的任务和要求，明确目的，使规划试验时心中有数，以便确定试验的性质和规模，试的形式、数量和种类，正确地进行试验设计。

鉴定性试验中，调查研究主要是向有关设计、施工和使用单位或人员收集资料。设计方面包括设计图纸、计算书和设计所依据的原始资料（如工程地质资料、气象资料和生产工艺资料等）；施工方面包括施工日志、材料性能试验报告、施工记录和隐蔽工程验收记录等；使用方面主要是使用过程、超载情况或事故经过等。

科学研究性试验中，调查研究主要是向有关科研单位和情报检索部门以及必要的设计和施工单位，收集与本试验有关的历史（如国内外有无做过类似的试验，采用的方法及结果等）、现状（如已有哪些理论、假设和设计、施工技术水平及材料、技术状况等）和将来发展的要求（如生产、生活和科学技术发展的趋势与要求等）。

5.2.2 试验大纲的制定

试验大纲是在取得了调查研究成果的基础上，为使试验有条不紊地进行，以取得预期效果而制订的纲领性文件。内容一般包括：

1. 概述。简要介绍调查研究的情况，提出试验的依据及试验的目的意义与要求等。

必要时，还应有理论分析和计算。

2. 试件的设计及制作要求。包括：设计依据、理论分析和计算；试件的规格和数量；制作施工图及对原材料、施工工艺的要求等。对鉴定试验，也应阐明原设计要求、施工或使用情况等。试验数量按结构或材质的变异性与研究项目间的相关条件，按数理统计规律求得，宜少不宜多。一般鉴定性试验为避免尺寸效应，根据加载设备能力和试验经费情况，应尽量接近实体。

3. 试件安装与就位。包括：就位的形式（正位、卧位或反位）、支承装置、边界条件模拟、保证侧向稳定的措施和安装就位的方法及机具等。

4. 加载方法与设备。包括：荷载种类及数量，加载设备装置，荷载图式及加载制度等。

5. 量测方法和内容。也称为观测设计，主要说明观测项目、测点布置和量测仪表的选择、标定、安装方法及编号图、量测顺序规定和补偿仪表的设置等。

6. 辅助试验。结构试验往往要做一些辅助试验，如材料物理力学性能的试验，某些探索性小试件、小模型及节点的试验等。本项应列出试验内容，阐明试验目的、要求、试验种类、试验个数、试件尺寸、制作要求和试验方法等。

7. 安全措施。包括人身和设备、仪表等方面的安全防护措施。

8. 试验进度计划。

9. 试验组织管理。一个试验，特别是大型试验，参加试验人数多，牵涉面广，必须严密组织，加强管理。包括技术档案资料、原始记录管理、人员组织和分工、任务落实、工作检查、指挥调度以及必要的交底和培训工作。

10. 附录。包括所需器材、仪表、设备及经费清单，观测记录表格，加载设备、量测仪表的率定结果报告和其他必要文件、规定等。记录表格的设计应使记录内容全面，方便使用，其内容除了记录观测数据外，还应有测点编号、仪表编号、试验时间、记录人签名等栏目。

总之，整个试验的准备必须充分，规划必须细致、全面。每项工作及每个步骤必须十分明确。防止盲目追求试验次数多，仪表数量多，观测内容多和不切实际地提高量测精度等，以免给试验带来混乱和造成浪费，甚至使试验失效或发生安全事故。

5.2.3　试件准备

试件准备包括试件的设计、制作、质量验收、表面处理及有关测点的布置与处理等。

试验的对象，除鉴定性试验外，并不一定就是研究任务中的具体结构

5-1 静力试验构件

或构件。根据试验的目的和要求，它可能经过这样或那样的简化，可能是模型，也可能是某个局部（例如节点或杆件），但无论如何均应根据试验目的与有关理论，按大纲规定进行设计与制作。

在设计制作时应考虑到试件安装、固定及加载量测的需要，在试件上作必要的构造处理，如钢筋混凝土试件支承点预埋钢垫板，局部截面加设分布筋等；平面结构侧向稳定支撑点配件安装，倾斜面上加载面增设凸肩以及吊环等，都不要疏漏。

试件制作工艺，必须严格按照相应的施工规范进行，并做详细记录，按要求留足材料力学性能试验试件，并及时编号。

试件在试验之前，应对照设计图纸仔细检查，测量各部分实际尺寸、构造情况、施工质量、存在缺陷（如混凝土的蜂窝麻面、裂纹、木材的疵病、钢结构的焊缝缺陷、锈蚀等）、结构变形和安装质量。钢筋混凝土还应检查钢筋位置、保护层的厚度和钢筋的锈蚀情况等。这些情况都将对试验结果有重要影响，应做详细记录存档。已建房屋的鉴定性试验中，还必须对试验对象的环境和地基基础等进行一些必要的调查与考察。

检查、考察之后，对试件尚应进行表面处理，例如去除或修补一些有碍试验观测的缺陷，钢筋混凝土表面的刷白、分区划格等。刷白的目的是便于观测裂缝；分区划格则是为了荷载与测点准确定位、记录裂缝的发生和发展过程以及描述试件的破坏形态。观测裂缝的区格尺寸一般取 10～30cm，必要时也可缩小。

此外，为方便操作，有些测点布置和处理，如手持应变计、杠杆应变计、百分表应变计脚标的固定、钢测点的去锈，以及应变计的粘贴、接线和材性非破损检测等，也应在这个阶段进行。

5.2.4 材料物理力学性能测定

在正式试验之前，对结构材料的实际物理力学性能进行测定，对于在结构试验前或试验过程中正确估计结构的承载力和实际工作状况，以及在试验后整理试验数据，分析、处理试验结果等工作都有非常重要的意义。

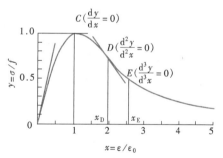

5-2 材料物理力学性能测定设备

测定项目通常有强度、变形性能、弹性模量、泊松比、应力-应变关系等。

测定的方法有直接测定法和间接测定法两种。

直接测定法就是在制作结构或构件时留下材料并按规定制作成标准试件，然后在试验机上用规定的标准试验方法加荷进行测定。这里仅就混凝土的应力-应变曲线的测定方法作简单介绍。

混凝土是一种弹塑性材料，应力-应变关系比较复杂，标准棱柱体抗压的应力-应变全过程曲线（图5-1），对混凝土结构的某些方面研究，如长期强度、延性和疲劳强度试验等都具有十分重要的意义。

测定全过程曲线的必要条件是：试验机应有足够的刚度，使试验机加载后所释放的弹性应变与试件的峰点 C 的应变之和不大于试件破坏时的总应变值。否则，试验机释放的弹性应变能产生的动力效应，会把试件击碎，曲线只能测至 C 点，在普通试验机上测定就是这样。

图 5-1 普通混凝土轴压 $\sigma\text{-}\varepsilon$ 曲线

目前，最有效的方法是采用出力足够大的电液伺服试验机，以等应变控制方法加载。系统原理见图 5-2。若在普通液压试验机上试验，则应增设刚性装置，以吸收试验机所释放的动力效应能。刚性元件要求刚度常数大，一般 >100～200kN/mm；容许变形大，能适应混凝土曲线下降段巨大应变 [（6～30）×10³]。增设刚性装置后，试验后期荷载仍不应超过试验机的最大加载能力。刚性装置可用弹簧或同步液压加载器等（图5-3）。

另外，混凝土在大厚度和大体积结构中，或浇在其他物体内，实际上是处在复合应力状态下工作。当它在三面受压工作时，主应力比、强度、极限变形等也将大大改变。为了正确认识这些性能，还需要测定其三向应力下的工作性质。三向应力通常在三轴应力试验机上进行。试验机有两个油压系统，一个施加水平二轴压力，一个施加垂直轴向压力。试验机技术要求与其他压力试验机基本相同。

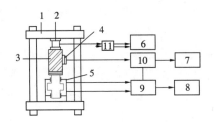

图 5-2　电液伺服试验机混凝土全曲线原理
1—机架；2—荷重传感器；3—试件；4—应变传感器；
5—加载器；6—X-Y 记录仪；7—信号发生器；8—油泵；9—伺服阀；10—伺服控制器；11—变换器

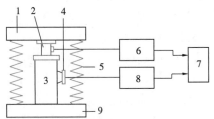

图 5-3　普通试验机测定混凝土全曲线装置原理
1—试验机上压板；2—荷重传感器；3—试件；4—应变传感器；5—弹性元件；6—力变换器；7—X-Y 记录仪；8—应变变换器；9—试验机下压板

间接测定法也称为非破损试验或半破损试验，非破损试验是采用某种专用设备或仪器直接在结构上测量与材料强度有关的一些物理量，如硬度、回弹值、声波传播速度等，通过理论关系或经验公式间接测得材料的力学性能。半破损试验是在结构或构件上采用局部微破损或直接取样的方法，推算出材料的强度，由试验所得的力学性能直接鉴定结构构件的承载力，进行试验时，测定与材性有关的物理量推算出材料性质参数，而不破坏结构、构件。详细内容将在后面有关章节讨论。

5.2.5　试验设备与试验场地的准备

试验计划应用的加载设备和量测仪表，试验之前应进行检查、修整和必要的率定，以保证达到试验的使用要求。率定必须有报告，以供资料整理或使用过程中修正。

5-3 试验场地和设备

试验场地，在试件进场之前也应加以清理和安排，包括水、电、交通和清除不必要的杂物，集中安排好试验使用的物品。必要时，应做场地平面设计，架设或准备好试验中的防风、防雨和防晒设施，避免对荷载和量测造成影响。现场试验的支承点地基承载力应经局部验算和处理，下沉量不宜太大，保证结构作用力的正确传递和试验工作顺利进行。

5.2.6　试件安装就位

按照试验大纲的规定和试件设计要求，在各项准备工作就绪后即可将试件安装就位。保证试件在试验全过程都能按计划模拟条件工作，避免因安装错误而产生附加应力或出现安全事故，这是安装就位的中心问题。

5-4 试件安装就位图例

简支结构的两支点应在同一水平面上，高差不宜超过 1/50 试件跨度。试件、支座、支墩和台座之间应密合稳固，为此常采用砂浆坐缝处理。

超静定结构，包括四边支承和四角支承板的各支座应保持均匀接触，最好采用可调支座。若带测定支反力的测力计，应调节至该支座所承受的试件重量为止。也可采用砂浆坐浆或湿砂调节。

扭转试件安装应注意扭转中心与支座转动中心的一致，可用钢垫板等加垫调节。

嵌固支承，应上紧夹具，不得有任何松动或滑移可能。

卧位试验，试件应平放在水平滚轴或平车上，以减轻试验时试件水平位移的摩阻力，同时也防止试件侧向下挠（图5-4）。

试件吊装时，平面结构应防止平面外弯曲、扭曲等变形发生；细长杆件的吊点应适当加密，避免弯曲过大；钢筋混凝土结构在吊装就位过程中，应保证不出裂缝，尤其是抗裂试验结构，必要时应附加夹具，提高试件刚度。

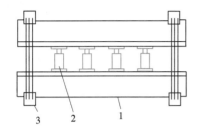 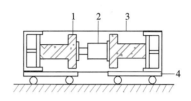

图5-4　吊车梁成对卧位试验

1—试件；2—千斤顶；3—箍架；4—滚动平车

5.2.7　加载设备和量测仪表安装

加载设备的安装，应根据加载设备的特点按照大纲设计要求进行。有的与试件就位同时进行，如支承机构；有的则在加载阶段加上许多加载设备。大多数是在试件就位后安装，要求安装固定牢靠，保证荷载模拟正确和试验安全。

仪表安装位置按观测设计确定。安装后应及时把仪表号、测点号、位置和连接仪器上的通道号一并记入记录表中。调试过程中如有变更，记录亦应及时相应改动，以防混淆。接触式仪表还应有保护措施，例如加带悬挂，以防振动掉落损坏。

5.2.8　试验控制特征值的计算

根据材性试验数据和设计计算图式，计算出各个荷载阶段的荷载值和各特征部位的内力、变形值等，作为试验时控制与比较的依据。这是避免试验盲目性的一项重要工作，对试验与分析都具有重要意义。

5.3　加载与量测方案的设计

5.3.1　加载方案

确定加载方案是个比较复杂的问题，涉及的技术因素很多。试件的结构形式、荷载的作用图式、加载设备的类型、加载制度的技术要求、场地的大小以及试验经费等都会影响加载方案的确定。因此一般要求在满足试验目的的前提下，尽可能做到试验技术合理、财政开支经济和安全试验。关于荷载模拟技术的内容在前面已有较详细叙述，这里仅涉及有关加荷程序设计方法。

结构的承载力及其变形性能，均与受荷量值、受荷速度及荷载在构件上的持续时间等时间特征有关，因而试验时必须给予足够的时间使结构变形得到充分发展。确定时间与加荷量的过程就称为试验加载程序设计。加载程序可以有多种，应根据试验对象的类型及试验目的与要求不同而选择，一般结构静载试验的加载程序分为预载、正式加载（加正常使

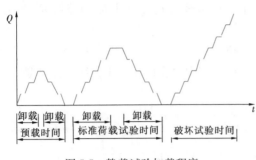

图 5-5　静载试验加载程序

用荷载)、卸载三个阶段。在加载的过程中实施分级加(卸)载,其目的:一是便于控制加(卸)载速度,二是方便观察和分析结构变形情况,三是利于各点加载统一步调。图 5-5 即为钢筋混凝土构件一种典型的静载试验加载程序(加载谱)。

对于现场结构或构件的检验性试验通常只加至标准荷载即正常使用荷载,试验后试件还可使用。而对于研究性试验,当加载到标准荷载后,一般不卸载而须继续加载直至试件进入破坏阶段。

1. 预载

预载的目的在于:①使试件各部分接触良好,进入正常工作状态,荷载与变形关系趋于稳定;②检验全部试验装置的可靠性;③检验全部观测仪表工作正常与否;④检查现场组织工作和人员的工作情况,起演习作用。总之,通过预载试验可以发现一些潜在问题,并将之解决在正式试验之前,以保证试验工作顺利进行。

预载一般分三级进行,每级取标准荷载值的 20%。然后分级卸载,分 2~3 级卸完。加(卸)一级,停歇 10min。对混凝土等试件,预载值应小于计算开裂荷载值。

2. 正式加载

(1) 荷载分级

在加载达到标准荷载前,每级加载值不应大于标准荷载的 20%,一般分五级加至标准荷载;达到标准荷载之后,每级不宜大于标准荷载的 10%;当荷载加至计算破坏荷载的 90% 后,为了求得精确的破坏荷载值,每级应取不大于标准荷载的 5%;需要做抗裂检测的结构,加载到计算开裂荷载的 90% 后,也应改为不大于标准荷载的 5% 施加,直至第一条裂缝出现。

柱子加载,一般按计算破坏荷载的 1/15~1/10 分级,接近开裂或破坏荷载时,应减至原来的 1/3~1/2 施加。

砌体抗压试验,对不需要测变形的,按预期破坏荷载的 10% 分级,每级 1~1.5min 内加完,恒载 1~2min。加至预期破坏荷载的 80% 后,不分级直接加至破坏。

为了使结构在荷载作用下的变形得到充分发挥和达到基本稳定,每级荷载加完后应有一定的级间停留时间,钢结构一般不少于 10min;钢筋混凝土和木结构应不少于 15min。

应该注意,同一试件上各加载点,每一级荷载都应当按统一比例增加,保持同步。如果按一定比例还需要施加垂直和水平荷载时,由于搁置在试件上的试验设备重量已作为部分第一级荷载,因此,试验开始时首先应施加与试件自重呈比例的水平荷载,然后再按规定的比例同步施加竖向和水平荷载。

(2) 满载时间

对需要进行变形和裂缝宽度试验的结构,在标准短期荷载作用下的持续时间,对钢结构和钢筋混凝土结构不应少于 30min;木结构不应少于 30min 的 2 倍,拱或砌体为 30min 的 6 倍;对预应力混凝土构件,满载 30min 后加至开裂,在开裂荷载下再持续 30min (检验性构件不受此限)。

70

对于采用新材料、新工艺、新结构形式的结构构件，跨度较大（大于 12m）的屋架、桁架等结构构件，为了确保使用期间的安全，要求在使用状态短期试验荷载作用下的持续时间不宜少于 12h，在这段时间内变形继续不断增长而无稳定趋势时，还应延长持续时间直至变形发展稳定为止。如果荷载达到开裂试验荷载计算值时，试验结构已经出现裂缝则开裂试验荷载可不必持续作用。

（3）空载时间

受载结构卸载后到下一次重新开始受载之间的间歇时间称空载时间。空载对于研究性试验是完全必要的。因为观测结构经受荷载作用后的残余变形和变形的恢复情况均可说明结构的工作性能。要使残余变形得到充分发展需要有相当长的空载时间，有关试验标准规定：对于一般的钢筋混凝土结构空载时间取 45min；对于较重要的结构构件和跨度大于12m 的结构取 18h（即为满载时间的 1.5 倍）；对于钢结构不应少于 30min。为了解变形恢复过程，必须在空载期间定期观察和记录变形值。

3. 卸载

凡间断性加载试验，或仅做刚度、抗裂和裂缝宽度检验的结构与构件，以及测定残余变形的试验及预载之后，均须卸载，让结构、构件有恢复弹性变形的时间。

卸载一般可按加载级距，也可放大 1 倍或分 2 次卸完。

5.3.2　量测方案

量测方案是根据受力结构的变形特征和控制界面上的变形参数来制定的。具体方案确定可按 2.4 节的规定进行。

5.4　常见结构构件静载试验

5-6 受弯构件试验

5.4.1　受弯构件的试验

1. 试件的安装和加载方法

单向板和梁是受弯构件中的典型构件，也是土木工程中的基本承重构件。预制板和梁等受弯构件一般都是简支的，在试验安装时多采用正位试验，其一端采用铰支承，另一端采用滚动支承。为了保证构件与支承面的紧密接触，在支墩与钢板，钢板与构件之间应用砂浆找平，对于板一类宽度较大的试件，要防止支承面产生翘曲。

板一般承受均布荷载，试验加载时应将荷载施加均匀。梁所受的荷载较大，当施加集中荷载时可以用杠杆重力加载，更多的则采用液压加载器通过分配梁加载，或用液压加载系统控制多台加载器直接加载。

构件试验时的荷载图式应符合设计规定和实际受载情况。为了试验加载的方便或受加载条件限制时，可以采用等效加载图式，使试验构件的内力图形与实际内力图形相等或接近，并使两者最大受力截面的内力值相等。

在受弯构件试验中经常利用几个集中荷载来代替均布荷载，如图 5-6（b）所示采用在跨度四分点加两个集中荷载的方式来代替均布荷载，并取试验梁的跨中弯矩等于设计弯矩时的荷载作为梁的试验荷载，这时支座截面的最大剪力也可以达到均布荷载梁的剪力设计数值。如能采用四个集中荷载来加载试验，则会得到更为满意的结果，如图 5-6（c）所示。

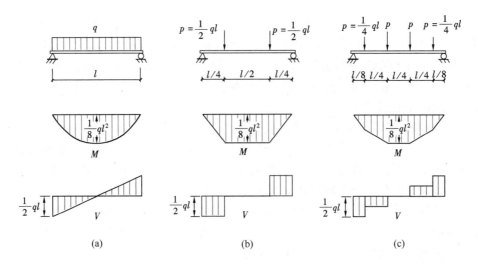

图 5-6　简支梁试验等效荷载加载图式

　　采用上列等效荷载试验能较好地满足 M 与 V 值的等效，但试件的变形（刚度）不一定满足等效条件，应考虑修正。

　　对于吊车梁的试验，由于主要荷载是吊车轮压所产生的集中荷载，试验加载图式要按抗弯抗剪最不利的组合来决定集中荷载的作用位置分别进行试验。

　　2. 试验项目和测点布置

　　钢筋混凝土梁板构件的生产鉴定性试验一般只测定构件的承载力、抗裂度和各级荷载作用下的挠度及裂缝开展情况。

　　对于科学研究性试验，除了承载力、抗裂度、挠度和裂缝观测外，还需测量构件某些部位的应变，以分析构件中应力的分布规律。

　　（1）挠度的测量

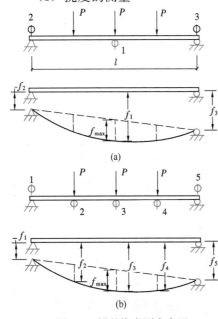

图 5-7　梁的挠度测点布置

　　梁的挠度值是量测数据中最能反映其综合性能的一项指标，其中最主要的是测定梁跨中最大挠度值 f_{max} 及弹性挠度曲线。

　　为了求得梁的真正挠度 f_{max}，试验者必须注意支座沉陷的影响。对于图 5-7（a）所示的梁，试验时由于荷载的作用，其两个端点处支座常常会有沉陷，致使梁产生刚性位移。因此，如果跨中的挠度是相对地面进行测定的话，则同时还必须测定梁两端支承面相对同一地面的沉陷值，所以最少要布置三个测点。

　　值得注意的是，支座下的巨大作用力可能或多或少地引起周围地基的局部沉陷，因此，安装仪器的表架必须离开支座墩子有一定距离。只有在永久性的钢筋混凝土台座上进行试验时，上述地基沉陷才可以不予考虑。但此时两端部的测点可以测量梁端相对于支座的压缩变形，从而可以比较准确地测得梁跨中的最大挠度 f_{max}。

对于跨度较大（大于 6000mm）的梁，为了保证量测结果的可靠性，并求得梁在变形后的弹性挠度曲线，测点应增加至 5～7 个测点，并沿梁的跨间对称布置，如图 5-8（b）所示。对于宽度较大的（大于 600mm）梁，必要时应考虑在截面的两侧布置测点，所需仪器的数量也就需要增加一倍，此时各截面的挠度取两侧仪器读数之平均值。

如欲测定梁平面外的水平挠曲可按上述同样原则进行布点。

对于宽度较大的单向板，一般均需在板宽的两侧布点，当有纵肋的情况下，挠度测点可按测量梁挠度的原则布置于肋下。对于肋形板的局部挠曲，则可相对于板肋进行测定。

对于预应力混凝土受弯构件，量测结构整体变形时，尚需考虑构件在预应力作用下的反拱值。

（2）应变测量

梁是受弯构件，试验时要量测由于弯曲产生的应变，一般在梁承受正负弯矩最大的截面或弯矩有突变的截面上布置测点。对于变截面梁，有时也需在截面突变处设置测点。

如果只要求测量弯矩引起的最大应力，则只需在截面上下边缘纤维处安装应变计即可。为了减少误差，上下纤维上的仪表应设在梁截面的对称轴上（图 5-8a）或是在对称轴的两侧各设一个仪表，取其平均应变量。

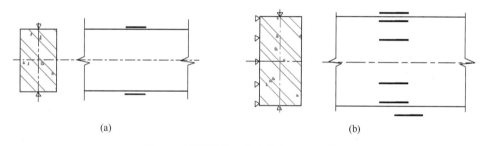

(a)　　　　　　　　　　　　　(b)

图 5-8　测量梁截面应变分布的测点布置

（a）测量截面最大纤维应变；（b）测量中和轴的位置与应变分布规律

对于钢筋混凝土梁，由于材料的非弹性性质，梁截面上的应力分布往往是不规则的。为了求得截面上应力分布的规律和确定中和轴的位置，就需要增加一定数量的应变测点，一般情况下沿截面高度至少需要布置五个测点，如果梁的截面高度较大时，尚需增加测点数量。测点越多，则中和轴位置确定越准确，截面上应力分布的规律也越清楚。应变测点沿截面高度的布置可以是等距的，也可以是不等距而外密里疏，以便比较准确地测得截面上较大的应变（图 5-8b）。对于布置在靠近中和轴位置处的仪表，由于应变读数值较小，相对误差可能较大，以致不起效用。但是，在受拉区混凝土开裂以后，经常可以通过该测点读数值的变化来观测中和轴位置的上升与变动。

1）单向应力测量

在梁的纯弯曲区域内，梁截面上仅有正应力，在该处截面上可仅布置单向的应变测点，如图 5-9 截面 1-1 所示。

钢筋混凝土梁受拉区混凝土开裂以后，由于该处截面上混凝土部分退出工作，此时布置在混凝土受拉区的仪表就丧失其量测的作用。为了进一步探求截面的受拉性能，常常在受拉区的钢筋上也布置测点以便量测钢筋的应变。由此可获得梁截面上内力重分布的规律。

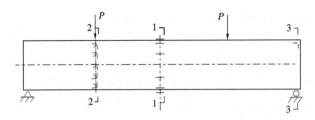

图 5-9 钢筋混凝土梁测量应变的测点布置图

截面 1-1——测量纯弯曲区域内正应力的单向应变测点；

截面 2-2——测量剪应力与主应力的应变网络测点（平面应变）；

截面 3-3——梁端零应力区校核测点

2）平面应力测量

在荷载作用下的梁截面 2-2 上（图 5-9）既有弯矩作用，又有剪力作用，为平面应力状态，为了求得该截面上的最大主应力及剪应力的分布规律，需要布置直角应变网络，通过三个方向上应变的测定，求得最大主应力的数值及作用方向。

抗剪测点应设在剪应力较大的部位。对于薄壁截面的简支梁，除支座附近的中和轴处剪应力较大外，还可能在腹板与翼缘的交接处产生较大的剪应力或主应力，这些部位宜布置测点。当要求测量梁沿长度方向的剪应力或主应力的变化规律时，则在梁长度方向宜分布较多的剪应力测点。有时为测定沿截面高度方向剪应力的变化，则需沿截面高度方向设置测点。

3）钢箍和弯筋的应力测量

对于钢筋混凝土梁来说，为研究梁斜截面的抗剪机理，除了混凝土表面需要布置测点外，通常在梁的弯起钢筋或箍筋上布置应变测点（图 5-10）。这里较多的是用预埋或试件表面开槽的方法来解决设点的问题。

4）翼缘与孔边应力测量

对于翼缘较宽较薄的 T 形梁，其翼缘部分受力不一定均匀，以致不能全部参加工作，这时应该沿翼缘宽度布置测点，测定翼缘上应力分布情况（图 5-11）。

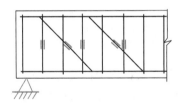

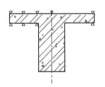

图 5-10 钢筋混凝土梁弯起
钢筋和箍筋的应变测点

图 5-11 T 形梁翼
缘的应变测点布置

为了减轻结构自重，有时需要在梁的腹板上开孔，孔边应力集中现象比较严重，且往往应力梯度较大，严重影响结构的承载力，因此必须注意孔边的应力测量。以图 5-12 空腹梁为例，可以利用应变计沿圆孔周边连续测量几个相邻点的应变，通过各点应变迹线求得孔边应力分布情况。经常是将圆孔分为 4 个象限，每个象限的周界上连续均匀布置 5 个测点，即每隔 22.5° 有一测点。如果能够估计出最大应力在某一象限区内，则其他区内的应变测点可减少到三点。因为孔边的主应力方向已知，故只需布置单向测点。

5）校核测点

为了校核试验的正确性及便于整理试验结果时进行误差修正，经常在梁的端部凸角上的零应力处设置少量测点，见图 5-9 截面 3-3，以检验整个量测过程是否正确。

（3）裂缝测量

在钢筋混凝土梁试验时，经常需要测定其抗裂性能。一般垂直裂缝产生在弯矩最大的受拉区段，因此在这一区段连续设置测点，如图5-13（a）所示。这对于选用手持式应变仪量测时最为方便，它们各点间的间距按选用仪器的标距决定。如果采用其他类型的应变仪（如千分表，杠杆应变仪或电阻应变计），由于各仪器的不连续性，为防止裂缝正好出现在两个仪器的间隙内，通常将仪器交错布置（图5-13b）。裂缝未出现前，仪器的读数是逐渐变化的；如果构件在某级荷载作用下开始开裂时，则跨越裂缝测点的仪器读数将会有较大的跃变，此时相邻测点仪器读数可能变小，有时甚至会出现负值，而荷载应变曲线会产生突然转折的现象。混凝土的微细裂缝，常常不能光凭肉眼察觉，

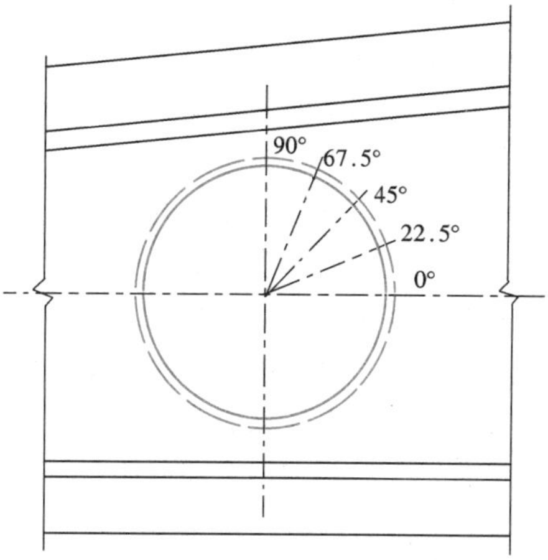

图5-12　梁腹板圆孔周边的应变测点布置

如果发现上述现象，即可判明已开裂。至于裂缝的宽度，则可根据裂缝出现前后两级荷载所产生的仪器读数差值来表示。

当裂缝用肉眼可见时，其宽度可用最小刻度为0.01mm及0.05mm的读数放大镜测量。

斜截面上的主拉应力裂缝，经常出现在剪力较大的区段内；对于箱形截面或工字形截面的梁，由于腹板很薄，则在腹板的中和轴或腹板与翼缘相交接的腹板上常是主拉应力较大的部位，因此，在这些部位可以设置观察裂缝的测点，如图5-14所示。由于混凝土梁的斜裂缝约与水平轴呈45°左右的角度，则仪器标距方向应与裂缝

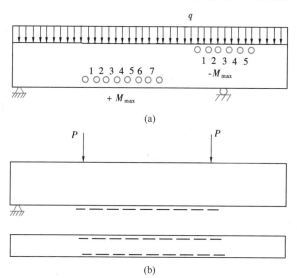

(a)

(b)

图5-13　钢筋混凝土受拉区抗裂测点布置

方向垂直。有时为了进行分析，在测定斜裂缝的同时，也可同时设置测量主应力或剪应力

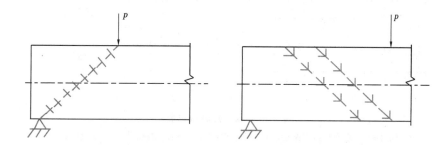

图5-14　钢筋混凝土斜截面裂缝测点布置

的应变网络。

裂缝上不同位置的宽度是很不规则的，通常应测定构件受拉面的最大裂缝宽度、在钢筋水平位置上的侧面裂缝宽度以及斜截面上由主拉应力作用产生的斜裂缝宽度。

每一构件中测定裂缝宽度的裂缝数目一般不少于 3 条，包括第一条出现的裂缝以及开裂最大的裂缝。凡测量宽度的裂缝部位应在试件上标明并编号，各级荷载下的裂缝宽度数据应记在相应的记录表格上。

每级荷载下出现的裂缝均须在试件上标明，即在裂缝的尾端注出荷载级别或荷载数量。以后每加一级荷载后裂缝长度扩展，需在裂缝新的尾端注明相应荷载。由于卸载后裂缝可能闭合，所以应紧靠裂缝的边缘 1～3mm 处平行画出裂缝的位置起向。

试验完毕后，根据上述标注在试件上的裂缝绘出裂缝展开图。

5.4.2　压杆和柱的试验

柱也是工程结构中的基本承重构件，在实际工程中钢筋混凝土柱大多数属偏心受压构件。

5-7　压杆和柱的试验

1. 试件安装和加载方法

对于柱和压杆试验可以采用正位或卧位试验的安装加载方案。有大型结构试验机条件时，试件可在长柱试验机上进行试验，也可以利用静力试验台座上的大型荷载支承设备和液压加载系统配合进行试验。但对高大的柱子正位试验时安装和观测均较费力，这时改用卧位试验方案则比较安全，但安装就位和加载装置往往又比较复杂，同时在试验中要考虑卧位时结构自重所产生的影响。

在进行柱与压杆纵向弯曲系数的试验时，构件两端均应采用比较灵活的可动铰支座形式。一般采用构造简单、效果较好的刀口支座。如果构件在两个方向有可能产生屈曲时，应采用双刀口铰支座。也可采用圆球形铰支座，但制作比较困难。

中心受压柱安装时一般先对构件进行几何对中，将构件轴线对准作用力的中心线。几何对中后再进行物理对中，即加载达 20％～40％ 的试验荷载时，测量构件中央截面两侧或四个面的应变，并调整作用力的轴线，以达到各点应变均匀为止。对于偏压试件，也应在物理对中后，沿加力中线量出偏心距离，再把加载点移至偏心距的位置上进行试验。对钢筋混凝土结构由于材质的不均匀性，物理对中一般比较难于满足，因此实际试验中仅需保证几何对中即可。

要求模拟实际工程中柱子的计算图式及受载情况时，试件安装和试验加载的装置将

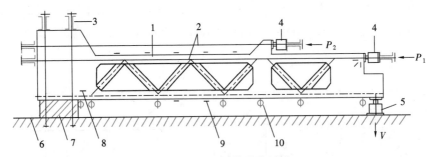

图 5-15　双肢柱卧位试验

1—试件；2—水平荷载支撑架；3—竖向支撑架；4—水平加载器；5—垂直加载器；
6—试验台座；7—垫块；8—倾角仪；9—电阻应变计；10—挠度计

更为复杂，图 5-15 所示为跨度 36m、柱距 12m、柱顶标高 27m 具有双层桥式吊车重型厂房斜腹杆双肢柱的 1/3 模型试验柱的卧位试验装置。柱顶端为自由端，底端用两组垂直螺杆与静力试验台座固定，以模拟实际柱底固接的边界条件。上下层吊车轮产生的作用力 P_1、P_2 作用于牛腿，通过大型液压加载器（1000～2000kN 的油压千斤顶）和水平荷载支承架进行加载。在柱端用液压加载器及竖向荷载支承架对柱子施加侧向力。在正式试验前先施加一定数量的侧向力，用以平衡和抵消试件卧位后的自重和加载设备重量产生的影响。

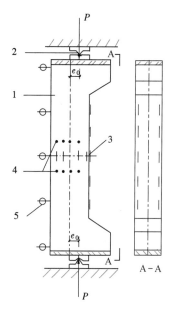

2. 试验项目和测点设置

压杆与柱的试验一般观测其破坏荷载；各级荷载下的侧向挠度值及变形曲线；控制截面或区域的应力变化规律以及裂缝开展情况。图 5-16 所示为偏心受压短柱试验时的测点布置。试件的挠度由布置在受拉边的百分表或挠度计进行量测，与受弯构件相似，除了量测中点最大挠度值外，可用侧向五点布置法量测挠度曲线。对于正位试验的长柱其侧向变位可用经纬仪观测。

图 5-16　偏压短柱试验测点布置
1—试件；2—铰支座；3—应变计；
4—应变仪测点；5—挠度计

受压区边缘布置应变测点，可以单排布点于试件侧面的对称轴线上或在受压区截面的边缘两排对称布点。为验证构件平截面变形的性质，沿压杆截面高度布置 5～7 个应变测点。受拉区钢筋应变同样可以用内部电测方法进行。

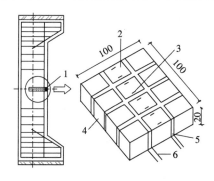

图 5-17　量测区压应力图形的测力板
1—测力板；2—测力块；3—贴有应变
计的铝板；4—填充块；5—水泥砂浆；
6—应变计引出线

为了研究偏心受压构件的实际压区应力图形，可以利用环氧水泥-铝板测力块组成的测力板进行直接测定，见图 5-17。测力板由 4 个测力块和 8 个填块用 1:1 水泥砂浆嵌缝做成，尺寸 100mm×100mm×20mm。测力块是由厚度为 1mm 的 Ⅱ 形铝板浇筑在掺有石英砂的环氧水泥中制成，尺寸 22mm×25mm ×30mm，事先在 H 形铝板的两侧粘贴 2mm×6mm 规格的应变计两片，相距 13mm，焊好引出线。填充块的尺寸、材料与制作方法与测力块相同，但内部无应变计。

测力板先在 100mm×100mm×300mm 的轴心受压棱柱体中进行加载标定，得出每个测力块的应力-应变关系，然后从标定试件中取出，将其重新浇筑在偏压试件内部，测量中部截面压区应力分布图形。

5.4.3　屋架试验

屋架是建筑工程中常见的一种承重结构。其特点是跨度较大，但只能在自身平面内承受荷载，而出平面的刚度很小。在建筑物中要依靠侧向支撑体系相互联系，形成足够的空间刚度。屋架主要承受作用于节点的集中荷载，因此大部分杆件受轴力作用。当屋架上弦有节间荷载作用时，上弦杆受压弯作用。对于跨度较大的屋架，下弦一般采用预应力拉杆，因而屋架在施工阶段就必须考虑到试验的要求，配合预应力施工张拉进行量测。

1. 试件的安装和加载方法

屋架试验一般采用正位试验，即在正常安装位置情况下支承及加载。由于屋架出平面刚度较弱，安装时必须采取专门措施，设置侧向支撑，以保证屋架上弦的侧向稳定。侧向支撑的位置应根据设计要求确定，支撑点的间距应不大于上弦杆出平面的设计计算长度，同时侧向支撑应不妨碍屋架在其平面内的竖向位移。

屋架进行非破坏性试验时，在现场也可采用两榀同时进行试验的方案，这时出平面稳定问题可用图 5-18（c）的 K 形水平支撑体系来解决。当然也可以用大型屋面板做水平支撑，但要注意不能将屋面板三个角焊死，防止屋面板参加工作。成对屋架试验时可以在屋架上铺设屋面板后直接堆放重物。

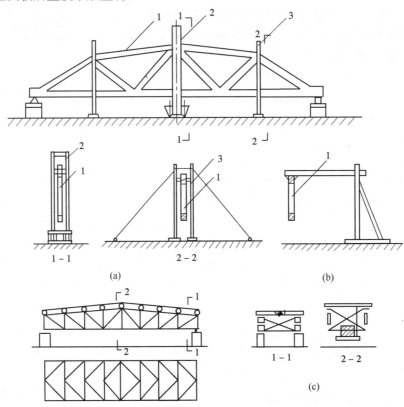

图 5-18 双肢柱卧位试验
1—试件；2—荷载支撑架；3—拉杆式支撑架

屋架试验时支承方式与梁试验相同，但屋架端节点支承中心线的位置对屋架节点局部受力影响较大，应特别注意。由于屋架受载后下弦变形伸长较大，以致滚动支座的水平位移往往较大，所以支座上的支承垫板应留有充分余地。

屋架试验的加载方式可以采用重力直接加载（当两榀屋架成对正位试验时），由于屋架大多是在节点承受集中荷载，一般借助杠杆重力加载。为使屋架对称受力，施加杠杆吊篮应使相邻节点荷载相间地悬挂在屋架受载平面前后两侧。由于屋架受载后的挠度较大

（特别当下弦钢筋应力达到屈服时），因此在安装和试验过程中应特别注意，以免杠杆倾斜太大产生对屋架的水平推力和吊篮着地而影响试验的继续进行。在屋架试验中由于施加多点集中荷载，所以采用同步液压加载是最理想的方案，但也需要液压加载器活塞有足够的有效行程，适应结构挠度变形的需要。

当屋架的试验荷载不能与设计图式相符时，同样可以采用等效荷载的原则代替，但应使需要试验的主要受力构件或部位的内力接近设计情况，并应注意荷载改变后可能引起的局部影响，防止产生局部破坏。对于屋架试验中要加几组不同集中荷载的情况，可以通过同步异荷液压加载系统实现。

有些屋架有时还需要做半跨荷载的试验，这时对于某些杆件可能比全跨荷载作用时更为不利。

2. 试验项目和测点布置

屋架试验测试的内容，应根据试验要求及结构形式而定。对于常用的各种预应力钢筋混凝土屋架试验，一般试验量测的项目有：1）屋架上下弦杆的挠度；2）屋架主要杆件的内力；3）屋架的抗裂度及承载能力；4）屋架节点的变形及节点刚度对屋架杆件次应力的影响；5）屋架端节点的应力分布；6）预应力钢筋张拉应力和对相关部位混凝土的预应力；7）屋架下弦预应力钢筋对屋架的反拱作用；8）预应力锚头工作性能。

上述项目中有的在屋架施工过程中即应进行测量，如预应力钢筋的张拉应力及其对混凝土的预压应力值、预应力反拱值、锚头工作性能等，这就要求试验根据预应力施工工艺的特点作出周密的考虑，以期获得比较完整的数据来分析屋架的实际工作。

（1）屋架挠度和节点位移的测量

屋架跨度较大，测量其挠度的测点宜适当增加。如屋架只承受节点荷载时，测定上下弦挠度的测点只要布置在相应的节点之下；对于跨度较大的屋架，其弦杆的节间往往很大，在荷载作用下可能使弦杆承局部弯曲，此时还应测量该杆件中点相对其两端节点的最大位移。当屋架的挠度值较大时，需用大量程的挠度计或者用米厘纸制成标尺通过水准仪进行观测。与测量梁的挠度一样，必须注意到支座的沉陷与局部受压引起的变位。如果需要量测屋架端节点的水平位移及屋架上弦平面外的侧向水平位移，这些都可以通过水平方向的百分表或挠度计进行量测。图 5-19 为挠度测点布置。

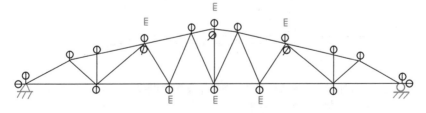

图 5-19　屋架试验挠度测点布置

① —测量屋架上、下弦节点挠度及端节点水平位移的百分表或挠度计；

∅ —测量屋架上弦出平面水平位移的百分表或挠度计；

E —钢尺或米厘纸尺，当挠度或变位较大以及拆除挠度计后用以量测挠度

（2）屋架杆件内力测量

当研究屋架实际工作性能时，常常需要了解屋架杆件的受力情况，因此要求在屋架杆件上布置应变测点来确定杆件的内力值。一般情况下，在一个截面上引起法向应力的内力

最多是三个，即轴向力 N、弯矩 M_x 及 M_y，对于薄壁杆件则可能有四个，即增加了扭矩。

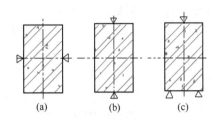

图 5-20　屋架杆件截面
上应变测点布置方式
（a）只有轴力 N 作用；（b）有轴力 N 和
弯矩 M_x 作用；（c）有轴力 N
和弯矩 M_x、M_y 作用

分析内力时，一般只考虑结构的弹性工作。这时，在一个截面上布置的应变测点数量只要等于未知内力数，就可以用材料力学的公式求出全部未知内力数值。应变测点在杆件截面上的布置位置见图5-20。

一般钢筋混凝土屋架上弦杆直接承受的荷载，除轴向力外，还可能有弯矩作用，属压弯构件，截面内力主要由轴向力 N 和弯矩 M 组合。为了测量这两项内力，一般按图 5-20（b），在截面对称轴上下纤维处各布置一个测点。屋架下弦主要为轴力 N 作用，一般只需在杆件表面布置一个测点，但为了便于核对和使所测结果更为精确，经常在截面的中和轴（图 5-20a）位置上成对布置测点，取其平均值计算内力 N。屋架的腹杆，主要承受轴力作用，布点可与下弦一样。

如果用电阻应变计测量弹性匀质杆件或钢筋混凝土杆件开裂前的内力，除了可按上述方法求得全部内力值外，还可以利用电阻应变仪测量电桥的特性及电阻应变计与电桥连接方式的不同，使量测结果直接等于某一个内力所引起的应变。

为了正确求得杆件内力，测点所在截面位置应经过选择，屋架节点在设计理论上均假定为铰接，但钢筋混凝土整体浇捣的屋架，其节点实际上是刚接的，由于节点的刚度，以致在杆件中邻近节点处还有次弯矩作用，并由此在杆件截面上产生应力。因此，如果仅希望求得屋架在承受轴力或轴力和弯矩组合影响下的应力并避免节点刚度影响时，测点所在截面要尽量离节点远一些。反之，假如要求测定由节点刚度引起的次弯矩，则应该把应变测点布置在紧靠节点处的杆件截面上。图 5-21 为 9m 柱距、24m 跨度的预应力混凝土屋架试验测量杆件内力的测点布置。

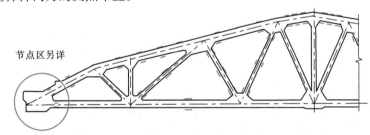

节点区另详

图 5-21　9m 柱距、24m 跨度预应力混凝土屋架试验测量杆件内力测点布置
说明：（1）图中屋架杆件上的应变测点用━表示；
　　　（2）在端节点部位屋架上下弦杆上的应变测点是为了分析端节点受力需要布置的；
　　　（3）端节点上应变测点布置如图 5-22 所示；
　　　（4）下弦预应力钢筋上的电阻应变计测点未标出。

应该注意，在布置屋架杆件的应变测点时，绝不可将测点布置在节点上，因为该处截面的作用面积不明确。图 5-22 所示屋架上弦节点中截面 1-1 的测点是量测上弦杆的内力；截面 2-2 是量测节点次应力的影响；比较两个截面的内力，就可以求出次应力。截面 3-3 是错误布置。

（3）屋架端节点的应力分析

屋架的端部节点，应力状态比较复杂，这里不仅是上下弦杆相交点，屋架支承反力也作用于此，对于预应力钢筋混凝土屋架，下弦预应力钢筋的锚头也直接作用在节点端。更由于构造和施工上的原因，经常引起端节点的过早开裂或破坏，因此，往往需要通过试验来研究其实际工作状态。为了测量端节点的应力分布规律，要求布置较多的三向应变网络测点（图 5-23），一般由电阻应变计组成。从三向小应变网络各点测得的应变量，通过计算或图解法求得端节点上的剪应力、正应力及主应力的数值与分布规律。为了量测上下弦杆交接处豁口应力情况，可沿豁口周边布置单向应变测点。

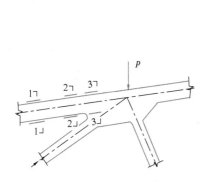

图 5-22　屋架上弦节点应变测点布置　　　图 5-23　屋架端部节点上应变测点布置

（4）预应力锚头性能测量

对于预应力钢筋混凝土屋架，有时还需要研究预应力锚头的实际工作和锚头在传递预应力时对端节点的受力影响。特别是采用后张自锚预应力工艺时，为检验自锚头的锚固性能与锚头对端节点外框混凝土的作用，在屋架端节点的混凝土表面沿自锚头长度方向布置若干应变测点，量测自锚头部位端节点混凝土的横向受拉变形，如图 5-24 中所示的横向应变测点。如果按图示布置纵向应变测点时，则可以同时测得锚头对外框混凝土的压缩变形。

（5）屋架下弦预应力钢筋张拉应力测量

为量测屋架下弦的预应力钢筋在施工张拉和试验过程中的应力值以及预应力的损失情况，需在预应力钢筋上布置应变测点。测点位置通常布置在屋架跨中及两端部位；如屋架跨度较大时，则在 1/4 跨度的截面上可增加测点；如有需要时，预应力钢筋上测点位置可与屋架下弦杆上的测点部位相一致。在预应力钢筋上经常采用事先粘贴电阻

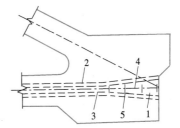

图 5-24　屋架端节点
自锚头部位测点位置

1—混凝土自锚锚头；2—屋架下弦预
应力钢筋预留孔；3—预应力钢筋；
4—纵向应变测点；5—横向应变测点

应变计的办法量测其应力变化，但必须注意防止电阻应变计受损。比较理想的做法是在成束钢筋中部放置一段短钢管使贴片的钢筋位置相互固定，这样便可将连接应变计的导线束，通过钢筋束中断续布置的短钢管从锚头端部引出。有时为了减少导线在预应力孔道内的埋设长度，可从测点就近部位的杆件预留孔将导线束引出。

如屋架预应力钢筋采用先张法施工时，则上述量测准备工作均需在施工张拉前到预制构件厂或施工现场就地进行。

（6）裂缝测量

预应力钢筋混凝土屋架的裂缝测量，通常要实测预应力杆件的开裂荷载值；量测使用状态下试验荷载值作用下的最大裂缝宽度及各级荷载作用下的主要裂缝宽度。在屋架中由于端节点的构造与受力复杂，经常会产生斜裂缝，应引起注意。此外腹杆与下弦拉杆以及节点的交汇之处，将会较早开裂。

在屋架试验的观测设计中，利用结构与荷载对称性特点，经常在半榀屋架上考虑测点布置与安装主要仪表，而在另半榀屋架上仅布置若干对称测点，作为校核之用。

5.4.4 薄壳和网架结构试验

薄壳和网架结构是工程结构中比较特殊的结构，一般适用于大跨度公共建筑。近年我国各地兴建的体育馆工程，多数采用大跨度钢网架结构。北京火车站中央大厅 35m×35m 钢筋混凝土双曲扁壳和大连港运仓库 23m×23m 的钢筋混凝土组合扭壳等是有代表性的薄壳结构。对于这类大跨度新结构的应用，一般都须进行大量的试验研究工作。

5-8 薄壳和网架结构试验

在科学研究和工程实践中，这种试验一般按照结构实际尺寸用缩小为 $\frac{1}{20} \sim \frac{1}{5}$ 的大比例模型作为试验对象，但材料、杆件、节点基本上与实物类似，可将这种模型当作缩小到若干分之一的实物结构直接计算，并将试验值和理论值直接比较。这种方法比较简单，试验出的结果基本上可以说明实物的实际工作情况。

1. 试件安装和加载方法

薄壳和网架结构都是平面面积较大的空间结构。薄壳结构不论是筒壳、扁壳或者扭壳等，一般均有侧边构件，其支承方式可类似双向板一样，有四角支承或四边支承，这时结构支承可由固定铰、活动铰及滚轴等组成。

网架结构在实际工程中是按结构布置直接支承在框架或柱顶，在试验中一般按实际结构支承点的个数将网架模型支承在刚性较大的型钢圈梁上。一般支座均为受压，采用螺栓做成的高低可调节的支座固定在型钢梁上，网架支座节点下面焊上带尖端的短圆杆，支承在螺栓支座的顶面，在圆杆上贴有应变计可测量支座反力，如图 5-25 所示。由于网架平

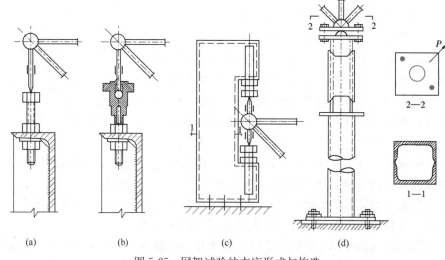

(a)　(b)　(c)　(d)

图 5-25　网架试验的支座形式与构造

面体型的不同，受载后除大部分支座受压外，在边界角点及其邻近的支座经常可能出现受拉现象，为适应受拉支座的要求，并做到各支座构造统一，即既可受压又能抗拉，在有的工程试验中采用了钢球铰点支承形式（图5-25b），钢球安置在特别的圆形支座套内，钢球顶端与网架边节点支座竖杆相连，支座套上设有盖板，当支座出现受拉时可限制球铰从支座套内拔出，同样可以由支座竖杆上的应变计测得支座拉力。圆形支座套下端用螺栓与钢圈梁连接，可以调整高低，使网架所有支座在加载前能统一调整，保证整个网架有良好的接触。图5-25（c）所示锁形拉压两用支座可安装于反力方向无法确定的支座上，它可以适应受压或受拉的受力状态。某体育馆四立柱支承的方形双向正交网架模型试验中，采用了球面板做成的铰接支座，柱子上端用螺杆可调节的套管调整网架高度，这种构造在承受竖向荷载时是可以的，但当有水平荷载作用时就显得太弱，变形较大（图5-25d）。

薄壳结构是空间受力体系，在一定的曲面形式下，壳体弯矩很小，荷载主要靠轴向力承受。壳体结构由于具有较大的平面尺寸，所以单位面积上荷载量不会太大，一般情况下可以用重力直接加载，将荷载分垛铺设于壳体表面；也可以通过壳面预留的洞孔直接悬吊荷载（图5-26），并可在壳面上用分配梁系统施加多点集中荷载。在双曲扁壳或扭壳试验中可用特制的三脚加载架代替分配梁系统，在三脚架的形心位置上通过壳面预留孔用钢丝悬吊荷重；为适应壳面各点曲率变化，三脚架的三个支点可用螺栓调节高度。

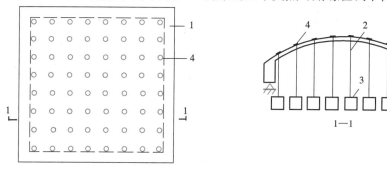

图 5-26　通过壳面预留洞孔施加悬吊荷载
1—试件；2—荷重吊杆；3—荷重；4—壳面预留洞孔

为了加载方便，也可以通过壳面预留洞孔设置吊杆而在壳体下面用分配梁系统通过杠杆施加集中荷载（图5-27）。

在薄壳结构试验中，也可利用气囊通过空气压力和支承装置对壳面施加均布荷载，有条件时可以通过密封措施，在壳体内部用抽真空的方法，利用大气压差，即利用负压作用对壳面进行加载。这时壳面由于没有加载装置的影响，比较便于进行量测和观测裂缝。

如果需要较大的试验荷载或要求进行破坏试验时，则可按图5-28所示用同步液压加载器和荷载支承装置施加荷载，以获得较好效果。

在我国建造的网架结构中，大部分是采用钢结构杆件组成的空间体系，作用于网架上的竖荷载主要通过其节点传递。在较多试验中都用水压加载来模拟竖向荷载，为了使网架承受比较均匀的节点荷载，一般在网架上弦的节点上焊以小托盘，上放传递水压的小木板，木板按网架的网格形状及节点布置形状而定，要求该木板互不联系，以保证荷载传递作用明确，挠曲变形自由。对于变高度网架或上弦有坡度时，尚可通过连接托盘的竖杆调

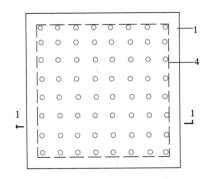
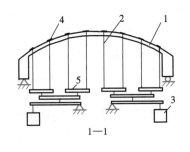

图 5-27　用分配梁杠杆加载系统对壳体结构施加荷载
1—试件；2—荷重吊杆；3—荷重；4—壳面预留洞孔；5—分配梁杠杆系统

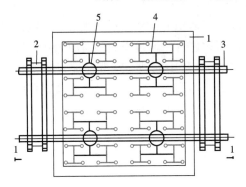
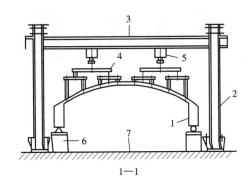

图 5-28　用液压加载器进行壳体结构加载试验
1—试件；2—荷载支承架立柱；3—横梁；4—分配梁系统；5—液压加载器；6—支座；7—试验台座

节高度，使荷载作用点在同一水平，便于用水压加载。在网架四周用薄钢板、铁皮或木板按网架平面体型组成外框，用于专门支柱支承外框的自重，然后在网架上弦的木板上和四周外框内衬以特制的开口大型塑料袋。这样，当试验加载时，水的重量在竖向通过塑料袋、木板直接经上弦节点传至网架杆件，而水的侧向压力由四周的外框承受。由于外框不可直接支承于网架，所以施加荷载的数量可直接由水面的高度来计算，当水面高度为 300mm 时，即相当于网架承受的竖向荷载为 3kN/m²。图 5-29 为网壳用水加载时的装置。

有些网架的试验，也有用荷载重块通过各种比例的分配梁直接施加在网架下弦节点的；一般四个节点合用一个荷重吊篮，部分则为两个节点合用一个吊篮。按设计计算，中间节点荷载为 P 时，网架边缘节点为 $\frac{1}{2}P$，四角节点为 $\frac{1}{4}P$，各种不同节点荷载均由同一形式的分配梁组成（图 5-30）。

同薄壳试验一样，当需要进行破坏试验时，由于破坏荷载较大，可用多点同步液压加载系统经支承于网架节点的分配梁施加荷载，如图 5-31 所示。

2. 试验项目和测点布置

薄壳结构与平面结构不同，它既是空间结构又具有复杂的表面外形，如筒壳、双曲抛物面壳和扭壳等，根据其受力特点，它的测量要比一般平面结构复杂得多。

壳体结构要观测的内容也主要是位移和应变两大类。一般测点按平面坐标系统布置，

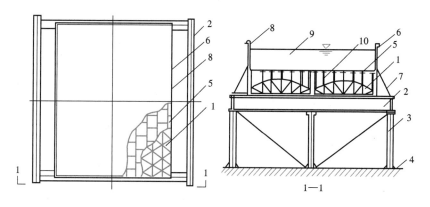

图 5-29 钢网架试验用水加载的装置图

1—试件；2—刚性梁；3—立柱；4—试验台座；5—分块式小木板；6—钢板外框；
7—支撑；8—塑料薄膜水袋；9—水；10—节点荷载传递短柱

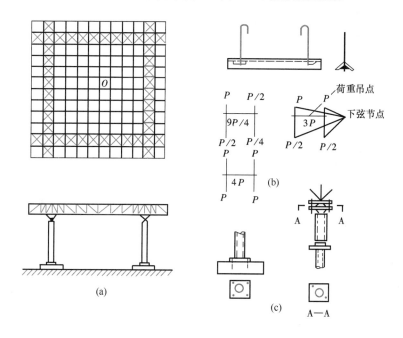

图 5-30 四立柱平板网架用分配梁在下弦节点加载

（a）结构简图；（b）荷载分配梁系统；（c）支座节点

测点的数量就比较多，如在平面结构中测量挠度曲线按线向五点布置法，在薄壳结构中则为了量测壳面的变形，即受载后的挠曲面，就需要 $5^2 = 25$ 个测点。为此，可利用结构对称和荷载对称的特点，在结构的 $\frac{1}{2}$、$\frac{1}{4}$ 或 $\frac{1}{8}$ 的区域内布置主要测点作为分析结构受力特点的依据，而在其他对称的区域内则布置适量的测点，进行校核。这样既可减少测点数量，又不影响了解结构受力的实际工作情况，至于校核测点的数量可按试验要求而定。

薄壳结构都有侧边构件，为了校核壳体的边界支承条件，需要在侧边构件上布置挠度计来测量它的垂直位移及水平位移。有时为了研究侧边构件的受力性能，还要测量它的截面应变分布规律，这时完全可按梁式构件测点布置的原则与方法进行。

对于薄壳结构的挠度与应变测量，要根据结构形状和受力特性分别加以研究决定。

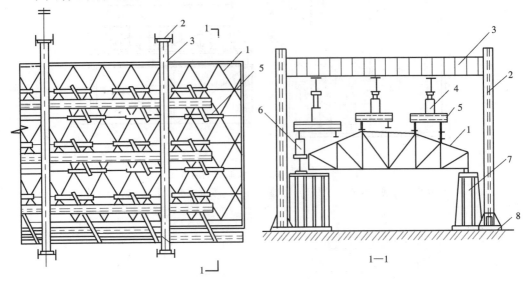

图 5-31　用多点同步液压加载器进行钢网壳加载试验
1—网壳；2—荷载支承架立柱；3—横梁；4—液压加载器；5—分配梁系统；
6—平衡加载器；7—支座；8—试验台座

圆柱形壳体受载后的内力相对比较简单，一般在跨中和 $\frac{1}{4}$ 跨度的横截面上布置位移和应变测点，测量该截面的径向变形和应变分布。图 5-32 所示为圆柱形金属薄壳在集中荷载作用下的测点布置图。利用挠度计测量壳体与侧边构件受力后的垂直和水平变位，测试内容主要是侧边构件边缘的水平位移，壳体中间顶部垂直位移以及壳体表面上 2 及 $2'$ 处的法向位移。其中以壳体跨中 $l/2$ 截面上五个测点最有代表性，此外应在壳体两端部截面布置测点。利用应变仪测量纵向应力，仅布置在壳体曲面之上，主要布置在跨度中央、$l/4$ 处与两端部截面上，其中两个 $l/4$ 截面和两个端部截面中的一个为主要测量截面，另

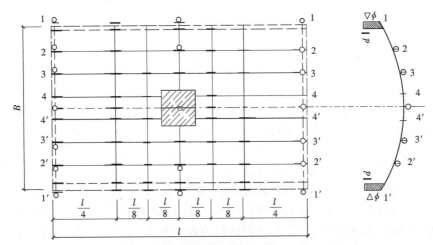

图 5-32　圆柱形金属薄壳在集中荷载作用下的测点布置

一个与它对称的截面为校核截面。在测量的主要截面上布置 10 个应变测点，校核截面仅在半个壳面上布置五个测点。在跨中截面上因加载点使测点布置困难（轴线 4-4 和 4′-4′），所以在 3/8l 及 5/8l 界面的相应位置上布置补充测点。

对于双曲扁壳结构的挠度测点，除一般沿侧边构件布置垂直和水平位移的测点外，壳面的挠曲可沿壳面对称轴线或对角线布点测量，并在 $\frac{1}{4}$ 或 $\frac{1}{8}$ 壳面区域内布点（图 5-33a）。

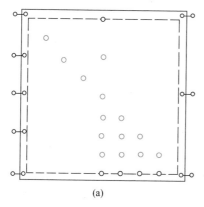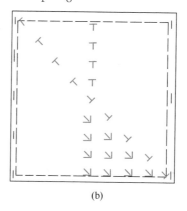

(a)　　　　　　　　　　　　(b)

图 5-33　双曲扁壳的测点布置

为了测量壳面主应力的大小和方向，一般均需布置三向应变网络测点。由于壳面对称轴上剪应力等于零，主应力方向明确，所以只需布置二向应变测点（图 5-33b）。有时为了查明应力在壳体厚度方向的变化规律，则在壳体内表面的相应位置上也对称布置应变测点。

如果是加肋双曲壳，还必须测量肋的工作状况，这时壳面挠曲变形可在肋的交点上布置。由于肋主要是单向受力，所以只须沿其走向布置单向应变测点，通过在壳面平行于肋向的测点配合，即可确定其工作性质。

网架结构是杆件体系组成的空间结构，它的形式多种，有双向正交、双向斜交和三向正交等，由于可看作由桁架梁相互交叉组成，其测点布置的特点也类似于平面结构中的桁架。

网架的挠度测点可沿各桁架梁布置在下弦节点。应变测点布置在网架的上下弦杆、腹杆、竖杆及支座竖杆上。由于网架平面体型较大，同样可以利用荷载和结构对称性的特点；对于仅有一个对称轴平面的结构，可在 1/2 区域内布点；对于有两个对称轴的平面，则可在 $\frac{1}{4}$ 或 $\frac{1}{8}$ 区域内布点；对于三向正交网架，则可在 $\frac{1}{6}$ 或 $\frac{1}{12}$ 区域内布点。与壳体结构一样，主要测点应尽量集中在某一区域内，其他区域仅布置少量校核测点（图 5-34）。

图 5-35 所示为平面为不等六边形的上海游泳馆，三向变截面折形板空间网架 1/20 模型试验。由于网架平面体型仅有一对称轴 Y-Y，故测点主要布置在 $\frac{1}{2}$ 区域内并以网架的右半区为主，考虑到加工制作的不均匀性和测量误差等因素，在网架左半区亦布置少量测点，以资校核。

杆件应变测点考虑到三向网架的特点，布置时沿具有代表性的 X、N_1 和 N_2 轴走向

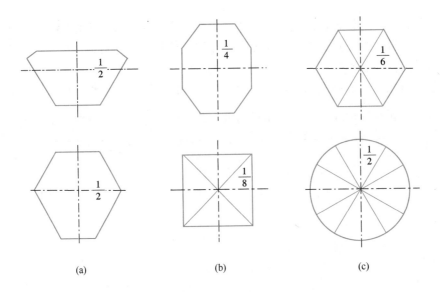

图 5-34 按网架平面体型特点分区布置测点

的桁架梁布置，在网架中央区内力最大的区域内布点，边界区域的杆件内力虽然不大，但由于受支座约束的干扰，内力分布甚为复杂，故也布置较多测点，同时在从中央到边界的过渡区中适当布置一批测点，以观测及查明受力过渡的规律。由于在计算中发现在同一节点的两个杆件中 N_2 轴方向的桁架杆件内力要比 N_1 轴方向桁架杆件的内力大（指右半网架），因此选择了 X 轴方向某一节间的上弦杆连续布置应变测点，以检验这一现象。网架杆件轴向应变采用电阻应变计测量，为了消除弯曲偏心影响，在杆件中部重心轴两边对称贴片，量测时采用串联半桥连接。为研究钢球节点的次应力影响，在中央区与边界处布置一定数量的次应力测点，该测点对称布置在离钢球节点边缘 1.5 倍管径长度的上下截面处。在 28 个支座竖杆上也都布置应变测点，以量测其内力，同时用以调整支座的初始标高及检验支座总反力与外荷载的平衡状况。

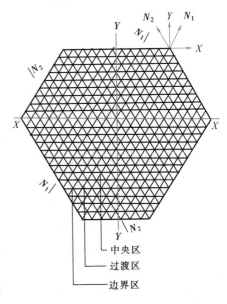

图 5-35　上海游泳馆网架 1/20 模型试验

网架变位测点主要布置在网架的纵轴、横轴，斜向对角线以及边桁架等几个方向。游泳馆网架挠度测点主要沿 X-X、Y-Y、N_1 和 N_2 等轴方向布置。

5.5　量测数据整理

量测数据包括在准备阶段和正式试验阶段采集到的全部数据，其中一部分是对试验起控制作用的数据，如最大挠度控制点、最大侧向位移控制点、控制截面上的钢筋应变屈服点及混凝土极限拉、压应变等等。这类起控制作用的参数应在试验过程中随时整理，以便指导整个试验过程的进行。其他大量测试数据的整理分析工作，将在试验后进行。

对实测数据进行整理，一般均应算出各级荷载作用下仪表读数的递增值和累计值，必要时还应进行换算和修正，然后用曲线或图表给以表达。用方程式表达的方法将在后面有关章节叙述。

在原始记录数据整理过程中，应特别注意读数及读数值的反常情况，如仪表指示值与理论计算值相差很大，甚至有正负号颠倒的情况，这时应对出现这些现象的规律性进行分析，判断其原因所在。一般可能的原因有两方面，一是由于试验结构本身发生裂缝、节点松动、支座沉降或局部应力达到屈服而引起数据突变；另一方面也可能是测试仪表安装不当所造成。凡不属于差错或主观造成的仪表读数突变都不能轻易舍弃，待以后分析时再作判断处理。

本节仅对静载试验中部分基本数据的整理原则作简单介绍，更详细的内容参考第 9 章的内容。

5.5.1 整体变形量测结果整理

1. 简支构件的挠度

构件的挠度是指构件本身的挠曲程度。由于试验时受到支座沉降、构件自重和加荷设备、加荷图式及预应力反拱的影响，欲得到构件受荷后的真实实测挠度，应对所测挠度值进行修正。修正后的挠度计算公式为：

$$a_s^0 = (a_q^0 + a_g^0)\psi \tag{5-1}$$

式中　a_q^0——消除支座沉降后的跨中挠度实测值；

a_g^0——构件自重和加载设备自重产生的跨中挠度值；

$$a_g^0 = \frac{M_g}{M_b}a_b^0 \quad \text{或} \quad a_g^0 = \frac{P_g}{P_b}a_b^0 \tag{5-2}$$

M_g——构件自重和加载设备自重产生的跨中弯矩值；

M_b、a_b^0——从外加试验荷载开始至构件出现裂缝前一级荷载的加载值产生的跨中弯矩值和跨中挠度实测值；

ψ——用等效集中荷载代替均匀荷载时的加荷图式修正系数，按表 5-1 采用。

由于仪表初读数是在构件和试验装置安装后进行，加载后量测的挠度值中不包括自重引起的挠度变化，因此在构件挠度值中应加上构件自重和设备自重产生的跨中挠度。a_g^0的值可近似认为构件在开裂前是处在弹性工作阶段，弯矩-挠度为线性关系，如图 5-36 所示。

加荷图式修正系数　　　　　　　　　　　　　表 5-1

名　　称	加　载　图　式	修正系数 ψ
均布荷载		1.0

名　　称	加　载　图　式	修正系数 ψ
二集中力，四分点，等效荷载	$l/4$　$l/2$　$l/4$	0.91
二集中力，三分点，等效荷载	$l/3$　$l/3$　$l/3$	0.98
四集中力，八分点，等效荷载	$l/8$　$l/4$　$l/4$　$l/4$　$l/8$	0.99
八集中力，十六分点，等效荷载	$l/8$ $l/8$ $l/8$ $l/8$ $l/8$ $l/8$ $l/8$ $l/16$　$l/16$	1.0

　　若等效集中荷载的加荷图式不符合表 5-1 所列图式时，应根据内力图形用图乘法或积分法求出挠度，并与均布荷载下的挠度比较，从而求出加荷图式修正系数 ψ。

　　当支座处因遇障碍，在支座反力作用线上不能安装位移计时，可将仪表安装在离支座反力作用线内侧 d 距离处，在 d 处所测挠度比支座沉降大，因而跨中实测挠度将偏小，应对式（5-1）中的 a_q^0 乘以系数 ψ_a。ψ_a 为支座测点偏移修正系数。

　　对预应力钢筋混凝土结构，当预应力钢筋放松后，对混凝土产生预压作用而使结构产生反拱，构件越长反拱值越大。因此实测挠度中应扣除预应力反拱值 a_p，即公式（5-1）可写作：

$$a_{s,p}^0 = (a_q^0 + a_g^0 - a_p)\psi \tag{5-3}$$

式中　a_p——预应力反拱值，对研究性试验取实测值 a_p^0，对检验性试验取计算值 a_p^0，不考虑超张拉对反拱的加大作用。

　　上述修正方法的基本假设认为构件刚度 EI 为常数。对于钢筋混凝土构件，裂缝出现后沿全长各截面的刚度为变量，仍按上述图式修正将有一定误差。

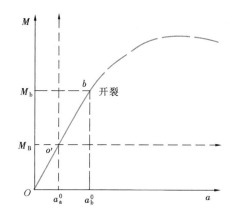

图 5-36 自重挠度计算　　　　　　　图 5-37 悬臂构件的挠度

2. 悬臂构件的挠度（图 5-37）

计算悬臂构件自由端在各荷载作用下的短期挠度实测值，应考虑固定端的支座转角、支座沉降、构件自重和加载设备重力的影响。在试验荷载作用下，经修正后的悬臂构件自由端短期挠度实测值可表达为：

$$a_{s,ca}^0 = (a_{q,ca}^0 + a_{g,ca}^0)\psi_{ca} \tag{5-4a}$$

$$a_{q,ca}^0 = v_1^0 - v_2^0 - L \cdot \tan\alpha \tag{5-4b}$$

$$a_{g,ca}^0 = \frac{M_{g,ca}}{M_{b,ca}}a_{b,ca}^0 \tag{5-5}$$

式中　　$a_{q,ca}^0$——消除支座沉降后，悬臂构件自由端短期挠度实测值；

v_1^0、v_2^0——悬臂端和固定端竖向位移；

$a_{g,ca}^0$、$M_{g,ca}$——悬臂构件自重和设备重力产生的挠度值和固端弯矩；

$a_{b,ca}^0$、$M_{b,ca}$——从外加试验荷载开始至悬臂构件出现裂缝前一级荷载为止的自由端挠度实测值和固端弯矩；

α——悬臂构件固定端的截面转角；

L——悬臂构件的外伸长度；

ψ_{ca}——加荷图式修正系数，当在自由端用一个集中力作等效荷载时 $\psi_{ca}=0.75$，否则应按图乘法找出修正系数 ψ_{ca}。

5.5.2 截面内力

1. 轴向受力构件

$$N = \sigma \cdot A = \varepsilon E \cdot A = \frac{\varepsilon_1 + \varepsilon_2}{2} \cdot EA \tag{5-6}$$

式中　N——轴向力；

E、A——受力构件材料弹性模量和截面面积；

ε_1、ε_2——截面实测应变。

由上式可知,受轴向拉伸或压缩构件的内力,不论截面形状如何,只要将应变计安装在截面形心轴上测得轴向应变后,代入上式即可求得。但要找到形心轴的位置有一定困难,且绝对的轴向力几乎并不存在,因而常用两个应变计安装在形心轴的对称位置上,取其平均值作为轴向应变。

2. 压弯或拉弯构件

压弯或拉弯构件的内力有轴向力 N 和受力平面内的弯矩 M_x,有两个内力时,应变计数量不得少于欲求内力的种类数,因而必须安装两个应变计。当截面为矩形时应变测点如图 5-38 所示。以轴向力为主的压弯或拉弯构件的内力计算公式为:

$$\sigma_1 = \frac{N}{A} - \frac{M_x y_1}{I_x} \tag{5-7}$$

$$\sigma_2 = \frac{N}{A} + \frac{M_x y_2}{I_x} \tag{5-8}$$

当 $y_1 + y_2 = h, \sigma_1 = \varepsilon_1 E, \sigma_2 = \varepsilon_2 E$ 时,可得:

$$M_x = \frac{1}{h} EI(\varepsilon_2 - \varepsilon_1) \tag{5-9}$$

$$N = \frac{1}{h} AE(\varepsilon_1 y_2 + \varepsilon_2 y_1) \tag{5-10}$$

式中　A、I——构件截面的面积和惯性矩;

ε_1、ε_2——截面上、下边缘的实测应变;

y_1、y_2——截面上、下边缘测点至截面中和轴的距离。

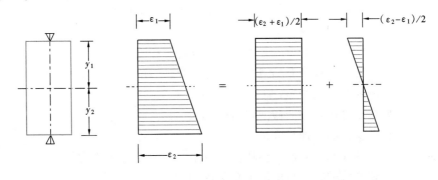

图 5-38　压弯构件测点、内力

3. 双向弯曲构件

构件受轴向力 N、双向弯矩 M_x 和 M_y 作用时,在工字形截面上的测点布置如图 5-39 所示。因而可以同时测得四个应变值即 ε_1、ε_2、ε_3、ε_4。再用外插法可求出截面四个角的外边缘处的纤维应变 ε_a、ε_b、ε_c、ε_d,利用下列方程组中三个方程,即可求解 N、M_x 和 M_y 等内力值。

$$\varepsilon_a E = \frac{N}{A} + \frac{M_x}{I_x} y_1 + \frac{M_y}{I_y} x_1 \quad \Bigg\}$$

$$\varepsilon_b E = \frac{N}{A} + \frac{M_x}{I_x} y_1 + \frac{M_y}{I_y} x_2$$

$$\varepsilon_c E = \frac{N}{A} + \frac{M_x}{I_x} y_2 + \frac{M_y}{I_y} x_1 \qquad (5\text{-}11)$$

$$\varepsilon_d E = \frac{N}{A} + \frac{M_x}{I_x} y_2 + \frac{M_y}{I_y} x_2$$

若构件除受轴向力和弯矩 M_x 和 M_y 作用外，还有扭转力矩 B 时，则上列各项中再加一项 $\sigma = B \cdot \omega / I_\omega$。关于型钢的各边缘点的扇形惯性矩 I_ω 和主扇形面积 ω 可查阅有关型钢表。

解式（5-11）的方程组，即可求出 N、M_x、M_y 和扭转力矩 B。由此可以发现，利用数解法求内力，当内力多于 2 个时就比较麻烦，手工计算工作量较大。因而在结构试验中，对于中和轴位置不在截面高度 $\frac{1}{2}$ 处的各种非对称截面，或应变测点多于 3 个时可以采用图解法来分析内力。

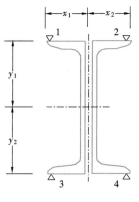

图 5-39　双向弯曲构件
测点、内力
1～4—电阻应变片测点编号

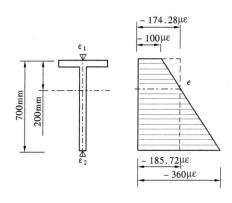

图 5-40　T 形截面应变分析

【例题 5-1】　已知 T 形截面形心 $y_1 = 200\text{mm}$，高度 $h = 700\text{mm}$，实测上、下边缘的应变分别为 $\varepsilon_1 = -100\mu\varepsilon$，$\varepsilon_2 = -360\mu\varepsilon$。试用图解法分析截面上存在的内力，及其在各测点产生的应变值。

【解】　先按一定比例画出截面几何形状如图 5-40 所示，并画出实测应变图。通过水平中和轴与应变图的交点 e 作一条垂直线，得到轴向应变 ε_N 和弯曲应变 ε_{M_x}。其值计算如下：

$$\varepsilon_0 = -\left(\frac{\varepsilon_2 - \varepsilon_1}{h} y_1\right) = -\left(\frac{360 - 100}{700}\right) 200 = -74.28\mu\varepsilon$$

$$\varepsilon_N = \varepsilon_1 + \varepsilon_2 = -100 - 74.28 = -174.28\mu\varepsilon$$

$$\varepsilon_{M_x}^1 = -\varepsilon_0 = 74.28\mu\varepsilon$$

$$\varepsilon_{M_x}^2 = \varepsilon_2 - \varepsilon_N = -360 - (-174.28) = -185.72\mu\varepsilon$$

【例题 5-2】 一对称箱形截面，截面上布置 4 个测点，测得应变后换算成应力，画出应力图并延长至边缘，得边缘应力为：$\sigma_a = -44\text{N/mm}^2$，$\sigma_b = -22\text{N/mm}^2$，$\sigma_c = 24\text{N/mm}^2$，$\sigma_d = 54\text{N/mm}^2$，如图 5-41 所示。试用图解法分析截面应力。

【解】 （1）上、下盖板中点处的应力：

$$\sigma_e = \frac{\sigma_a - \sigma_b}{2} = \frac{-44 + (-22)}{2} = -33\text{N/mm}^2$$

$$\sigma_f = \frac{\sigma_c - \sigma_d}{2} = \frac{24 + 54}{2} = 39\text{N/mm}^2$$

由于截面两端应力 σ_e、σ_f 的符号不同，因而有轴向力和垂直弯矩 M_x 共同作用。根据 σ_e、σ_f 进一步绘制应力图（右侧）进行分解，可知其轴向拉力产生的应力为：

$$\sigma_N = \frac{\sigma_e + \sigma_f}{2} = \frac{-33 + 39}{2} = 3\text{N/mm}^2$$

由 M_x 产生的应力为：

$$\sigma_{M_x} = \pm \frac{\sigma_f - \sigma_e}{2} = \pm \frac{39 - (-33)}{2}$$

$$= \pm 36\text{N/mm}^2$$

因为上、下盖板应力分布图呈两个梯形，说明除了有轴向力 N 和 M_x 以外，还有其他内力作用，通过沿水平盖板的应力分布，在 y 轴上各引水平线（虚线），则可得到除去 σ_N、σ_{M_x} 外的其余应力，从图 5-41 中分解得左侧应力图。上盖板左右余下应力为：

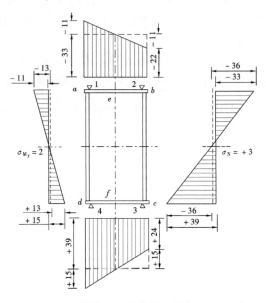

图 5-41　对称截面应变分析（单位：N/mm²）

$$\frac{\sigma_a - \sigma_b}{2} = \pm \frac{-44 - (-22)}{2} = \mp 11\text{N/mm}^2$$

下盖板左右余下应力为：

$$\frac{\sigma_c - \sigma_d}{2} = \pm \frac{54 - 24}{2} = \pm 15\text{N/mm}^2$$

由于截面上、下相应测点余下的应力绝对值及其符号均不相同，说明它们是由水平弯矩 M_y 和扭矩 M_T 的联合作用引起的，其值为：

$$\sigma_{M_y} = \pm \frac{-15 + 11}{2} = \mp 2\text{N/mm}^2$$

$$\sigma_{M_T} = \mp \frac{-15 - 11}{2} = \pm 13\text{N/mm}^2$$

求得四种应力后，根据截面几何性质，按材料力学公式，即可求得各项内力值。实测应力分析结果列于表 5-2。

应 力 组 成	符 号	各点应力（N/mm²）			
		σ_a	σ_b	σ_c	σ_d
轴向力产生的应力	σ_N	+3	+3	+3	+3
垂直弯矩产生的应力	σ_{M_x}	−36	−36	+36	+36
水平弯矩产生的应力	σ_{M_y}	+2	−2	−2	+2
扭矩产生的应力	σ_{M_T}	−13	+13	−13	+13
各点实测应力	Σ	−44	−22	+24	+54

5.5.3 平面应力状态下的主应力计算

解决平面应力状态问题，应在布置应变测点时予以考虑。比如当主应力方向已知时，只需量测两个方向的应变；当主应力方向未知时，一般需要量测三个方向的应变，以确定主应力的大小及方向。根据弹性理论得知其计算公式为：

$$\left.\begin{aligned} \sigma_x &= \frac{E}{1-\nu^2}(\varepsilon_x + \nu\varepsilon_y) \\[2mm] \tau_{xy} &= \nu G \end{aligned}\right\} \tag{5-12}$$

式中 E、ν——材料弹性模量和泊松比；

ε_x、ε_y——x 和 y 方向上的单位应变；

G——剪变模量，$G = E/2(1+\nu)$。

因而已知主应力方向（假定为 x，y 方向）时，可以测得 ε_1（x 方向）和 ε_2（y 方向），利用上述公式就足以确定主应力 σ_1、σ_2 和剪应力 τ 值：

$$\left.\begin{aligned} \sigma_1 &= \frac{E}{1-\nu^2}(\varepsilon_1 + \nu\varepsilon_2) \\[2mm] \sigma_2 &= \frac{E}{1-\nu^2}(\varepsilon_2 + \nu\varepsilon_1) \\[2mm] \tau_{max} &= \frac{E}{2(1+\nu)}(\varepsilon_1 - \varepsilon_2) = \frac{\sigma_1 - \sigma_2}{2} \end{aligned}\right\} \tag{5-13}$$

反之，若主应力方向未知，则必须量测三个方向的应变。假定第一应变片与 x 轴的夹角为 θ_1，第二应变片与 x 轴的夹角为 θ_2，第三应变片与 x 轴的夹角为 θ_3（图 5-42），则在各 θ 方向上量测的应变值分别为 $\varepsilon_{\theta1}$、$\varepsilon_{\theta2}$ 和 $\varepsilon_{\theta3}$，这些应变与正交应变 ε_x、ε_y 和剪应变 γ_{xy} 之间的关系为：

$$\varepsilon_{\theta i} = \varepsilon_x \cos^2\theta_i + \varepsilon_y \sin^2\theta_i + \gamma_{xy}\sin\theta_i \cdot \cos\theta_i \tag{5-14}$$

或

$$\varepsilon_{\theta i} = \frac{\varepsilon_x + \varepsilon_y}{2} + \frac{\varepsilon_x - \varepsilon_y}{2}\cos2\theta_i + \frac{\gamma_{xy}}{2}\sin2\theta_i$$

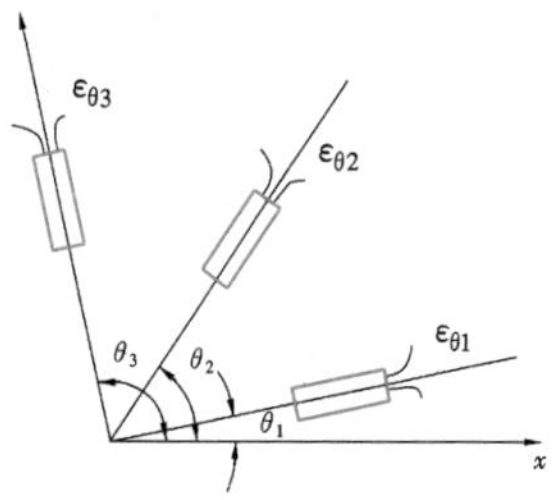

图 5-42 应变参考值

式中 θ_i——应变片与 x 轴的夹角，$i = 1$，2，3。

式（5-14）是由 θ_1、θ_2、θ_3 组成的联立方程组，解方程组即可求得 ε_x、ε_y 和 γ_{xy} 值。

再将之代入下列公式，即可求得主应变及其方向为：

$$\begin{matrix} \varepsilon_1 \\ \varepsilon_2 \end{matrix} = \frac{\varepsilon_x + \varepsilon_y}{2} \pm \sqrt{\left(\frac{\varepsilon_x - \varepsilon_y}{2}\right)^2 + \left(\frac{\gamma_{xy}}{2}\right)^2}$$

$$\tan 2\theta = \frac{\gamma_{xy}}{\varepsilon_x - \varepsilon_y}$$

$$\gamma_{max} = 2\sqrt{\left(\frac{\varepsilon_x - \varepsilon_y}{2}\right)^2 + \left(\frac{\gamma_{xy}}{2}\right)^2}$$

(5-15)

令：
$$\frac{\varepsilon_x + \varepsilon_y}{2} = A; \qquad \frac{\varepsilon_x - \varepsilon_y}{2} = B; \qquad \frac{\gamma_{xy}}{2} = C$$

则代入式（5-15）及式（5-13），得主应力的计算式为：

$$\begin{matrix} \sigma_1 \\ \sigma_2 \end{matrix} = \frac{E}{1-\nu}A \pm \frac{E}{1+\nu}\sqrt{B^2 + C^2}$$

$$\tan 2\theta = \frac{C}{B}$$

$$\tau_{max} = \frac{E}{1+\nu}\sqrt{B^2 + C^2}$$

(5-16)

式中，A、B 和 C 诸参数随应变花的形式不同而异，列于表 5-3 中。为便于计算，实际使用时常使应变花中的一片方向与选定的参考轴重合，且将其余两片与此呈特殊夹角。当应变花的夹角为非特殊角时，必须将实际角度一一代入式（5-14）中，求解 ε_x、ε_y 和 γ_{xy}。应变花数量较多时可编制程序借助计算机来完成，也可以用图解法进行分析。

应 变 花 参 数　　　　　　　　　　　　　　　表 5-3

测量平面上一点主应变时应变计的布置		A	B	C
应变花名称	应变花式样			
45°直角应变花		$\dfrac{\varepsilon_0 + \varepsilon_{90}}{2}$	$\dfrac{\varepsilon_0 - \varepsilon_{90}}{2}$	$\dfrac{2\varepsilon_{45} - \varepsilon_0 - \varepsilon_{90}}{2}$
60°等边三角形应变花		$\dfrac{\varepsilon_0 + \varepsilon_{60} + \varepsilon_{120}}{3}$	$\varepsilon_0 - \dfrac{\varepsilon_0 + \varepsilon_{60} + \varepsilon_{120}}{3}$	$\dfrac{\varepsilon_{60} - \varepsilon_{120}}{\sqrt{3}}$
伞形应变花		$\dfrac{\varepsilon_0 + \varepsilon_{90}}{2}$	$\dfrac{\varepsilon_0 - \varepsilon_{90}}{2}$	$\dfrac{\varepsilon_{60} - \varepsilon_{120}}{\sqrt{3}}$
扇形应变花		$\dfrac{\varepsilon_0 + \varepsilon_{45} + \varepsilon_{90} + \varepsilon_{135}}{4}$	$\dfrac{1}{2}(\varepsilon_0 - \varepsilon_{90})$	$\dfrac{1}{2}(\varepsilon_{135} - \varepsilon_{45})$

5.5.4 试验曲线的图表绘制

将各级荷载作用下取得的读数，按一定坐标系绘制成曲线，看起来一目了然，能充分表达参数之间的内在规律，也有助于进一步用统计方法找出数学表达式。

适当选择坐标系及坐标轴的比例有助于确切地表达试验结果。直角坐标系只能表示两个变量间的关系。在试验研究中一般用纵坐标 y 表示自变量（荷载），用横坐标表示因变量（变形或内力），有时会遇到因变量不止一个的情况，这时可采用"无量纲变量"作为坐标。例如为了研究钢筋混凝土矩形单筋受弯构件正截面的极限弯矩

$$M_u = A_s f_y \left[h_0 - \frac{A_s f_y}{2b\alpha_1 f_c} \right]$$

的变化规律，需要进行大量的试验研究，而每一个试件的含钢率 $\mu = A_s / f_y b h_0$、混凝土强度等级 f_{cu}、断面形状和尺寸 bh_0 都有差别，若以每一个试件的实测极限弯矩 M_u 逐个比较，就无法反映一般规律。但若将纵坐标改为无量纲变量，以 $M_u / f_c b h_0^2$ 来表示，横坐标分别以 $\mu f_y / f_c$ 和 σ_s / f_y 表示（图 5-43），则即使相差较大的梁，也能揭示梁随配筋率不同的性能变化规律。

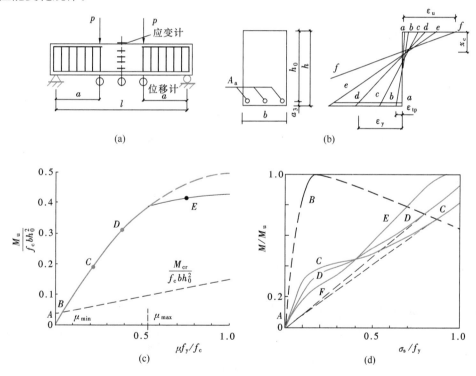

图 5-43　不同配筋率梁的性能变化

（a）试件与荷载；（b）跨中截面应变分布；（c）极限弯矩；（d）钢筋应力

选择试验曲线时，应尽可能用比较简单的曲线形式，并使曲线通过较多的试验点，或使曲线两边的点数相差不多。一般靠近坐标系中间的数据点可靠性更好些，两端的数据可靠性稍差些。具体的方法将在后面数据统计分析有关内容中作进一步讨论。下面对常用试验曲线的特征作简要说明。

1. 荷载-变形曲线

荷载-变形曲线有结构构件的整体变形曲线，控制节点或截面上的荷载转角曲线，铰支座和滑动支座的荷载侧移曲线，以及荷载时间曲线，荷载挠度曲线等。

变形时间曲线，表明结构在某一恒定荷载作用下变形随时间增长的规律。变形稳定的快慢程度与结构材料及结构形式等特点有关，如果变形不能稳定，说明结构有问题。它可能是钢结构的局部构件达到极限，也可能是钢筋混凝土结构的钢筋发生滑动等，具体情况应作进一步分析。

2. 荷载-应变曲线

在绘制截面应变图时，选取控制截面，沿其高度布置测点，用一定的比例尺将某一级荷载下的各测点的应变值连接起来，即为截面应变分布图。截面应变图可用来研究截面应力的实际状况及中和轴的位置等。对于线弹性材料，截面的应变即反映了截面应力的分布规律。对于非弹性材料，则应按材料的 σ-ε 曲线相应查取应力值。

若对某一点描绘各级荷载下的应变图，则可以看出该点应变变化的全过程。图 5-43 (b) 是梁跨中截面上各级荷载下截面应变分布曲线。图 5-43 (d) 是钢筋应变与荷载关系曲线。

3. 构件裂缝及破坏特征图

试验过程中，应在构件上按裂缝开展迹线画出裂缝开展过程，并标注出现裂缝时的荷载等级及裂缝的走向和宽度。待试验结束后，用方格纸按比例描绘裂缝和破坏特征，必要时应照相记录。

根据试验研究的结构类型、荷载性质及变形特点等，还可绘出一些其他的特征曲线，如超静定结构的荷载反力曲线，某些特定节点上的局部挤压和滑移曲线等。

5.6 结构性能的检验与评定

作为结构性能检验的预制构件主要是混凝土构件。被检验的构件必须从外观检查合格的产品中选取，其抽样率为：生产期限不超过 3 个月的构件抽样率为 1/1000，若抽样构件的结构性能检验连续十批均合格，则抽样率可改为 1/2000。该抽样率适用于正规预制构件厂。

结构性能检验的方法有两种：一是以结构设计规范规定的允许值作检验依据；另一种是以构件实际的设计值为依据进行检验。预制构件结构性能检验的项目和检验要求列于表5-4。

结构性能检验要求表 表 5-4

构件类型及要求	项 目			
	承载力	挠 度	抗 裂	裂缝宽度
要求不出现裂缝的预应力构件	检	检	检	不检
允许出现裂缝的构件	检	检	不检	检
设计成熟、数量较少的大型构件	可不检	检	检	检
同上，并有可靠实践经验的现场大型异型构件	可免验			

5.6.1 构件承载力检验

为了说明结构构件是否满足承载力极限状态要求，对做承载力检验的构件应进行破坏性试验，以判定达到极限状态标志时的承载力试验荷载值。

1. 当按现行国家标准《混凝土结构设计标准》GB/T 50010 的规定进行允许值检验时，应满足下式要求：

$$\gamma_u^0 \geqslant \gamma_0 [\gamma_u] \tag{5-17}$$

或

$$S_u^0 \geqslant \gamma_0 [\gamma_u] S$$

式中 γ_u^0——构件的承载力检验系数实测值[即承载力检验荷载实测值与承载力检验荷载设计值（均含自重）的比值，或表示为承载力荷载效应实测值与承载力检验荷载效应设计值（均含自重）之比值]；

γ_0——结构构件的重要性系数，按设计要求确定，当无专门要求时取 1.0；

$[\gamma_u]$——构件的承载力检验系数允许值，与构件受力状态有关，按表 5-5 采用。

承载力检验指标 $[\gamma_u]$ 值　　　　　　　　表 5-5

受力情况	达到承载能力极限状态的检验标志		$[\gamma_u]$
轴心受拉、偏心受拉、受弯、大偏心受压	受拉主筋处的最大裂缝宽度达到 1.5mm，或挠度达到跨度的 1/50	热轧钢筋	1.20
		钢丝、钢绞线、热处理钢筋	1.35
	受压区混凝土破坏	热轧钢筋	1.30
		钢丝、钢绞线、热处理钢筋	1.45
	受拉主筋拉断		1.50
受弯构件的受剪	腹部斜裂缝达到 1.5mm，或斜裂缝末端受压混凝土剪压破坏		1.40
	沿斜截面混凝土斜压破坏，受拉主筋在末端的端部滑脱或其他锚固破坏		1.55
轴心受压、小偏心受压	混凝土受压破坏		1.50

注：热轧钢筋指 HPB300 级、HRB400 级和 RRB400 级钢筋。

2. 当按构件实配钢筋的承载力进行检验时，应满足下式要求：

$$\gamma_u^0 \geqslant \gamma_0 \eta [\gamma_u] \tag{5-18}$$

或

$$S_u^0 \geqslant \gamma_0 \eta [\gamma_u] S$$

式中 η——构件的承载力检验修正系数，根据现行国家标准《混凝土结构设计标准》GB/T 50010 按实配钢筋的承载力计算确定。

$$\eta = \frac{R(f_c, f_s, A_s^0, \cdots)}{\gamma_0 S}$$

S——荷载效应组合设计值；

$R(\cdot)$——根据实配钢筋面积 A_s^0 确定的构件承载力计算值，应按钢筋混凝土结构设计规范有关承载力计算公式的右边项进行计算。

3. 承载力极限标志。结构承载力的检验荷载实测值是根据各类结构达到各自承载力检验标志时作出的。结构构件达到或超过承载力极限状态的标志，主要取决于结构受力状况、受力钢筋的种类和观察到的承载力检验标志。

（1）轴心受拉、偏心受拉、受弯、大偏心受压构件

当采用有明显屈服点的热轧钢筋时，处于正常配筋的上列构件，其极限标志通常是受拉主筋首先达到屈服，进而受拉主筋处的裂缝宽度达到 1.5mm，或挠度达到 1/50 的跨度。对超筋受弯构件，受压区混凝土破坏比受拉钢筋屈服早，此时最大裂缝宽度小于 1.5mm，挠度也小于 $l/50$（l 为跨度），因此受压区混凝土压坏便是构件破坏的标志。在少筋的受弯构件中，则可能出现混凝土一开裂钢筋即被拉断的情况，此时受拉主筋被拉断是构件破坏的标志。

用无屈服台阶的钢筋、钢丝及钢绞线配筋的构件，受拉主筋拉断或构件挠度达到跨度 l 的 1/50 是主要的极限标志。

（2）轴心受压或小偏心受压构件

这类构件，主要是柱类构件，当外加荷载达到最大值时，混凝土将被压坏或被劈裂，因此混凝土受压破坏是承载能力的极限标志。

（3）受弯构件的剪切破坏

受弯构件的受剪和偏心受压及偏心受拉构件的受剪，其极限标志是腹筋达到屈服，或斜向裂缝宽度达到 1.5mm 或 1.5mm 以上，沿斜截面混凝土斜压或斜拉破坏。

5.6.2 构件的挠度检验

1. 当按混凝土结构设计规范规定的挠度允许值进行检验时，应满足下列要求：

$$a_s^0 \leqslant [a_s] \tag{5-19}$$

$$[a_s] = \frac{M_k}{M_q(\theta-1) + M_k}[a_f]$$

式中　a_s^0、$[a_s]$——在正常使用短期检验荷载作用下，构件的短期挠度实测值和短期挠度允许值；

M_k、M_q——分别为按荷载标准组合计算的弯矩值和按荷载准永久组合计算的弯矩值；

θ——考虑荷载长期效应组合对挠度增大的影响系数，按结构规范有关规定采用；

$[a_f]$——构件的挠度允许值，按结构规范有关规定采用。

2. 当按实配钢筋确定的构件挠度值进行检验，或仅做刚度、抗裂或裂缝宽度检验的构件，应满足下列要求：

$$a_s^0 = 1.2a_s^c \quad 且\ a_s^0 \leqslant [a_s] \tag{5-20}$$

式中　a_s^c——在正常使用的短期检验荷载作用下，按实配钢筋确定的构件短期挠度计算值。

5.6.3 构件的抗裂检验

在正常使用阶段不允许出现裂缝的构件，应对其进行抗裂检验。构件的抗裂检验应符合下列要求：

$$\gamma_{cr}^0 \geqslant [\gamma_{cr}] \tag{5-21}$$

$$[\gamma_{cr}] = 0.95\frac{\gamma f_{tk} + \sigma_{pc}}{\sigma_{ck}}$$

式中 γ_{cr}^0——构件抗裂检验系数实测值，即构件的开裂荷载实测值与正常使用短期检验荷载值之比；

$[\gamma_{cr}]$——构件的抗裂检验系数允许值，由设计标准图给出；

γ——受压区混凝土塑性影响系数，按现行国家标准《混凝土结构设计标准》GB/T 50010 有关规定取用；

σ_{ck}——由荷载标准值产生的构件抗拉边缘混凝土法向应力值，按现行国家标准《混凝土结构设计标准》GB/T 50010 确定；

σ_{pc}——检验时由预加力产生的构件抗拉边缘混凝土法向应力值，按现行国家标准《混凝土结构设计标准》GB/T 50010 的有关规定取用；

f_{tk}——检验时混凝土抗拉强度标准值。

5.6.4 构件裂缝宽度检验

对正常使用阶段允许出现裂缝的构件，应限制其裂缝宽度。构件的裂缝宽度应满足下列要求：

$$w_{s,max}^0 \leqslant [w_{max}] \tag{5-22}$$

式中 $w_{s,max}^0$——在正常使用短期检验荷载作用下，受拉主筋处最大裂缝宽度的实测值；

$[w_{max}]$——构件检验的最大裂缝宽度允许值（表 5-6）。

构件检验的最大裂缝宽度允许值（mm） 表 5-6

设计要求的最大裂缝宽度允许值	0.2	0.3	0.4
$[w_{max}]$	0.15	0.20	0.25

5.6.5 构件结构性能评定

根据结构性能检验的要求，对被检验的构件，应按表 5-7 所列项目和标准进行性能检验，并按下列规定进行评定：

复式抽样再检的条件 表 5-7

检验项目	标准要求	二次抽样检验指标	相对放宽
承载力	$\gamma_0 [\gamma_u]$	$0.95\gamma_0 [\gamma_u]$	5%
挠度	$[a_s]$	$1.10 [a_s]$	10%
抗裂	$[\gamma_{cr}]$	$0.95 [\gamma_{cr}]$	5%
裂缝宽度	$[w_{max}]$	—	0

1. 当结构性能检验的全部检验结果均符合表 5-7 规定的标准要求时，该批构件的结构性能应评为合格。

2. 当第一次构件的检验结果不能全部符合表 5-7 的标准要求，但能符合第二次检验要求时，可再抽两个试件进行检验。第二次检验时，对承载力和抗裂检验要求降低 5%；对挠度检验提高 10%；对裂缝宽度不允许再做第二次抽样，因为原规定已较松，且可能的放松值就在观察误差范围之内。

3. 对第二次抽取的第一个试件检验时，若都能满足标准要求，则可直接评为合格。若不能满足标准要求，但又能满足第二次检验指标时，则应继续对第二次抽取的另一个试件进行检验，检验结果只要满足第二次检验的要求，该批构件的结构性能仍可评为合格。

应该指出，对每一个试件，均应完整地取得三项检验指标。只有三项指标均合格时，该批构件的性能才能评为合格。在任何情况下，只要出现低于第二次抽样检验指标的情况，即当判为不合格。

本 章 小 结

1. 结构静载试验是用物理力学方法，测定和研究结构在静荷载作用下的反应，分析、判定结构的工作状态与受力情况；静载试验分析方法在结构研究、设计和施工中仍起着主导作用，是结构试验的基本方法。结构静载试验项目多种多样，其中最大量最基本的试验是单调加载静力试验，主要用于研究结构承受静荷载作用下构件的承载力、刚度、抗裂性等基本性能和破坏机制。《混凝土结构试验方法标准》GB/T 50152—2012是我国第一本完整反映钢筋混凝土和预应力混凝土结构试验方法的国家标准。

2. 结构试验是一项细致复杂的工作，任何疏忽大意都会影响试验的结果或试验的正常进行与成败，甚至影响人身安全。因此在试验前需要完成充足的准备工作，包括：调查研究、收集资料；制定试验大纲；准备试件；对所需材料的物理力学性能进行测定；准备试验设备与试验场地；试件的安装就位；加载设备和量测仪表安装；试验控制特征值的计算等工作。

3. 正确地选择静载试验的加载方法及量测方案，对顺利地完成试验工作和保证试验的质量有很大的影响。通常结构静载试验的加载程序分为预载、正式加载（加正常使用荷载）、卸载三个阶段；而在正式加载阶段则需要进行荷载分级，同时考虑满载时间及空载时间以保证结构变形充分。量测方案则根据受力结构的变形特征和控制界面上的变形参数来制定。根据试验的目的和要求，确定观测项目，选择量测区段，布置测点位置；按照确定的量测项目，选择合适的仪器；根据试验方案、加载程序确定试验观测方法。

4. 结构工程中常见结构构件静载试验主要有：受弯构件的试验、压杆和柱的试验、屋架试验、薄壳和网架结构试验等。对于不同的静载试验，应当根据结构特点选择合适的试件安装和加载方法，在加载条件受限时还可以采用等效加载图式。不同的静载试验的试验项目和测点布置亦有所不同。对于受弯构件的试验除承载力、抗裂度、挠度和裂缝的量测外还需量测局部区域单向应力、平面应力、钢筋应力、翼缘与孔边应力等，以分析构件中应力分布。对于压杆与柱的试验一般观测其破坏荷载、各级荷载下的侧向挠度值及变形曲线、控制截面或区域的应力变化规律以及裂缝开展情况。对于屋架则需进行挠度和节点位移量测、杆件内力量测、端节点应力分析、预应力锚头性能量测、预应力筋张拉应力量测。对于薄壳和网架结构，则主要的观测内容为位移和应变两大类，其量测主要根据结构形状和受力特性来确定。

5. 量测数据包括在准备阶段和正式试验阶段采集到的全部数据。其中基本数据整理主要有构件挠度的修正、截面内力的换算、平面应力状态下主应力的计算、试验曲线的图表绘制等方面。在计算挠度时通常需要考虑支座沉降、构件自重和加荷设备、加荷图式及预应力反拱、固定端的支座转角等影响因素。通过应变计算轴向受力、压弯、拉弯、双向弯曲构件内力可利用胡克定理或图解法进行。同样，根据弹性理论利用某位置三个方向的应变可以确定此处主应力的大小及方向。将各级荷载作用下取得的数据绘制成曲线能充分表达参数之间的内在规律，有助于进一步用统计方法找出数学表达式。常用的能反映结构试验特性的曲线主要有：荷载-变形曲线、荷载-应变曲线、构件裂缝及破坏特征图等。

6. 鉴定性试验主要是通过试验来检验结构构件是否符合结构设计规范及施工验收的要求，并对检验结果作出技术结论。即通过构件承载力检验、构件的挠度检验、构件的抗裂检验、构件裂缝宽度检验四项内容对构件结构性能作出评定。

思 考 题

1. 什么是试验大纲？为什么要制订试验大纲？试验大纲的内容包括哪些？

2. 为什么在试验前要做准备工作？试验前的准备工作大致有哪些？

3. 试验的原始资料中包括哪些内容？

4. 静载试验的加载程序分为几个阶段？在各阶段应注意哪些事项？为什么要采用分级加（卸）载？

5. 试验量测方案主要考虑哪些问题？测点的布置与选择的原则是什么？

6. 什么是加载图式和等效荷载？采用等效荷载时应注意哪些问题？

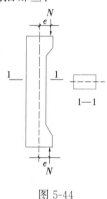

图 5-44

7. 梁、板、柱的鉴定性试验及科研性试验中的观测项目有哪些？

8. 梁、板、屋架、桁架等受弯构件试验时，应考虑哪些因素对挠度的影响？

9. 确定悬臂构件自由端挠度时，应考虑哪些因素的影响？

10. 结构试验中，常用的试验曲线有哪些？有何特征？

11. 偏心受压柱作用集中荷载 N 如图 5-44 所示，为量测其受力变形特点及破坏形态，试制定试验量测方案（量测项目、量测仪表及其布置）。

第 6 章 结 构 动 力 试 验

6.1 概　　述

世界上的一切物质都是运动的，运动是物质的存在形式。各种类型的结构在服役期内，除承受静力荷载外，还经受各种动力作用，动力作用的主要特点是作用及作用效应随时间发生变化。考虑动力荷载作用下结构的性能，不仅考虑荷载作用的大小和位置，还应考虑荷载作用的时间及结构响应随时间变化的关系，例如在有吊车的厂房，即使吊车荷载的重量（重力）不大，但由于吊车的往复运动，有可能造成结构的疲劳破坏；有汽车或列车高速驶过的桥梁，可能由于汽车或列车的运动造成桥梁的振动引起桥梁的破坏；地震发生时由于地面的运动引起建筑物的振动而造成建筑物的破坏等。因此，若需要了解结构在整个服役期内的工作状态，有必要了解结构在动荷载作用下的工作性能。结构动力试验是结构试验的重要组成部分。

动力荷载作用下，结构的响应不仅与动力荷载的大小、位置、作用方式、变化规律有关，还与结构自身的动力特性有关。一般将结构动力试验分为结构动力特性试验和结构动力响应试验两大类。

结构动力特性试验主要是研究与外界作用无关的结构自身动力学特性，内容包括结构的自振频率、振型、阻尼特性等。由于结构的振动特性与结构质量、刚度的分布及阻尼特性有关，因此可以进一步实现结构的质量或刚度识别，这就是动力学的参数识别问题。

结构动力响应试验主要是研究结构在动力荷载作用下位移、速度、加速度及变形、内力的变化情况。

工程中的振动形式也可分为确定性振动和不确定性振动两大类。确定性振动是指激励及结构的响应可以用确定的函数进行描述的有规律振动，不确定性振动（又称随机振动）是指激励及结构的响应难以用确定的函数进行描述的振动，通常用统计方法进行描述。工程中的大多数情况属于随机振动。

动载：大小、位置和方向随时间变化的荷载。动载可分为：确定性荷载和不确定性荷载（通常称为随机荷载或随机激励）。

6.2 结构动力试验的量测仪器

在结构振动试验中，目前常用的振动测量方法是电测法。振动参数的量测系统通常由三部分组成：传感器、信号放大器、显示器及记录仪。

6-1 结构动力试验
测量仪器

电测法的测振传感器又称为拾振器。拾振器感受结构的振动，将机械振动信号变换为电量信号，并将电量信号传给信号放大器。按量测的参数可以将拾振器分为：位移拾振器、速度拾振器和加速度拾振器；从其使用角度又可分为：绝对式（惯性式）和相对式、接触式和非接触式等；按拾振器的工作原理可分为：压电式、磁电式、电动式、电容式、电感式、电涡流式、电阻式和光电式等。在各类拾振器中，压电式和应变式加速度计使用较为广泛。压电式和应变式加速度计是用质量块对被测物的相对振动来测量被测物的绝对振动，因此又称为惯性式拾振器。

由于拾振器输出的信号非常微弱，需要对信号加以放大才能进行显示及记录，因此需要使用信号放大器将拾振器传来的电量信号放大并将其输入显示仪器及记录仪器中。

显示仪器将放大器传来的被测振动信号转变为人眼可以直接观测的信号。常用的显示装置分为图形显示和数字显示两大类，常用的图形显示装置为各种示波器。

记录仪器是将被测信号以图形、数字、磁信号等形式记录下来。常用的记录装置有笔式记录仪、电平记录仪及磁带记录仪等。

随着科学技术的发展，特别是计算机技术的发展和计算机的大量应用，出现了许多集显示、记录乃至分析为一体的测试信号采集与分析系统。

6.2.1　惯性式拾振器的力学原理

惯性式拾振器的基本力学原理是利用弹簧-质量系统的强迫振动特性来进行振动测量。这种拾振器可以直接固定在被测振动体上，不需要相对参考系固定拾振器。所测结果直接以固结于地球上的惯性系坐标为参考坐标。因此是一种绝对式拾振器。

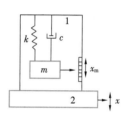

图 6-1　惯性式拾振器的结构原理图

1—拾振器；2—振动体

传感器的结构原理图如图 6-1 所示。在一个刚性的外壳里，安装一个单自由度有阻尼的弹簧-质量系统。该系统由惯性质量块（质量 m）、弹簧（弹性系数 k）和阻尼器（阻尼 c）组成。使用时将传感器固定在被测振动体上与被测试件一起振动，根据质量块相对于外壳的运动来测量被测体的振动。

质量块的运动方程为：

$$m(\ddot{x}_m + \ddot{x}) + c\dot{x}_m + kx_m = 0 \tag{6-1}$$

设被测试件的振动为简谐振动：

$$x = X_0 \sin\omega t \tag{6-2}$$

则式（6-1）也可写成：

$$\ddot{x}_m + 2\zeta\omega_n\dot{x}_m + \omega_n^2 x_m = X_0\omega^2\sin\omega t \tag{6-3}$$

式中　x——被测试件相对于地面的位移；

　　　x_m——质量块相对于被测试件的位移；

　　　X_0——被测试件的振幅；

　　　ω——被测试件的圆频率；

　　　ω_n——质量块的圆频率，$\omega_n = \sqrt{k/m}$；

　　　ζ——质量块的阻尼比，$\zeta = c/2m$。

运动方程的解为：

$$x_m = Ae^{-\zeta\omega_n t}\sin(\omega t - \varphi) + \frac{X_0\left(\dfrac{\omega}{\omega_n}\right)^2}{\sqrt{\left[1 - \left(\dfrac{\omega}{\omega_n}\right)^2\right]^2 + \left(2\zeta\dfrac{\omega}{\omega_n}\right)^2}}\sin(\omega t - \varphi) \tag{6-4}$$

$$\varphi = \arctan \frac{2\zeta \frac{\omega}{\omega_n}}{1 - \left(\frac{\omega}{\omega_n}\right)^2} \tag{6-5}$$

式（6-4）中的第一项为微分方程的通解，也就是自由振动解，随着时间的增长而衰减，特别是当阻尼较大时，振动的幅值衰减很快，因此这一部分振动分量很快就会衰减直至消失，因此也称为瞬态解。式中第二项为微分方程的特解，也就是强迫振动解，是由于外界作用力的作用而使结构产生的振动分量，当自由振动解消失后，进入稳定的振动状态，因此也称为稳态解。这样式（6-4）可简写为：

$$x_m = X_{m0}\sin(\omega t - \varphi) \tag{6-6}$$

$$X_{m0} = \frac{X_0 \left(\frac{\omega}{\omega_n}\right)^2}{\sqrt{\left[1 - \left(\frac{\omega}{\omega_n}\right)^2\right]^2 + \left(2\zeta\frac{\omega}{\omega_n}\right)^2}} \tag{6-7}$$

传感器中质量块的振幅 X_{m0} 与被测物体的振幅 X_0 之比为：

$$\frac{X_{m0}}{X_0} = \frac{\left(\frac{\omega}{\omega_n}\right)^2}{\sqrt{\left[1 - \left(\frac{\omega}{\omega_n}\right)^2\right]^2 + \left(2\zeta\frac{\omega}{\omega_n}\right)^2}} \tag{6-8}$$

比较式（6-2）与式（6-6）可以看出传感器的振动规律 x_m 与被测物体的振动规律 x 是一致的，其区别为：（1）相位相差一个相位角 φ；（2）传感器中质量块的振幅 X_{m0} 与被测物体的振幅 X_0、传感器与被测物体的频率比 $\frac{\omega}{\omega_n}$ 以及阻尼比 ζ 有关。

不同阻尼比 ζ 时频率比与振幅比和相位差的关系分别如图 6-2 及图 6-3 所示。

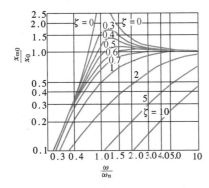

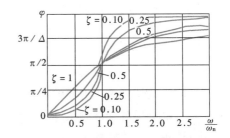

图 6-2　位移传感器的幅频关系曲线　　　图 6-3　位移传感器的相频关系曲线

由图中可以看出 $\frac{X_{m0}}{X_0}$ 与 φ 均随阻尼比 ζ 的不同而变化，仪器的阻尼与摩擦、构造等因素有关。为使 $\frac{X_{m0}}{X_0}$ 与 φ 在试验过程中始终保持常数，必须限制 $\frac{\omega}{\omega_n}$。当取不同的频率比和阻尼比时，传感器将输出不同的振动参数。

（1）当 $\frac{\omega}{\omega_n} \gg 1$，$\zeta < 1$ 时，由式（6-8）和式（6-5）得：

$$\frac{\left(\frac{\omega}{\omega_n}\right)^2}{\sqrt{\left[1-\left(\frac{\omega}{\omega_n}\right)^2\right]^2+\left(2\zeta\frac{\omega}{\omega_n}\right)^2}} \rightarrow 1 \tag{6-9}$$

$$\varphi \rightarrow \pi \tag{6-10}$$

即：
$$X_{m0} \approx X_0 \tag{6-11}$$

表明传感器中质量块的相对振幅与被测物体的振幅近似相等，相位相反。传感器测得的位移近似等于被测物体的位移，因此满足上述条件的传感器称为位移传感器。

由图 6-2 可知，惯性式位移传感器有一个使用频率的下限，即不允许在 ω 接近 ω_n 的条件下使用。为了降低位移传感器的使用频率下限，以扩大位移测量的使用频率范围，一般总是设法将质量元件做得相对大一些。但是高层建筑的第一阶自振频率一般在 1~2Hz 左右，高耸结构如电视塔等的第一阶自振频率更低，这就要求传感器应具有很低的自振频率。为此，须加大传感器质量，造成位移传感器的体积较大、较重。此时应避免由于测试系统的质量较大而影响测量结果的精度。

实际使用中，当测量精度要求较高时，频率比宜取其上限 $\frac{\omega}{\omega_n}>10$；对于一般精度要求的测量，频率比可采用 $\frac{\omega}{\omega_n}=5\sim10$；当无阻尼或小阻尼时，可采用 $\frac{\omega}{\omega_n}=4\sim5$；当阻尼比 $\zeta=0.6\sim0.7$ 时，频率比的下限还可放宽到 2.5 左右。同时，阻尼不宜过小，事实上阻尼特别小的传感器很难应用，因为在很长时间内自由振动难以衰减、消失，会叠加到被测信号中去，造成测量误差。这在测量冲击和瞬态信号时，尤为突出。

由于阻尼的存在，相位差 φ 将随着被测物体振动频率的改变而改变。这一现象对于测量简谐振动影响较小，但在测量其他波形的振动时，将产生波形畸变，即测量的振动波形与实际振动波形不再相似。如果相位差的误差不超过 $10°$，则当 $\zeta=0.6$ 时，下限频率只能扩展到 $7\omega_n$。因此应当注意波形畸变的限制。

(2) 当 $\frac{\omega}{\omega_n}\approx1$，$\zeta\gg1$ 时，由式（6-8）得：

$$\frac{\left(\frac{\omega}{\omega_n}\right)^2}{\sqrt{\left[1-\left(\frac{\omega}{\omega_n}\right)^2\right]^2+\left(2\zeta\frac{\omega}{\omega_n}\right)^2}} \rightarrow \frac{\omega}{2\zeta\omega_n} \tag{6-12}$$

$$X_{m0} \approx \frac{1}{2\zeta\omega_n}\dot{X}_0 \tag{6-13}$$

此时拾振器反应的值与被测振动体的速度呈正比，因此满足这种条件的拾振器称为速度计。其中 $\frac{1}{2\zeta\omega_n}$ 为比例系数，阻尼比 ζ 越大，拾振器的输出灵敏度越低。设计速度计时，由于要求的阻尼比 ζ 很大，相频特性曲线的线性度就很差，对含有多频率成分波形的测试容易失真，同时速度拾振器的有用频率范围非常窄。因此，在振动试验中，只是对于中频小位移情况才使用惯性式速度拾振器。

(3) 当 $\frac{\omega}{\omega_n}\ll1$，$\zeta<1$ 时，由式（6-8）得：

$$\frac{1}{\sqrt{\left[1-\left(\frac{\omega}{\omega_n}\right)^2\right]^2+\left(2\zeta\frac{\omega}{\omega_n}\right)^2}} \to 1 \qquad (6\text{-}14)$$

$$X_{m0} \approx -\frac{1}{\omega_n^2}\ddot{X}_0 \qquad (6\text{-}15)$$

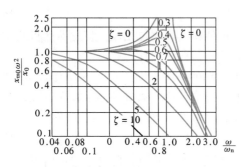

图 6-4　加速度传感器的幅频关系曲线

此时拾振器反应的值与被测振动体的加速度呈正比，比例系数为 $\frac{1}{\omega_n^2}$，因此满足这种条件的拾振器用来测量加速度，称为加速度计。其幅频关系曲线如图 6-4 所示。由于加速度计用于 $\frac{\omega}{\omega_n}\ll 1$ 的范围内，故其相频关系曲线仍可参照图 6-3。由图 6-3 可以看出其相位超前于被测频率在 $0°\sim 90°$ 之间。当无阻尼时，没有相位差，测量符合振动，不会发生波形失真。然而拾振器总是设有阻尼器的，当加速度计的阻尼比 $\zeta=0.6\sim 0.7$ 时，由于相频曲线接近于直线，因此相频与频率比呈正比，波形不会出现畸变。若阻尼比不符合要求，将出现与频率比不呈正比的相位差。

6.2.2　测振传感器

在惯性式拾振器中，质量弹簧系统将振动参数转换成质量块相对于仪器外壳的位移，使拾振器可以正确反映被测试件的位移、速度和加速度。但是由于测试工作的需要，拾振器除应正确反映振动体的振动外，尚应不失真地将位移、速度和加速度等振动参量转换为电量，以便使用电量进行测量。《传感器通用术语》GB/T 7665—2005 对传感器下的定义是："能感受规定的被测量并按照一定的规律转换成可用信号的器件或装置，通常由敏感元件和转换元件组成"。传感器是一种检测装置，能感受到被测量的信息，并能将检测感受到的信息，按一定规律变换成为电信号或其他所需形式的信息输出，以满足信息的传输、处理、存储、显示、记录和控制等要求。转换的方法有多种形式，如利用磁电感应原理、压电晶体材料的压电效应原理、机电耦合伺服原理以及电容、电阻应变、光电原理等。

1. 磁电式速度传感器

磁电式速度传感器的特点是灵敏度高、性能稳定、输出阻抗低、频率响应范围有一定的宽度，能够线性地感应振动速度，所以通常又称为感应式速度传感器。通过对质量弹簧系统参数的不同设计，可以使传感器既能量测微弱的振动，也能量测较强的振动，是工程振动测量中最常用的传感器之一。

图 6-5 为一典型的磁电式速度传感器，磁钢和壳体固定安装在被测试件上，与振动体一起振动，芯轴与线圈组成传感器的可动系统，并与簧片和壳体连接。测振时惯性质量块和仪器的壳体相对移动，因而线圈和磁钢也相对移动，从而产生感应电动势，根据电磁感应定律，感应电动势 E 的大小与切割磁力线的线圈匝数和通过此线圈中磁通量的变化率呈正比，即：

$$E = Blnv \qquad (6\text{-}16)$$

式中　B——线圈所在磁钢间隙的磁感应强度；

　　　l——每匝线圈的平均长度；

　　　n——线圈匝数；

　　　v——线圈相对于磁钢的运动速度，亦即被测振动体的振动速度。

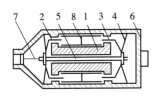

图 6-5　磁电式速度传感器

1—磁钢；2—线圈；3—阻尼环；
4—弹簧片；5—芯轴；6—外壳；
7—输出线；8—铝架

由上式可以看出，当传感器的结构定型后，磁感应强度 B、每匝线圈的平均长度 l、线圈匝数 n 均为常数，即对于确定的仪器系统 Bln 为常数，所以感应电动势 E（即测振传感器的输出电压）与被测振动体的振动速度 v 呈正比。因此，通过测量感应电动势就可以得到振动速度的大小。对输出信号进行积分，或在仪器输出端加一个积分线路即可以用来测量位移。

磁电式测振传感器的主要技术指标有：

（1）固有频率 f　传感器质量弹簧系统本身的固有频率是传感器的一个重要参数，它直接影响传感器的频率响应。固有频率取决于质量的大小和弹簧的刚度。

（2）灵敏度 k　即传感器在感受到测振方向上一个单位振动速度时的输出电压。

（3）频率响应　当所测振动的频率变化时，传感器的灵敏度、输出的相位差等也随之变化，这个变化的规律称为传感器的频率响应。对于阻尼值固定的传感器，频率响应曲线只有一条。一些传感器可以由试验者选择和调整阻尼值，获得不同的频率响应曲线。

（4）阻尼系数　即磁电式测振传感器质量弹簧系统的阻尼比，阻尼比的大小与频率响应有很大关系，通常磁电式传感器的阻尼比设计为 $0.5\sim0.7$。

2. 压电式加速度传感器

当某些晶体介质沿一定方向受到外力作用（压力或拉力）时，不仅几何尺寸发生变化而产生压缩或拉伸变形，而且内部会出现极化现象，同时在其一定的两个相对表面上产生符号相反、数值相等的电荷，形成电场。当去除外力后，介质又重新恢复为不带电状态。这种将机械能转化为电能的现象，称为"正压电效应"。所受到的作用力 F 越大则机械变形也越大，所产生的电荷也越大。受力产生电荷 q 的极性取决于变形的形式（压缩或拉伸）。若介质不是在外力作用下而在电场作用下产生变形，则称为"逆压电效应"。

压电效应是可逆的。它是"正压电效应"和"逆压电效应"的总称。习惯上常把正压电效应称为压电效应。

具有压电效应的材料称为压电材料。

压电式传感器就是利用压电晶体材料具有的压电效应而制成的，其特点是稳定性高，机械强度高，能够在很宽的温度范围内使用。

压电式加速度传感器结构示意如图 6-6 所示，将一质量块放在压电晶片上，由一硬弹簧将它们压紧在具有厚基座的金属壳体内，压电晶片和质量弹簧一起构成振动系统。由前面的分析可知，当被测振动体的频率远低于振动系统的固有频率时（$\omega\ll\omega_n$），质量块相对于仪器外壳的位移就反映所测振动体的加速度。压电式加速度计首先将输入的绝对振动加

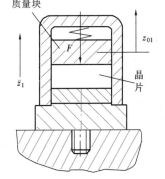

图 6-6　压电式加速度传感器
结构示意图

速度转换成质量块对壳体的相对位移。再经"弹簧"将相对位移转换成与相对位移呈正比的力，最后经压电片转换成电荷输出。若晶片受到的力 F 为变化的压力，则产生的电荷 q 也为变化的电荷，此时所产生的电荷与被测振动体的加速度呈正比，即：

$$q = C_x F = C_x ma = S_q a \tag{6-17}$$

$$e = \frac{q}{C} = \frac{S_q a}{C} = S_u a \tag{6-18}$$

式中　C_x——压电晶体的压电系数；

　　　S_q——加速度传感器的电荷灵敏系数；

　　　C——电容量；

　　　e——加速度传感器的开路电压；

　　　S_u——加速度传感器的电压灵敏系数；

　　　a——被测振动体的振动加速度。

由于压电式加速度传感器既可以被认为是一个电压源，又可以被认为是一个电荷源，因此具有两种灵敏度，即电荷灵敏度和电压灵敏度。电荷灵敏度 $S_q = \dfrac{q}{a}$，是传感器感受单位加速度时产生的电荷量；电压灵敏度 $S_u = \dfrac{e}{a}$，是传感器感受单位加速度时产生的电压量。

压电式加速度传感器的电压 e 输出与电容量 C 的关系为 $e = \dfrac{q}{C}$，其中电容量 C 包括加速度传感器的内部电容 C_a、电缆电容 C_c 和阻抗变换器的输入电容 C_i，即 $C = C_a + C_c + C_i$，所以传感器的电压灵敏度总是带配套电缆和配套的阻抗变换器一起进行标定，如果使用时使用了不同的电缆，则传感器的电压灵敏系数应进行换算或重新标定。

压电式加速度传感器具有动态范围大、频率范围宽、重量轻、体积小等优点，被广泛应用于振动测试的各个领域，尤其适用于宽带随机振动和瞬态冲击测量。

其主要技术指标为：

（1）灵敏度。压电式加速度传感器具有两种灵敏度，即电荷灵敏度 S_q 和电压灵敏度 S_u，传感器灵敏度的大小取决于压电晶体材料的特性和质量块质量的大小。传感器几何尺寸越大则质量块越大，灵敏度越高，但使用频率越窄；传感器体积减小则质量块的质量减小，灵敏度也降低，但使用频率范围加宽。因此选择压电式加速度传感器时，应根据测试要求综合考虑。

（2）安装谐振频率。是指传感器牢固地（用钢螺栓）装在有限质量（目前国际上公认的标准是取体积为 1 立方英寸，质量为 180g）的物体上的谐振频率。压电式加速度传感器本身有一个固有谐振频率，但是传感器总是要通过一定的方式安装在被测振动体上，这样谐振频率就要受安装条件的影响。传感器的安装谐振频率与传感器的频率响应有密切关系，安装是否牢靠将直接影响测试质量。

（3）频率响应。根据对测试精度的要求，通常取传感器安装谐振频率的 1/10～1/5 为测量频率的上限，测量频率的下限可以很低。

压电式加速度传感器的频率响应曲线在低频段是平坦的直线，随着频率的升高，灵敏度误差增大，当振动频率接近安装谐振频率时，灵敏度就会变得很大。而压电式加速度传感器没有专门的阻尼装置，阻尼值很小，一般在 0.01 以下，因此只有在 $\frac{\omega}{\omega_n} < \frac{1}{5}$（或 $\frac{1}{10}$）时灵敏度误差才比较小。测量频率上限取决于安装谐振频率，当频率为传感器安装谐振频率的 1/5 时，其灵敏度误差为 4.2%，频率为传感器安装谐振频率的 1/3 时，其灵敏度误差为 12%，因此，根据对测试精度的要求，通常取传感器安装谐振频率的 $1/10 \sim 1/5$ 为测量频率的上限。由于压电式加速度传感器本身有很高的安装谐振频率，所以这种传感器的工作频率上限较其他形式的传感器高，工作频率范围宽。

（4）横向灵敏度比。即传感器受到垂直于主轴方向振动时的灵敏度与沿主轴方向振动的灵敏度之比。在理想情况下，传感器的横向灵敏度比应为零，即当受到与主轴垂直方向振动时传感器不应有信号输出。但由于压电晶体材料的不均匀性和不规则性，零信号难以实现，横向灵敏度比应尽可能小，好的传感器应小于 5%。

（5）幅值范围（动态范围）。传感器灵敏度保持在一定误差大小（通常在 5%~10%）时的输入加速度幅值的范围，也就是传感器保持线性的最大可测范围。

3. 测量放大器

不管是磁电式传感器还是压电式传感器，传感器本身的输出信号一般比较微弱，需要对输出信号加以放大才便于记录。

磁电式速度传感器输出的信号需要经过电压放大器才能输入到记录仪器中，放大器应与传感器有很好的匹配。首先放大器的输入阻抗要远大于传感器的输出阻抗，这样就可以把信号尽可能多地输入到放大器的输入端。放大器应有足够的电压放大倍数，同时信噪比也要较大。为了同时能够适应于微弱的振动测量和较大的振动测量，放大器通常设置多级衰减器。放大器的频率响应应能满足测试的要求，亦即要同时有好的低频响应和高频响应。完全满足上述要求有时是困难的，因此在选择或设计放大器时要综合考虑各项指标。

对于压电式加速度传感器，由于压电晶体的输出阻抗很高，一般的电压放大器的输入阻抗都比较低，二者连接后，压电片上的电荷就要通过低值输入阻抗释放掉。因此，一般采用前置电压放大器或前置电荷放大器。

前置电压放大器结构简单、价格低廉、可靠性能好，但是输入阻抗较低。

前置电荷放大器是压电式加速度传感器的专用前置放大器，由于压电式加速度传感器的输出阻抗很高，其输出电荷很小，因此必须采用阻抗很高的放大器与之匹配，否则传感器产生的电荷就要经过放大器的输入阻抗释放掉，采用电荷放大器能将高内阻的电荷源转换为低内阻的电压源，而且输出电压正比于输入电荷。电荷放大器的优点是低频响应好，传输距离远，但成本高。

6.2.3 记录设备

在振动试验中，振动参数的电测系统通常由三部分组成，即传感器、测量放大器、显示及记录设备。

"显示"就是将被测的振动参数转变为人眼可以观测的信号；"记录"是将被测信号记录下来，以备分析处理。常用的显示装置分为图形显示和数字显示两大类，常用的图形显示装置是各种示波器，在动态测量中，一般指示仪表对动态变化不能连续读数，更不能显示变化形态，因此示波器就显示出其优越性。常用的示波器有光线示波器、电子示波器、数字示波器等。常用的记录设备有笔式记录仪、电平记录仪和磁带记录仪等。笔式记录仪用于 10Hz 以下信号的图形记录，电平记录仪用于记录中频以下的信号，磁带记录仪用于记录频段较宽的信号。

1. 光线示波器

光线示波器是应用电磁作用原理，并以感光方式来显示和记录各种参数图形的仪器。这种示波器的特点是可记录频率较高的输入信号，灵敏度高，记录幅度宽，记录测点的数量多，仪器操作方便。

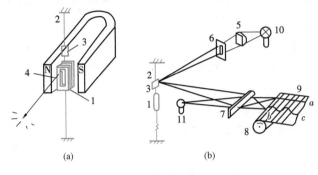

图 6-7　光线示波器的构造原理
(a) 振子系统；(b) 光路系统

1—线圈；2—张线；3—反光镜；4—软铁柱；5、7—棱镜；6—光栅；8—传动装置；9—线带；10、11—光源

光线示波器一般由振动子系统、光学系统、记录系统和时标指示系统等组成，将电信号转换为光信号，将光信号记录在感光纸或胶片上。仪器利用具有很小惯性的振子作为量测参数的转换元件，这种振子元件有较好的频率响应特性，可记录 0～5000Hz 频率的动态变化。

图 6-7 为光线示波器的构造原理。光线示波器的振动子系统由线圈、线圈上的镜片、张线和软铁柱等组成，如图 6-7 (a) 所示，线圈、线圈上的镜片组成质量元件，张线为弹簧元件。当信号（电流）通过线圈时，通电线圈在磁场作用下将使活动部分绕张线轴转动，反光镜片也将随之转动，变化过程经过光学系统反光放大后，将镜片的角度变化转换为光点在记录纸上移动的距离，从而反映出振动波形。

为了适应使用上的不同要求，同一台光线示波器中配备有各种不同型号的振动子，使用时应根据其技术参数选用。选用振动子时，要注意使待测信号的最高工作频率必须在振动子的工作频率范围之内，而其工作频率应不超过固有频率的一半。同时还要注意灵敏度的选择，使光点在记录纸上有适合的偏移量，以便对信号进行测量。

2. X-Y 记录仪

这是一种笔式记录仪，能在直角坐标上自动描绘出两个电参数的函数关系，也可以记录一个电参数对时间的函数关系。这种记录仪记录幅面大，可作为多参数的记录，工程应用面广。但由于它是桥式机构组成笔的移动，所以使用效率较低。

X-Y 记录仪采用自动平衡原理工作，其 x、y 轴各由一套独立的随机系统带动，如图 6-8 所示。多线记录仪的 x 轴由一套随机系统带动，而 y 轴则由各自独立的系统驱动。

被测量的直流电压信号，在通过衰减器后，送入测量电路。在这里，信号与测量电位器的电压相比，其电压差由直流-交流变换器进行调制，改变成 50Hz 的交流电压值，经过交流放大，并经交流-直流变换，使之再度变为直流信号，再经直流及功率放大，来推动直流伺服机组。同时，也带动测量电位器的触头，使电压差趋近于零，则由伺服电机通过齿轮和拉线使记录笔作 x 方向和 y 方向的移动，即绘制出 x-y 关系曲线。

仪器采用桥式行车传动机构，如图 6-9 所示。记录笔装在滑架上，可作 y 轴方向的移动，记录笔装在支架上，可作 x 轴方向的移动。

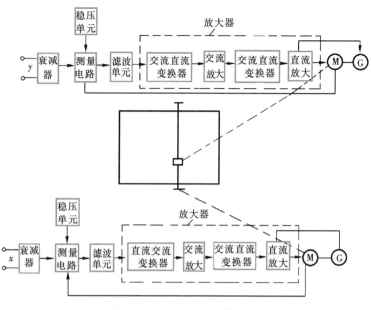

图 6-8　X-Y 记录仪工作原理

作 x-y 记录时，记录纸不动，只有 y 轴方向的移动。作 $y = f(t)$ 函数记录时，就需要记录纸作一定速度的运动，因此备有走纸机构，由同步电机和减速齿轮等传动纸筒转动。此时常用辅助笔作时间坐标。

由于 X-Y 记录仪采用了零位测量法测量，因此准确性和灵敏度高，记录笔振幅大，线数为 1～3 线，但响应时间长，只适用于低频参数的记录。

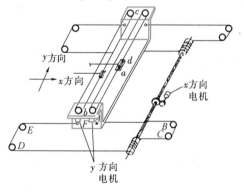

图 6-9　X-Y 记录仪传动机构示意图

3. 磁带记录仪

磁带记录仪是一种将电信号转换为磁信号，并将其记录在磁带上的记录仪器。同时又可将磁信号转换成电信号。磁带记录仪主要由放大器、磁头和传动机构三部分组成，如图 6-10 所示。

放大器包括记录放大器（调制器）和重放放大器（反调制器），前者将输入信号放大并变化成最适于记录的形式供给记录磁头，后者将重放磁头传来的信号进行放大和变换为电信号输出。

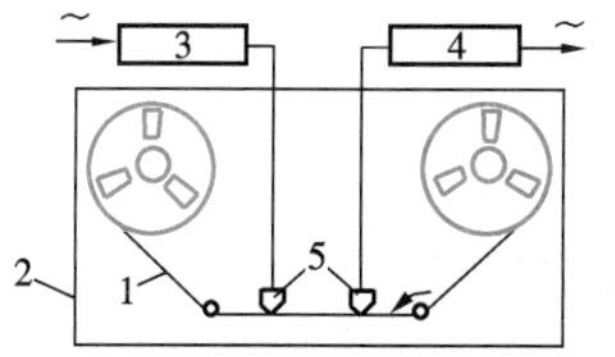

磁头在记录过程中，将电信号转换为磁信号，便于磁带记录，在重放过程中，重放磁头把磁带中的磁信号还原为电信号。

磁带记录仪的工作频带宽，可以记录从直流到 2MHz 的交变信号，可以进行多通道记录，并能保证多道信号间正确的时间和相位关系，记录的信号可以长期保存及重放。信号重放时可以将磁信号还原为电信号，输出给专门的分析仪器和计算机，以完成测量数据的自动分析和处理，需要时还可

图 6-10　磁带记录仪构造原理
1—磁带；2—磁带传动机构；3—记录放大器；4—重放放大器；5—磁头

以将信号输出到记录仪器重现波形。

6.3　结构动力特性测试试验

结构在动力荷载作用下的响应不仅与荷载的大小和形式有关，而且与结构自身特性关系密切。例如在受到冲击荷载作用时，结构开始振动，荷载停止作用后，结构仍然会继续振动很长时间，振动的形式与结构自身特性密切相关。因此，研究结构在动力荷载作用下的响应必须首先研究结构的自身动力特性。

结构自身动力特性包括结构的自振周期、自振频率、振型、阻尼等特性，这些特性是结构自身固有的振动参数，它们取决于结构的组成形式、质量及刚度分布、构造及连接方式等。虽然结构的自振周期和振型可以通过计算得到，但是由于真实结构的组成、材料性质和连接方式等因素与理论计算时采用的数值有一定的误差，故理论计算结果与实际结构有较大的出入。而阻尼则一般只能通过试验来测定。因此，通过试验手段来研究结构的动力特性具有重要的意义。

用试验法测定结构动力特性，首先应设法使结构起振，通过分析记录到的结构振动形态，获得结构动力特性的基本参数。结构动力特性试验方法有迫振方法和脉动试验方法两大类。迫振方法是对被测结构施加外界激励，强迫结构起振，根据结构的响应获得结构的动力特性。常用的迫振方法有：自由振动法和共振法。脉动试验方法是利用地脉动对建筑物引起的振动过程进行记录分析以得到结构动力特性的试验方法，这种试验方法不需要对结构另外施加外界激励。

1. 自由振动法

自由振动法是设法使结构产生自由振动，通过分析记录仪记录下的有衰减的自由振动曲线，获得结构的基本频率和阻尼系数。

使结构产生自由振动的方法较多，通常可采用突加荷载法和突卸荷载法。在现场试验中还可以使用反冲激振器对结构产生冲击荷载，使结构产生自由振动。例如在有吊车的工业厂房中，可以利用吊车的纵横向制动使厂房产生自由振动；在测量桥梁的动力特性时，可以使用载重汽车越过障碍物或突然制动产生冲击荷载，引起桥梁的自由振动。

采用自由振动法测量结构的动力特性时，拾振器一般布置在振幅较大处，同时要避免某些结构构件的局部振动。最好在结构中多布置几点，以便观察结构的整体振动情况。

应用自由振动法量测结构自由振动时间历程曲线的量测系统如图 6-11 所示。记录曲线如图 6-12 所示。

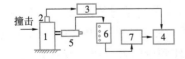

图 6-11　自由振动量测系统
1—结构物；2—拾振器；3—放大器；4—光线
示波记录仪；5—应变式位移传感器；6—应变
仪桥盒；7—动态电阻应变仪

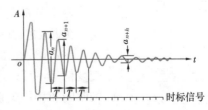

图 6-12　自由振动时间历程曲线

114

从实测得到的有衰减的结构自由振动时间历程曲线上，可以根据时间信号直接量测出基本频率，两个相位相同的相邻点的时间间隔即为一个周期。为了消除荷载的影响，一般不用最初的一、两个波。同时为了提高精度，可以取若干个波的总时间除以波数得出平均数作为基本周期，其倒数即为基本频率。

结构的阻尼特性用对数衰减率或临界阻尼比表示，由于实测得到的振动记录一般没有零线，因此在测量阻尼时采用从峰到峰的方法，这样比较方便且精度较高。

由结构动力学可知，有阻尼自由振动的运动方程解为：

$$x(t) = x_\mathrm{m} \mathrm{e}^{-\eta t}(\sin\omega t + \varphi)$$

若其中振幅 a_n 对应的时间为 t_n，a_{n+1} 对应的时间为 t_{n+1}（$t_{n+1} = t_n + T$，$T = 2\pi/\omega$），分别代入上式，并取对数，则得：

$$\ln\frac{a_n}{a_{n+1}} = \eta T = \frac{2\pi\zeta}{\sqrt{1-\zeta^2}}$$

对于小阻尼的情况，$\eta T = 2\pi\zeta$：

$$\eta = \frac{\ln\dfrac{a_n}{a_{n+1}}}{T}$$

$$\zeta = \frac{\eta T}{2\pi} = \frac{\ln\dfrac{a_n}{a_{n+1}}}{T}$$

式中　η——衰减系数；

　　　ζ——阻尼比。

用自由振动法得到的周期和阻尼系数均比较准确，但其缺点是只能测得基本频率。

2. 共振法

共振现象是结构在受到与其自振周期一致的周期荷载激励时，若结构的阻尼为零，则结构的响应随着时间的增加为无穷大。若结构的阻尼不为零，则结构的响应也较大。

共振法就是利用结构的这种特性，使用专门的激振器，对结构施加简谐荷载，使结构产生稳态的强迫简谐振动，

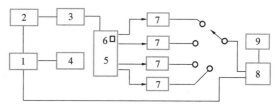

图 6-13　共振法测量原理

1—信号发生器；2—功率放大器；3—激振器；4—频率仪；5—试件；6—拾振器；7—放大器；8—相位计；9—记录仪

借助对结构受迫振动的测定，求得结构动力特性的基本参数。其工作原理如图 6-13 所示。

测量时，连续改变激振器的频率（频率扫描），使结构产生共振的频率即为结构的固有频率。

采用共振法进行动荷载试验时，连续改变激振器的频率，使结构产生第一次共振、第二次共振、第三次共振……，就可以得到结构的第一阶频率、第二阶频率、第三阶频率等，如图 6-14 所示。由于工程结构都是具有连续分布质量的系统，其固有频率从理论上讲有无限多个，但频率越高输出越小，受到检测仪器灵敏度的限制，一般仅能测到有限阶的自振频率。对于一般的动力学问题，了解若干个固有频率即可满足工程要求。

当使用偏心式激振器时，激振力会随着转速的改变而改变，激振力的大小与激振器转速的平方呈正比。为了使得在不同激振力作用下的结果具有可比性，将测得的振幅折算为单位激振力下的振幅或将振幅换算为相同激振力下的振幅。通常使用的方法是将实测振幅 A 除以激振器的圆频率的平方 ω^2，以 $\dfrac{A}{\omega^2}$ 为纵坐标，ω 为横坐标绘制出共振曲线，如图 6-15 所示，图中 $x=\dfrac{A}{\omega^2}$。曲线上峰值对应的频率值即为结构的固有频率。

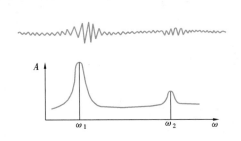

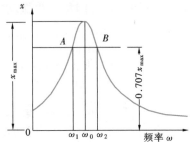

图 6-14 频率扫描时间历程曲线和共振曲线　　　图 6-15 用共振曲线求解阻尼系数和阻尼比

由于作简谐振动结构的频率反应曲线受到阻尼的影响，因此可以从振幅-频率曲线的特性求得阻尼系数。求阻尼的最简便方法是半带宽法（也称半功率法）。具体步骤为：在纵坐标最大值 $x_{\max}$ 的 $\dfrac{\sqrt{2}}{2}$ 处作一水平线，与共振曲线相交于 A、B 两点，对应的横坐标为 ω_1、ω_2，则阻尼系数 η 为：

$$\eta=\frac{\omega_2-\omega_1}{2}$$

临界阻尼比 ζ_c 为：

$$\zeta_c=\frac{\eta}{\omega_0}$$

应用共振法还可测量结构的振型。结构按某一固有频率作振动时形成的弹性曲线称为对应于此频率的振型。用共振法测量振动时，将若干拾振器布置在结构的相应部位，当激振器使结构发生共振时，同时记录下结构各部位的振动时程，通过比较各点的振幅和相位，也可以得到与共振频率相应的振型，如图 6-16 所示。

当拾振器数量较少或记录装置可容纳的测量通道少于需要测量的测点数量时，可以采用跑点法进行测量，将一个拾振器的位置固定不动，即作为参照点，逐步移动其他拾振器的位置，使拾振器跑过其他所有测量点，将各次测量的结果与参照点的结果进行对比分析。应注意参照点的位置不能取在节点的部位。

3. 脉动试验法

脉动试验法也称为环境随机振动试验

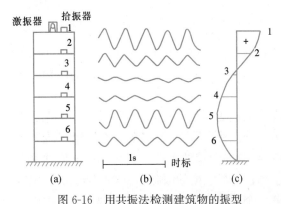

图 6-16 用共振法检测建筑物的振型

法，试验时即使不对建筑物施加外界激励，建筑物也会处于微小的振动之中。这种微小的振动来源于微小的地震动以及机器运转、车辆来往等人为扰动使地面存在连续不规则的运动。地面运动的幅值极为微小，故称为地面脉动。由地面脉动激起建筑物处于微小的振动，通常称为建筑物脉动。一般建筑物的脉动幅值在 $10\mu m$ 以下，高耸建筑的脉动幅值较大，如烟囱可达 1cm。建筑物的脉动有一个重要的性质，就是它包含的频谱非常丰富，能够明显地反映出建筑物的固有频率。

用这种方法进行实测，不需要激励设备，简便易行，而且不受结构形式和大小的限制，适用于各种结构，因而得到广泛应用。

在应用脉动试验法分析结构的动力特性时，应注意以下问题：

（1）由于建筑物的脉动是由于环境随机振动引起的，可能带来各种频率分量，因此为得到具有足够精度的数据，要求记录仪器有足够宽的频带，使所需要的频率不失真；

（2）脉动记录中不应有规则的干扰，因此测量时应避免其他有规则振动的影响，以保持记录信号的"纯净"；

（3）为使每次记录的脉动均能够反映建筑物的自振特性，每次观测应持续足够长的时间，且重复几次；

（4）为使高频分量在分析时能满足要求的精度，减小由于时间间隔带来的误差，记录设备应有足够快的记录速度；

（5）布置测点时为得到扭转频率应将结构视为空间体系，应在高度方向和水平方向同时布置传感器；

（6）每次观测最好能记录当时附近地面振动以及天气、风向风速等情况，以便分析误差。

测量仪器的选择应使用低噪声、高灵敏度的拾振器和放大器，并应有记录仪器和信号分析仪。

脉动信号的分析通常有以下几种方法：频谱分析法、主谐量法、统计法。

（1）频谱分析法

将建筑物脉动记录图看成是各种频率的谐量合成。由于其主要成分为建筑物固有频率的谐波分量和脉动源频率的谐波分量，因此用傅里叶级数将脉动图分解并作出其频谱图，则在频谱图上出现的峰值点所对应的频率就是建筑物固有频率及脉动源的频率，若脉动源中没有规则的振动信号，则就是建筑物固有频率，如图 6-17 所示。

（2）主谐量法

建筑物固有频率的谐波分量是脉动信号中的主要成分，在脉动记录图上可以直接量测出来。凡是振

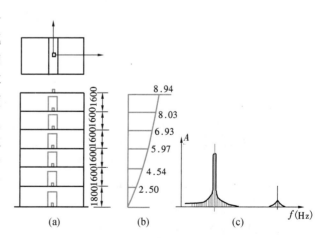

图 6-17 频谱分析法确定结构固有频率
（a）模型试件；（b）第一振型图（单位 mm）；
（c）频谱法分析结果（频谱图）

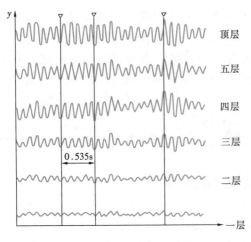

图 6-18　用主谐量法分析脉动记录曲线的结果

幅大、波形光滑（即有酷似"拍"的现象）处的频率总是多次重复出现，如图 6-18 所示。如果建筑物各部位在同一频率处的相位和振幅符合振型规律，那么就可以确定此频率就是建筑物的固有频率。通常基频出现的机会最多，比较容易确定。对一些较高的建筑物，有时第二、第三频率也可能出现。若记录时间能放长些，分析结果的可靠性就会大一些。若欲画出振型图，应将某一瞬时各测点实测的振幅变换为实际振幅绝对值（或相对值），然后画出振型曲线。

（3）统计法

由于弹性体受随机因素影响而产生的振动必定是自由振动和强迫振动的叠加，具有随机性的强迫振动在任意选择的多数时刻的平均值为零，因而利用统计法即可得到建筑物自由振动的衰减曲线。

具体做法是：在脉动记录曲线上任意取 y_1、y_2、…、y_n，当 y_i 为正值时记为正，且 y_i 以后的曲线不变号；当 y_i 为负值时也变为正，且 y_i 以后的曲线全部变号。在 y 轴上排齐起点，绘出 y_i 曲线后，用这些曲线的平均值画出另一条曲线，这条曲线便是建筑物自由振动时的衰减曲线。利用它便可求得基本频率和阻尼。用统计法求阻尼时，必须有足够多的曲线取其平均值，一般不得少于 40 条。

6.4　结构疲劳试验

6-3　结构疲劳试验

建筑物或构件在重复荷载作用下破坏时，达到的应力值比其静力状态下的强度值低得多，这种破坏现象称为疲劳破坏。工程结构中遇到的疲劳破坏很多，如工业厂房中承受吊车作用的吊车梁等。疲劳破坏是结构或构件应力未达到其设计强度值下的脆性破坏，危害较大。近年来，国内外对结构构件，特别是钢筋混凝土构件的疲劳性能的研究比较重视。疲劳试验就是要了解结构或构件在重复荷载作用下的性能及变化规律。

1. 疲劳试验的内容

根据结构疲劳试验的目的可以将试验分为科研性试验和鉴定性试验两类。

对于科研性的疲劳试验，按研究目的要求而定。如果是正截面的疲劳性能试验，一般应包括：

（1）应力随荷载重复次数的变化情况；

（2）抗裂性及开裂荷载；

（3）裂缝宽度、长度、间距及其发展与荷载重复次数的关系；

（4）最大挠度及其变化规律；

（5）疲劳强度的确定；

（6）破坏特征分析。

对于鉴定性疲劳试验，满足现行设计规范要求的条件下，在重复荷载标准值作用下，控制疲劳次数内应检测以下内容：

（1）抗裂性及开裂荷载；

（2）裂缝宽度及其发展；

（3）最大挠度及其变化幅度；

（4）疲劳强度。

2. 结构疲劳试验的方法

结构构件疲劳试验一般均在专门的疲劳试验机上进行，大部分采用脉冲千斤顶施加重复荷载，也有采用偏心轮式振动设备的。国内对结构构件的疲劳试验大多采用等幅匀速脉动荷载，借以模拟结构构件在使用阶段不断反复加载和卸载的受力状态。

下面以钢筋混凝土结构为例介绍疲劳试验的主要内容和方法。

（1）疲劳试验荷载

1）疲劳试验荷载取值

疲劳试验的上限荷载 Q_{max} 是根据构件在最大标准荷载最不利组合下产生的弯矩计算而得，荷载下限根据疲劳试验设备的要求而定。如 AMSLER 脉冲试验机取用的最小荷载不得小于脉冲千斤顶最大动负荷的 3%。

2）疲劳试验荷载速度

疲劳试验荷载在单位时间内重复作用的次数称为荷载频率，荷载频率的大小将会影响材料的塑性变形和徐变，另外频率过高时也将对疲劳试验附属设施带来较多的问题。目前，国内外尚无统一的频率规定，主要依据疲劳试验机的性能而定。

荷载频率不应使构件及荷载架发生共振，同时应使构件在试验时与实际工作时的受力状态一致，为此荷载频率 θ 与构件固有频率 ω 之比应满足下列条件：

$$\frac{\theta}{\omega} < 0.5 \text{ 或} > 1.3$$

3）疲劳试验的控制次数

构件经受下列控制次数的疲劳荷载作用后，抗裂性（即缝宽度）、刚度、承载力必须满足现行规范中有关规定。

中级工作制吊车梁：$n = 2 \times 10^6$ 次；

重级工作制吊车梁：$n = 4 \times 10^6$ 次。

（2）疲劳试验加载程序

疲劳试验的加载程序可分为两种：一种是从试验开始到试验结束施加重复荷载；另一种是交替施加静载和重复荷载。

交替施加静载和重复荷载可以先使构件在静载下产生裂缝，再施加重复荷载；也可以先施加重复荷载再用静载试验检验结构在重复荷载作用后的承载能力，以及重复荷载对结构变形、强度和刚度的影响。

对于鉴定性疲劳试验，可根据《混凝土结构试验方法标准》GB/T 50152—2012中推荐的等幅稳定的多次重复荷载作用下正截面和斜截面的疲劳性能试验加载程序进行试验。

构件疲劳试验的过程，可归纳为以下几个步骤：

1. 疲劳试验前预加静载试验

对构件施加不大于上限荷载 20% 的预加静载 1~2 次，消除松动及接触不良，压牢构件并使仪表运动正常。

2. 正式疲劳试验

第一步先做 2 次或 3 次加载卸载循环的静载试验，其目的主要是对比构件经受反复荷载后受力性能有何变化。荷载分级可采取最大荷载值 Q_{max} 的 20% 为一级。加载时宜分五级加到最大荷载，但在经过荷载最小值时应增加一级；卸载时宜分五级卸载到零，但在经过最小荷载值时应增加一级；对于允许出现裂缝的试验结构构件，在第一循环加载过程中，裂缝出现前，应适当加密荷载等级。

第二步进行疲劳试验，疲劳试验宜按下列次序加载：

调节计数器→开动试验机（待机器达到正常状态）→加最小荷载→调节加载频率→加最大荷载→反复调节最大、最小荷载至规定值。

根据试验要求宜在重复加载到 10×10^3、100×10^3、500×10^3、1×10^6、2×10^6 及 4×10^6 次时，停机进行一个循环的静载试验，读仪表读数和观测裂缝等；加卸载方法同前。

且宜在加载到 10×10^3、20×10^3、50×10^3、100×10^3、200×10^3、500×10^3、1×10^6、1.5×10^6、2×10^6、3×10^6 及 4×10^6 次时，读取动应变和动挠度。

第三步做破坏试验。达到要求的疲劳次数后进行破坏试验时有两种情况：一种是继续施加疲劳荷载直至破坏，得到承受疲劳荷载的次数。另一种是做静载破坏试验，这时方法同前，荷载分级可以加大。

应该注意，不是所有疲劳试验都采取相同的试验步骤，随试验目的和要求的不同，可有多种多样，如带裂缝的疲劳试验，静载可不分级缓慢地加到第一条可见裂缝出现为止，然后开始疲劳试验；还有在疲劳试验过程中变更荷载上限。提高疲劳荷载的上限，可以在达到要求疲劳次数之前，也可在达到要求疲劳次数之后。

3. 混凝土受弯构件疲劳破坏标志

（1）正截面疲劳破坏的标志是某一根纵向受拉钢筋疲劳断裂，或受压区混凝土疲劳破坏。

（2）斜截面疲劳破坏的标志是某一根与临界斜裂缝相交的腹筋（箍筋或弯筋）疲劳断裂，或混凝土剪压疲劳破坏，或与临界斜裂缝相交的纵向钢筋疲劳断裂。

（3）在锚固区钢筋与混凝土的黏结锚固疲劳破坏。

（4）在停机进行一个循环的静载试验时，出现下列情况之一：

1）结构构件受力情况为轴心受拉、偏心受拉、受弯、大偏心受压时：

①对有明显物理流限的热轧钢筋，其受拉主钢筋应力达到屈服强度，受拉应变达到 0.01；对无明显物理流限的钢筋，其受拉主钢筋的受拉应变达到 0.01；

②受拉主钢筋拉断；

③受拉主钢筋处最大垂直裂缝宽度达到 1.5mm；

④挠度达到跨度的 1/50；对悬臂结构，挠度达到悬臂长的 1/25；

⑤受压区混凝土压坏。

2）结构构件受力情况为轴心受压或小偏心受压时，其标志是混凝土受压破坏。

3）结构构件受力情况为受剪时：

① 斜裂缝端部受压区混凝土剪压破坏；

② 沿斜截面混凝土斜向受压破坏；

③ 沿斜截面撕裂形成斜拉破坏；

④ 箍筋或弯起钢筋与斜裂缝交会处的斜裂缝宽度达到 1.5mm。

4）对于钢筋和混凝土的黏结锚固，其标志为钢筋末端相对于混凝土的滑移值达到 0.2mm。

4. 疲劳试验的观测

（1）疲劳强度

构件所能承受疲劳荷载作用次数，取决于最大应力值 σ_{max}（或最大荷载 Q_{max}）及应力变化幅度 ρ（或荷载变化幅度）。试验应按设计要求取最大应力值 σ_{max} 及疲劳应力比值 $\rho = \sigma_{min}/\sigma_{max}$。依据此条件进行疲劳试验，在控制疲劳次数内，构件的强度、刚度、抗裂性应满足现行规范要求。

当进行科研性疲劳试验时，构件以疲劳极限强度和疲劳极限荷载作为最大的疲劳承载能力。构件达到疲劳破坏时的荷载上限值为疲劳极限荷载。构件达到疲劳破坏时的应力最大值为疲劳极限强度。为了得到给定 ρ 值条件下的疲劳极限强度和疲劳极限荷载，一般采取的办法是：根据构件实际承载能力，取定最大应力值 σ_{max}，做疲劳试验，求得疲劳破坏时荷载作用次数 n，从 σ_{max} 与 n 双对数直线关系中求得控制疲劳极限强度，作为标准疲劳强度。它的统计值作为设计验算时疲劳强度取值的基本依据。

（2）疲劳试验的应变测量

一般采用电阻应变片测量动应变，测点布置依试验具体要求而定。测试方法有：①以动态电阻应变仪和记录器（如光线示波器）组成测量系统，这种方法的缺点是测点数量少。②用静动态电阻应变仪和阴极射线示波器或光线示波器组成测量系统，这种方法简便且具有一定精度，可多点测量。

（3）疲劳试验的裂缝测量

由于裂缝开始出现时的荷载和微裂缝的宽度对构件安全使用具有重要意义，因此，裂缝测量在疲劳试验中是重要的，目前测裂缝的方法还是利用光学仪器目测或利用应变传感器电测裂缝。

（4）疲劳试验的挠度测量

疲劳试验中动挠度测量可采用接触式测振仪、差动变压器式位移计和电阻应变式位移传感器等。

5. 疲劳试验试件安装

构件的疲劳试验不同于静载试验，它连续进行的时间长，试验过程振动大，因此试件的安装就位以及相配合的安全措施均须认真对待，否则将会产生严重后果。具体安装时应注意：

（1）严格对中。荷载架上的分配梁、脉冲千斤顶、试验构件、支座以及中间垫板都要对中。特别是千斤顶轴心一定要同构件断面纵轴在一条直线上。

（2）保持平稳。疲劳试验的支座最好是可调的，即使构件不够平直也能调整安装水平。另外千斤顶与试件之间、支座与支墩之间、构件与支座之间都要确实找平，用砂浆找平时不宜铺厚，因为厚砂浆层易酥。

（3）安全防护。疲劳破坏通常是脆性断裂，事先没有明显预兆。为防止发生事故，对人身安全、仪器安全均应特别注意。

本 章 小 结

1. 动力作用的主要特点是作用及作用效应随时间发生变化，因此考虑动力荷载作用下结构的性能，不仅考虑荷载作用的大小和位置，还应考虑荷载作用的时间及结构响应随时间变化的关系。

2. 结构在动力荷载作用下的响应不仅与荷载的形式、大小、位置、作用方式、变化规律有关，而且与结构自身特性关系密切。因此一般将结构动力试验分为结构动力特性试验和结构动力响应试验两大类。结构自身动力特性包括结构的自振周期、自振频率、振型、阻尼等特性，这些特性是结构自身固有的振动参数，它们取决于结构的组成形式、质量及刚度分布、构造及连接方式等。

3. 工程中的振动形式也可分为确定性振动和不确定性振动两大类。确定性的振动是指激励及结构的响应可以用确定的函数描述有规律的振动；不确定性的振动（又称随机振动）是指激励及结构的响应难以用确定的函数描述振动，通常用统计方法进行描述。

4. 振动参数的量测系统通常由三部分组成：传感器、信号放大器和显示及记录仪器。

5. 拾振器感受结构的振动，将机械振动信号变换为电量信号，并将电量信号传给信号放大器。

6. 信号放大器将拾振器传来的电量信号放大并将其输入显示仪器及记录仪器中。

7. 显示仪器将放大器传来的被测振动信号转变为人眼可以直接观测的信号。常用的显示装置分为图形显示和数字显示两大类，常用的图形显示装置为各种示波器。

8. 记录仪器是将被测信号以图形、数字、磁信号等形式记录下来。常用的记录装置有笔式记录仪、电平记录仪及磁带记录仪等。

9. 惯性式拾振器根据 $\dfrac{\omega}{\omega_n}$ 和 ζ 的不同可以设计成加速度计、速度计和位移计。

10. 测量结构动力特性的方法有：自由振动法、共振法、脉动试验法。

11. 建筑物或构件在重复荷载作用下破坏时，达到的应力值比其静力状态下的强度值低得多，这种破坏现象称为疲劳破坏。疲劳破坏是结构或构件应力未达到材料设计强度值下的脆性破坏，危害较大。

12. 结构构件疲劳试验一般均在专门的疲劳试验机上进行，大部分采用脉冲千斤顶施加重复荷载，也有采用偏心轮式振动设备。国内对结构构件的疲劳试验大多采用等幅匀速脉动荷载，借以模拟结构构件在使用阶段不断反复加载和卸载的受力状态。

思 考 题

1. 结构动力试验的特点是什么？与静力试验相比有哪些不同？
2. 振动信号的记录常用哪些方法？
3. 检测结构动力特性的常用方法有哪些？

4. 用脉动法得到的结构动力特性信号的常用分析方法有哪几种？

5. 测振传感器有哪几类？各自技术指标有哪些？如何选择测振传感器？

6. 测量放大器有哪几类？

7. 疲劳试验的荷载上限和荷载下限是如何确定的？

8. 如何使用共振法测定结构的阻尼？

第7章 结构抗震试验

7.1 概　述

全世界每年大约发生 500 万次地震，其中能够造成严重破坏的地震，平均每年大约发生 18 次。我国是一个地震多发国家，全国除个别省市区外，大部分地区都发生过较强烈的破坏性地震。为了减轻或避免由于地震而造成的损失需要对工程结构进行理论分析和试验研究，为抗震设防和结构的抗震设计提供依据。

按结构抗震试验的方法可以分为结构抗震静力试验和结构抗震动力试验两大类。结构抗震静力试验包括低周反复荷载试验（又称拟静力试验）和计算机-电液伺服联机试验（又称拟动力试验），这两种方法都是使用静力加载的方法对试件施加荷载，因此实质上仍为静力试验。结构抗震静力试验能够研究结构在承受地震作用时的受力及变形性能。结构抗震动力试验包括地震模拟振动台试验、强震观测、人工爆破模拟地震试验等，这些方法是对结构原型或模型施加地震激励或模拟地震激励，来观测结构或模型的响应，属于结构动力试验。

7.2 拟静力试验

7-1 拟静力试验

静力试验又称低周反复荷载试验，是指对结构或结构构件施加多次往复循环作用的静力试验，是使结构或结构构件在正反两个方向重复加载和卸载的过程，用以模拟地震时结构在往复振动中的受力特点和变形特点。这种方法是用静力方法研究结构振动时的效果，因此称为拟静力试验，或伪静力试验。

结构的拟静力试验是目前研究结构或结构构件受力及变形性能时应用最广泛的方法之一。它采用一定的荷载控制或位移控制措施对试件进行低周反复循环加载，使试件从开始受力到破坏由此获得结构或结构构件非弹性的荷载-变形特性，因此又称为恢复力特性试验。

该方法的加载速率很低，因此由于加载速率而引起的应力、应变的变化速率对于试验结果的影响很小，可以忽略不计。同时该方法为循环加载，也称为周期性加载。

进行结构拟静力试验的主要目的，首先是建立结构在地震作用下的恢复力特性，确定结构构件恢复力计算模型，通过试验所得的滞回曲线和曲线所包围的面积求得结构的等效阻尼比，衡量结构的耗能能力，同时还可得到骨架曲线，结构的初始刚度及刚度退化等参数。由此可以进一步从强度、变形和能量等三个方面判断和鉴定结构的抗震性能。最后可以通过试验研究结构构件的破坏机制，为改进现行结构抗震设计方法及改进结构设计的构造措施提供依据。

1. 拟静力试验的设备及装置

拟静力试验的设备一般包括：加载装置——双向作用加载器（千斤顶）；反力装置——反力墙或反力架、试验台座。

试验装置的设计应满足下列要求：

（1）试验装置与试验加载设备应满足设计受力条件和支承方式的要求；

（2）试验台、反力墙、门架、反力架等，其反力装置应具有刚度、强度和整体稳定性。试验台的重量不应小于结构试件最大重量的 5 倍。试验台应能承受垂直和水平方向的力。试验台在其可能提供反力部位的刚度，应比试件大 10 倍。

图 7-1 为几种典型的试验加载装置。

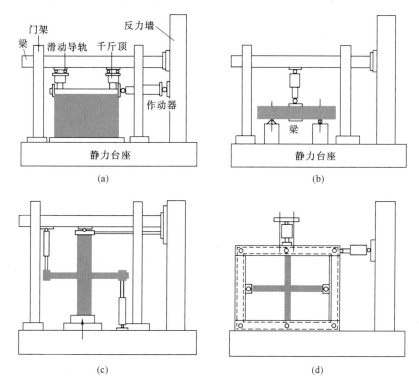

图 7-1　几种典型的试验加载装置

（a）墙片试验装置；（b）梁式构件试验装置；（c）梁柱节点
试验装置；（d）测 F-Δ 效应的节点试验装置

图 7-2 所示为常用的电液伺服拟静力试验加载系统。

2. 加载制度

进行拟静力试验必须遵循一定的加载制度，在结构试验中，由于结构构件的受力不同，可以分为单方向加载和两方向加载两类加载制度。常用的单向加载制度主要有三种：位移控制加载、力控制加载和力-位移混合控制加载。

（1）单向加载制度

1）位移控制加载

位移控制加载是在每次循环加载过程中以位移为控制量进行循环加载。当结构有明确屈服点时，一般以屈服位移的倍数为控制值，根据位移控制的幅值不同又可分为：变幅加

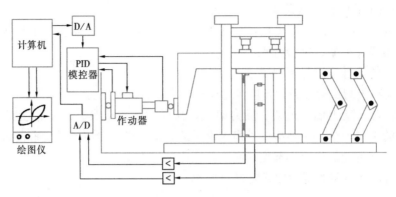

图 7-2　电液伺服拟静力试验加载系统

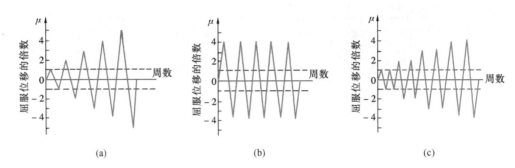

(a)　　　　　　　　　　(b)　　　　　　　　　　(c)

图 7-3　位移控制时的加载程序

（a）变幅加载；（b）等幅加载；（c）混合加载

载、等幅加载和混合加载，加载程序如图 7-3 所示。变幅加载即在每周以后，位移的幅值都将发生变化；等幅加载即在试验的过程中，位移的幅值都不发生变化；混合加载是将等幅加载和变幅加载结合应用，综合研究试件的性能。

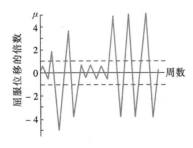

图 7-4　两次地震影响的
混合位移加载制度

变幅值位移控制加载多用于确定试件的恢复力特性，建立恢复力模型，一般过程为在每一级位移幅值下循环 2～3 次，得到试件的滞回曲线；等幅值位移控制加载主要应用于确定试件在特定位移下的性能；混合加载用于研究不同加载幅值的变化顺序对试件受力性能的影响，综合研究构件的性能。

如图 7-4 所示的加载制度也是一种混合加载制度，以模拟构件承受两次地震的影响。

2）力控制加载

力控制加载是在每次循环加载过程中以力的幅值为控制量进行循环加载。由于结构构件屈服后难以控制加载力，因此这种加载制度很少单独使用。

3）力-位移混合控制加载

这种加载制度先以力控制进行加载，当试件达到屈服状态时再以位移控制加载。《建筑抗震试验规程》JGJ/T 101—2015 规定：①对无屈服点试件，试件开裂前，应采用荷载控制并分级加载，接近开裂荷载前宜减小级差进行加载；试件开裂后，应采用变形控制，变形值宜取开裂时试件的最大位移值，并应以该位移值的读数级差进行控制加载。②对有屈服点的试件，试件开裂前宜采用荷载控制并分级加载，接近屈服荷载前宜减小级差进行加载；试件屈服后应采用变形控制，变形值宜取屈服时荷载的最大位移值，并应以该位移值的倍数为级差进行控制加载。

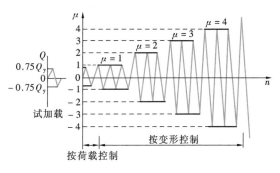

图 7-5　力-位移混合加载制度

③施加反复荷载的次数应根据试验目的确定，屈服前每级荷载反复一次，屈服后宜反复三次。图 7-5 为拟静力试验中被经常采用的一种力-位移混合加载制度。

（2）两方向加载制度

由于地震对结构的作用实际上是多维的作用，两个方向的相互耦合作用严重削弱结构的抗震能力，水平双向地震作用对结构的破坏作用比单向地震对结构的影响大，因此通过试验研究结构或结构构件在双向受力状态下的性能将是非常有必要的。通过试验研究，结构构件在两方向受力时反复加载可以分为同步加载和非同步加载。

1）同步加载

当用两个加载器在两个方向同时加载时，两个主轴方向的分量是同步的，其加载制度与单向受力加载的加载制度相同。

2）非同步加载

非同步加载要用两个加载器分别在截面两个主轴方向加载。此时，由于 X、Y 方向可以先后施加荷载，因而是不同步的。如图 7-6 所示，为常用的仅有 X、Y 方向侧向力的加载途径，其中：（a）为单向加载；（b）为 X 方向恒载，Y 方向加载；（c）为 X、Y 方向先、后加载；（d）为 X、Y 方向交替加载；（e）为 8 字形加载；（f）为方形加载。

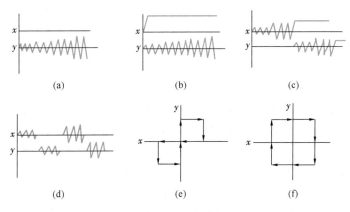

图 7-6　双向加载制度

3. 加载方法

（1）正式试验前，应先进行预加反复荷载试验三次；混凝土结构试件加载值不宜超过开裂荷载计算值的 30%；砌体结构试件加载值不宜超过开裂荷载计算值的 20%。

（2）正式试验时的加载方法应根据试件的特点和试验目的确定，宜先施加试件预计开裂荷载的 40%～60%，并重复 2～3 次，再逐步加至 100%。

（3）试验过程中，应保持反复加载的连续性和均匀性，加载或卸载的速度宜一致。

（4）当进行承载能力和极限状态下的破坏特征试验时，应加载至试件极限荷载下降段；下降值应控制到极限荷载的 85%。

（5）由于试件开裂后以位移量变化为主，荷载无法控制，因此进行试验时，加载程序应采用荷载和变形两种控制的方法加载，即在弹性阶段用荷载控制加载，开裂后用变形量控制加载，具体为：

1）试件屈服前，应采用荷载控制并分级加载；

由于试验时，试件的实际强度值与计算值之间有一定的偏差，为了更准确地找到开裂荷载和屈服荷载，因此接近开裂和屈服荷载前宜减小级差进行加载；

2）试件屈服后应采用变形控制。变形值应取屈服时试件的最大位移值，并以该位移值的倍数为级差进行控制加载；

3）施加反复荷载的次数应根据试验的目的确定。屈服前每级荷载可反复一次，屈服后宜反复三次。当进行刚度退化试验时，反复次数不宜少于五次。

4. 试验目的

在拟静力试验中，研究的目的有：

（1）建立恢复力曲线

在非线性地震反应分析中，常常需要通过试验建立简化的恢复力模型。为此，多采用变幅变位移加载。它可以给出较明确的力和位移的关系，特别是在研究性试验中更能够给出规律性的结论。

（2）建立强度计算公式及研究破坏机制

为建立强度计算公式及研究破坏机制，通常采用变幅变位移加载制度，或混合加载制度。这两种加载制度所得到的骨架曲线大致相符，在 1～3 次反复中，对逐级增加变位的破坏特征可以观察得更加清楚。测得的各种信息也可以在 1～3 次反复中进行比较，这将有助于建立强度计算公式。

7.3 结构抗震性能的评定

7-2 结构抗震
性能研究

结构抗震试验的目的，最终是对结构或结构构件进行抗震性能和抗震能力的评定。在拟静力试验中，确定结构构件抗震性能的主要依据为其骨架曲线和滞回曲线。

低周反复试验中，加卸载一周所得到的荷载-位移曲线（P-Δ 曲线）称为滞回曲线。根据恢复力特性试验结果，滞回曲线可以归纳为四种基本情况：梭形（图 7-7a）、弓形（图 7-7b）、反 S 形（图 7-7c）和 Z 形（图 7-7d）。对于许多构件，往往开始是梭形，然后发展到弓形、反 S 形或最后达到 Z 形，后三种形式主要取决于滑移量的大小，滑移的大小将引起滞回曲线图形性质的变化。

从滞回环的图形可以看到不同的构件具有不同的破坏机制：正截面的破坏一般是梭形

曲线；剪切破坏和主筋黏结破坏由于产生"捏缩效应"而引起弓形等形式的破坏；随着主筋在混凝土中滑移量变大以及斜裂缝的张合向 Z 形曲线发展。

在变位移幅值加载的低周反复试验中，如果把荷载-位移曲线每次循环峰点（开始卸载点）连接起来（包络线），就

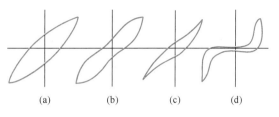

图 7-7　典型的滞回曲线

得到骨架曲线，如图 7-8 所示。从图上可以发现，骨架曲线的形状，大体上和单次加载曲线相似而极限荷载则略低一点。

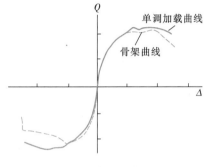

图 7-8　试件的骨架曲线

在研究非弹性地震反应时，骨架曲线是很重要的。它是每次循环的荷载-位移曲线达到最大的峰点的轨迹。同时，它反映了构件的强度、刚度、延性、耗能以及抗倒塌的能力。

骨架曲线和滞回曲线包括以下几个重要的控制指标：

1. 强度

在研究结构构件的非弹性地震反应时，骨架曲线表示每次循环的荷载-位移曲线达到最大峰点的轨迹，在任一时刻的运动中，峰点不能超越骨架曲线，只能在达到骨架曲线后，沿骨架曲线前进。同时在骨架曲线上还反映了构件的开裂强度（对应于开裂荷载）和极限强度（对应于极限荷载）。试件中承载力降低性能，应用同一级加载各次循环所得荷载降低系数 λ_i 进行比较，λ_i 应按下式计算：

$$\lambda_i = \frac{Q_j^i}{Q_j^{i-1}} \tag{7-1}$$

对于钢筋混凝土构件来说，其工作性能大致上分为三个阶段，即弹性阶段、弹塑性阶段以及塑性阶段。从骨架曲线可以看出，当构件或结构在开裂前，荷载与位移呈线性关系（此时构件处于弹性阶段）；构件开裂后，Q-Δ 曲线上出现了第一个转折点，由于构件开裂使构件刚度降低，此时构件处于弹塑性阶段；构件屈服后，Q-Δ 曲线上出现明显的第二个转折点，此时构件已处于塑性阶段。

对于有明显屈服点的构件，在试验过程中当试验荷载达到屈服荷载后，构件的刚度将会出现明显的变化，即构件的荷载-变形曲线上出现明显拐点。此时，相应于该点的试验荷载为屈服荷载，变形称为屈服变形。如图 7-9 所示。

对无明显屈服点的构件，可采用荷载-变形曲线的能量等效面积法近似确定屈服荷载。

具体方法是由最大荷载点 A 作水平线 AB，由原点 O 作割线 OD 与 AB 线交于 D 点，使面积 $ADCA$ 与

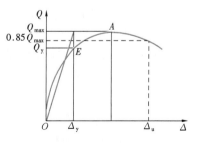

图 7-9　有明显屈服点构件的屈服荷载

面积 $CFOC$ 相等，由 D 点引垂线与曲线 OA 交于 E 点，取 E 点为构件屈服点，E 点对应的荷载 Q_y 为屈服荷载。试验结构构件所能承受的最大荷载作为极限荷载值，如图 7-10 所示。

在试验过程中，结构构件加载到极限荷载后，出现较大变形，进入下降段。宜取极限荷载下降 15％时所对应的荷载值作为破坏荷载。

2. 刚度

从荷载-位移曲线（Q-Δ 曲线）中可以看出，刚度与应力水平和加载的反复次数有关，在加载过程中刚度为变值，因而常用割线刚度代替切线刚度。在非线性恢复力特性试验中，由于有加卸载和正反向重复试验，再加上有刚度退化，因此刚度问题要比一次加载复杂得多。在进行刚度分析时，可取每一循环峰点的荷载及相应的位移与屈服荷载及屈服变形之比，即将其无量纲化后再绘出骨架曲

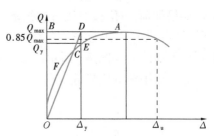

图 7-10　无明显屈服点构件
的屈服荷载

线，经统计可得弹性刚度、弹塑性刚度以及塑性刚度。卸载刚度及反向加载刚度均可由构件的恢复力模型直接确定。

割线刚度可用下式表示：

$$K_i = \frac{|+F_i\ |+|-F_i\ |}{|+X_i\ |+|-X_i\ |} \tag{7-2}$$

式中　$+F_i(-F_i)$——第 i 次正（反）向峰值点的荷载值；

$\quad\quad +X_i(-X_i)$——第 i 次正（反）向峰值点的位移值。

3. 延性系数

延性系数是反映结构构件塑性变形能力的指标，它表示了结构构件抗震性能的好坏，即：

$$\mu = \frac{\Delta_u}{\Delta_y} \tag{7-3}$$

式中　Δ_u——试件的极限位移；

$\quad\quad \Delta_y$——试件的屈服位移。

确定截面的塑性转动比较复杂，需要了解塑性区段长度、弯矩变化及弯矩-曲率关系。在实际工作中，采用挠度（或位移）和曲率延性系数表达结构构件的抗震性能比较方便。

4. 强度退化系数引入

强度退化系数反映结构构件在屈服后承载能力的降低：

$$\lambda_i = \frac{F_j^i}{F_j^{i-1}} \tag{7-4}$$

式中　F_j^i——第 j 级加载时第 i 次循环峰值点的荷载值；

$\quad\quad F_j^{i-1}$——第 j 级加载时第 $i-1$ 次循环峰值点的荷载值。

5. 耗能能力

试件的耗能能力是指试件在地震反复作用下吸收能量的大小，以试件荷载-变形滞回

曲线所包围的面积来衡量（图 7-11）。通常用能量耗散系数 E 或等效黏滞阻尼系数 S_{eq} 来评价：

$$E = \frac{S_{(ABC+CDA)}}{S_{(OBE+ODF)}} \qquad (7\text{-}5a)$$

$$S_{eq} = \frac{1}{2\pi} \frac{S_{(ABC+CDA)}}{S_{(OBE+ODF)}} \qquad (7\text{-}5b)$$

式中　$S_{(ABC+CDA)}$ ——滞回曲线所包围的面积；

　　　$S_{(OBE+ODF)}$ ——三角形 OBE 和 ODF 的面积之和。

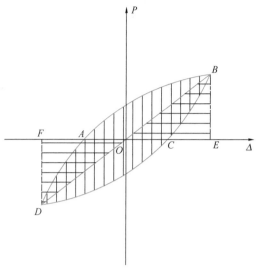

图 7-11　荷载-变形滞回曲线

6. 恢复力特性模型

进行非线性地震反应分析时，需要用到恢复力模型。恢复力模型的建立是结构及构件进行非线性地震反应分析的基础。目前地震反应分析中常用的恢复力模型有图 7-12 所示几种形式。

如图 7-12(a) 所示双线型用来表达稳态的梭形滞回环；图 7-12(b) 所示三线型也可用来表达稳态的梭形滞回环，但在骨架曲线中考虑了混凝土开裂对刚度的影响；为了反映钢筋混凝土构件在地震作用下的刚度退化现象，又有 Clough 模型（图 7-12c）和 D-TRI 模型（图 7-12d）。Clough 模型为表达刚度退化的一种双线型模型，D-TRI 模型为表达刚

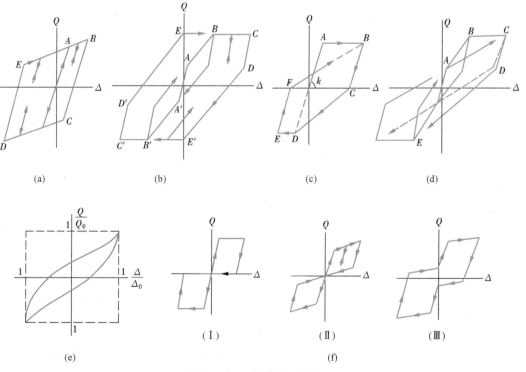

图 7-12　常用恢复力模型

（a）双线型；（b）三线型；（c）Clough 型；（d）D-TR1；（e）NCL 型；（f）滑移型

度退化的一种三线型模型。滑移型模型（图 7-12f）则能够部分反映弓形、反 S 形和 Z 形滞回曲线的特点。

7.4 拟 动 力 试 验

拟动力试验又称计算机-电液伺服联机试验，是将计算机的计算和控制与结构试验有机结合在一起的试验方法。

结构拟静力试验虽然是目前结构性能试验中应用最广泛的试验方法之一，但是它不能反映结构在地震作用下的受力及变形状况。为此，1969 年日本学者提出了将计算机与加载作动器联机求解结构动力方程的方法，目的是能够真实地模拟地震对结构的作用，后来成为拟动力试验方法或计算机-作动器联机试验方法。

拟动力试验的基本思想源于结构动力计算的数值计算方法。对于一个离散的多自由度结构体系，其动力方程的表达式为：

$$[M]\{\ddot{X}\} + [C]\{\dot{X}\} + [K]\{X\} = -[M]\{\ddot{X}_g\} \tag{7-6}$$

式中，M、C、K 分别为结构的质量矩阵、阻尼矩阵和刚度矩阵；$\ddot{X}$、$\dot{X}$、X 分别为结构的加速度、速度和位移；$\ddot{X}_g$ 为地面运动加速度。为了便于试验，通常将上式写成离散形式：

$$[M]\{\ddot{X}_i\} + [C]\{\dot{X}_i\} + [K]\{X_i\} = -[M]\{\ddot{X}_{gi}\} \tag{7-7}$$

时间步长为 Δt，为求解动力方程，可应用多种方法，如线性加速度法、中心差分法、Newmark-β 法等。

该方法不需要事先假定结构的恢复力特性，恢复力可以直接从试验对象所作用的加载器的荷载值得到。同时拟动力试验方法还可以用于分析结构弹塑性地震反应，研究目前描述结构或构件的恢复力特性模型是否正确，进一步了解难以用数学表达式描述恢复力特性的结构的地震响应。与拟静力试验和振动台试验相比，既有拟静力试验的经济方便，又具有振动台试验能够模拟地震作用的功能。

1. 加载的设备及装置

拟动力试验的设备由电液伺服加载器和计算机两大系统组成。

计算机的功能是根据某一时刻输入的地面运动加速度，以及上一时刻试验得到的恢复力计算该时刻的位移反应，加载系统由此位移量施加荷载，从而测出在该位移下的力，此外还对试验中的应变、位移等其他数据进行处理。

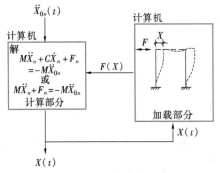

加载控制系统包括电液伺服加载器及模控系统。电液伺服加载器施加荷载，模控系统根据该时刻由计算机传来的位移信号转化为电信号输出到用于加载的伺服系统。

2. 试验的方法及步骤

图 7-13 为拟动力试验的结构原理图。

联机加载系统的加载制度和加载流程是从输入地震运动加速度开始的。其工作流程为：

（1）在计算机系统中输入地震波（地震的地

图 7-13　拟动力试验的结构原理图

面运动加速度）；

（2）当计算机输入第 i 步地面运动加速度后，由计算机求得第 $i+1$ 步的指令位移 X_{i+1}；

（3）按计算机求得第 $i+1$ 步的指令位移 X_{i+1} 对结构施加荷载；

（4）量测结构的恢复力 F_{i+1} 和加载器的位移值 X_{i+1}；

（5）重复上述步骤，直到地震波输入完毕。

图 7-14 为拟动力试验的加载流程框图，整个试验加载连续循环进行，由于加载过程中用逐步积分求解运动方程的时间间隔较小，一般取时间间隔为 $\Delta t=0.01s$，而在试验加载过程中，每级加载的步长大约为 60s，这样加载过程完全可以视为静态的。因此，试验时可以认为在 Δt 时间段内加速度是直线变化的，这样就可以用数值积分方法来求解运动方程：

$$m\ddot{X}_n + c\dot{X}_n + F_n = -m\ddot{X}_{0n} \tag{7-8}$$

式中，$\ddot{X}_{0n}$、$\ddot{X}_n$ 和 $\dot{X}_n$ 分别为第 n 步时地面运动加速度、结构加速度和速度；F_n 为结构第 n 步时的恢复力。

当采用中心差分法求解时，第 n 步的加速度可用第 $n-1$ 步、第 n 步和第 $n+1$ 步的位移量表示。

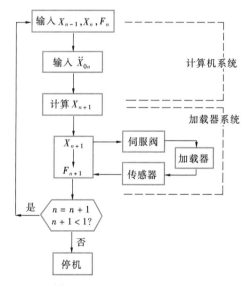

图 7-14　拟动力试验的加载流程框图

由加载控制系统的计算机将第 $n+1$ 步的指令位移 X_{i+1} 转换成输入电压，再通过电液伺服加载系统控制加载器对结构加载。由加载器用准静态的方法对结构施加与 X_{i+1} 位移相对应的荷载。

当加载器按指令位移 X_{i+1} 对结构施加荷载时，通过加载器上的荷载传感器测得此时的恢复力 F_{n+1}，而结构的位移反应值由位移传感器得到。

将 X_{i+1} 及 F_{n+1} 连续输入数据处理和反应分析计算机系统，利用位移和恢复力按同样方法重复，进行计算和加载，以求得下一步的位移值和恢复力，直到加速度输入完成。

拟动力试验的优点：

（1）在整个数值分析过程中不需要对结构的恢复力特性进行假设；

（2）由于试验加载过程接近静态，因此使试验人员有足够的时间观测结构性能的变化和结构损坏过程，获得较为详细的试验资料；

（3）可以对一些足尺模型或大比例模型进行试验；

（4）可以缓慢地再现地震的反应。

其主要缺点是：不能反映应变速率对结构的影响。

7-4 模拟地震
振动台试验

7.5 模拟地震振动台试验

动力试验比静力试验更较真实地反映结构在地震作用下的真实动力特性，而模拟地震的试验更接近于结构在地震作用下的工作状态。因此模拟地震激励下结构的受力性能与工作状态具有重要的意义。

模拟地震振动台试验可以很好地再现地震过程或者输入与地质状况有关的人工地震波，因此是在实验室中研究结构地震响应及结构在地震作用下破坏机理的最直接方法，由于具有便于控制，可以多次使用，较为经济等优点，其也是目前应用最多的模拟地震试验方法。

模拟地震的振动台应用于结构的抗震试验始于 20 世纪 60 年代，它通过振动台台面的运动对试件或结构模型输入地面运动，模拟地震对结构作用的全过程，进行结构或模型的动力特性和动力反应试验。

振动台作为一个完整的系统主要由以下几个部分组成：台面及基础、泵源及油压分配系统、电液伺服作动器、模拟控制系统、计算机控制系统、数据采集及处理系统。图 7-15 为振动台系统的示意图。

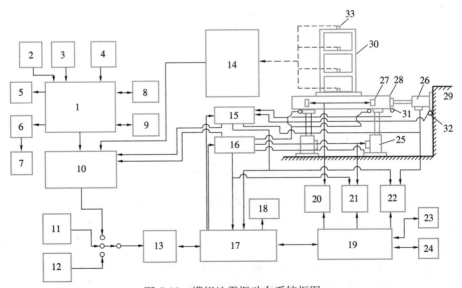

图 7-15　模拟地震振动台系统框图

1～10—计算机主机及外部设备；11—信号发生器；12—数据记录仪；13—输入信号选择器；14—传感器调节器；15、16—水平、垂直振动控制器；17—电子控制站；18—示波器；19～24—液压源及其分配器；25～27—加载器及其限值器；28—振动台面；29—基础；30—试件；31、32—反馈用加速度、位移传感器；33—试件传感器

振动台试验加载时，应选择合理的地面运动加速度时程曲线进行加载，其基本原则为：台面输入加速度曲线应考虑试验结构的周期、拟建场地类别、抗震设防烈度和设计地震分级的影响，可直接选用强震记录的地震数据曲线，也可选用结构拟建场地特性拟合的人工地震波。

试验加载前及每级加载完毕后，宜采用白噪声激振法测定试件的动力特性及自振频率的变化。

模拟地震振动台试验宜采用多次分级加载方法，按试件模型理论计算的弹性和动弹性地震反应，逐次递增输入的台面加速度幅值，加速度分级宜覆盖多遇地震、设防烈度地震和罕遇地震对应的加速度值。

本 章 小 结

本章介绍了结构抗震试验中常用的几种方法：拟静力试验、拟动力试验和模拟地震振动台试验。

（1）拟静力试验又称低周反复试验，是指对结构或结构构件施加多次往复循环作用的静力试验，用以模拟地震时结构在往复振动中的受力特点和变形特点。

进行结构拟静力试验的主要目的是：1）建立恢复力曲线；2）建立强度计算公式及研究破坏机制。

进行拟静力试验必须遵循一定的加载制度，在结构试验中，由于结构构件的受力不同，可以分为单方向加载和两方向加载两类加载制度。常用的单向加载制度主要有三种：位移控制加载、力控制加载和力-位移混合控制加载。

在拟静力试验中，确定结构构件抗震性能的主要指标为其骨架曲线和滞回曲线。根据恢复力特性试验结果，滞回曲线可以归纳为四种基本情况：梭形、弓形、反S形和Z形。在许多构件中，往往开始是梭形，然后发展到弓形、反S形或最后到Z形，后三种形式主要取决于滑移量的大小，滑移的大小将引起滞回曲线图形性质的变化。

在变位移幅值加载的低周反复试验中，如果把荷载-位移曲线每次循环的峰点（开始卸载点）连接起来（包络线），就得到骨架曲线。

骨架曲线和滞回曲线包括的重要的控制指标为：强度、刚度、延性、耗能能力和恢复力特性模型。

（2）拟动力试验又称计算机-电液伺服联机试验，是将计算机的计算和控制与结构试验有机结合在一起的试验方法。

该方法不需要事先假定结构的恢复力特性，恢复力可以直接从试验对象所作用的加载器的荷载值得到。同时拟动力试验方法还可以用于分析结构弹塑性地震反应，研究目前描述结构或构件的恢复力特性模型是否正确，进一步了解难以用数学表达式描述恢复力特性的结构的地震响应。与拟静力试验和振动台试验相比，既有拟静力试验的经济方便，又具有振动台试验能够模拟地震作用的功能。

拟动力试验的设备由电液伺服加载器和计算机两大系统组成。

（3）模拟地震振动台试验可以很好地再现地震过程或者输入与地质状况有关的人工地震波，通过振动台台面的运动对试件或结构模型输入地面运动，模拟地震对结构作用的全过程，进行结构或模型的动力特性和动力反应试验。

振动台作为一个完整的系统主要由以下几个部分组成：台面及基础、泵源及油压分配系统、电液伺服作动器、模拟控制系统、计算机控制系统、数据采集及处理系统。

思 考 题

1. 常用的结构抗震试验方法有哪些，各有何优缺点？
2. 简述拟静力试验的设备及对试验装置的基本要求。
3. 简述拟静力试验中单向加载制度主要有几种及使用条件。
4. 画出拟静力试验的四种典型滞回环，并指明其名称，说明其特点。
5. 简述拟静力试验的基本步骤。
6. 何谓结构的延性系数，如何确定？
7. 滞回曲线的几个主要特征是什么？
8. 简述地震反应分析中常用的恢复力模型有几种形式，各有何特点。
9. 简述拟动力试验的基本步骤。
10. 模拟地震振动台试验中，振动台由几个部分组成？试验时应注意哪些问题？

第8章 工程结构模型试验

8.1 概 述

由于受试验规模、试验场所、设备容量和试验经费等各种条件的限制，结构试验绝大多数的试验对象（试件）都是采用结构模型。它是按照原型的整体、部件或构件复制的试验代表物，而且较多的还是采用缩小比例的模型试验。进行结构模型试验，除了必须遵循前述试件设计的原则与要求外，结构相似模型还应严格按照相似理论进行设计，要求模型和原型尺寸的几何相似并保持一定的比例；要求模型和原型的材料相似或具有某种相似关系；要求施加于模型的荷载按原型荷载的某一比例缩小或放大；要求确定模型结构试验过程中各参与的物理量的相似常数，并由此求得反映相似模型整个物理过程的相似条件。最终按相似条件由模型试验推算出原型结构的相应数据和试验结果。

8.1.1 模型试验的特点

结构的模型试验与原型结构的试验相比较，具有以下特点：

（1）经济性好。由于结构模型的几何尺寸一般比原型小得多，模型尺寸与原型尺寸的比值多为 1/6～1/2，但有时也可取 1/20～1/10。因此，模型的制作容易，装拆方便，节省材料、劳动和时间，并且同一个模型可以进行多个不同目的的试验。

（2）针对性强。结构模型试验可以根据试验的目的，突出主要因素，简略次要因素。这对于结构性能的研究、新型结构的设计、结构理论的验证和推动新的计算理论的发展都具有一定的意义。

（3）数据准确。由于试验模型小，一般可在试验环境条件较好的室内进行试验，因此可以严格控制其主要参数，避免许多外界因素的干扰，保证了试验结果的准确度。

总之，结构模型试验的意义不仅可以确定结构的工作性能和验证有限的结构理论，而且可使人们从结构性能有限的理论知识中解放出来，将其应用于大量实际结构有待探索的领域中去。但模型试验的不足之处在于必须建立在合理的相似条件基础上，因此，它的发展必须依赖相似理论的不断完善与进步。

8.1.2 模型试验的应用范围

工程结构模型试验归纳起来，主要应用于以下几个方面：

（1）代替大型结构试验或作为大型结构试验的辅助试验。许多受力复杂，体积庞大的构件或结构物（如厂房的空间刚架，高层建筑和大跨度桥梁等），往往很难进行实物试验。这是因为现场试验条件复杂，试验荷载难以实现，室内的足尺试验又受经济能力和室内的空间限制，所以常用模型试验代替。对于某些重要的复杂结构，模型试验则作为实际结构试验的辅助试验。在实际结构试验之前先通过模型试验获得必要的参考数据，以指导实际结构试验工作顺利进行。

（2）作为结构分析计算的辅助手段。当设计较复杂的结构时，由于设计计算存在一定的局限性，往往通过模型试验作结构分析，弥补设计上存在的不足，核算设计计算方法的适用性。

（3）验证和发展结构计算理论。新的设计计算理论和方法的提出，通常需要一定的结构试验来验证，由于模型试验具有较强的针对性，故验证试验一般均采用模型试验。

模型试验由于模型制作尺寸存在一定的误差，故常与计算机分析相配合，试验与计算分析结果相互校核。此外，模型试验对某些结构局部细节起关键作用的问题很难模拟，如结构连接接头、焊缝特性、残余应力、钢筋与混凝土间的握裹力及锚固长度等，故对这种结构在进行模型试验之后，还需进行实物试验做最后的校核。

模型试验一般包括模型设计、制作、测试和分析总结等几个方面，中心问题是如何设计模型。

8.2　模型试验理论基础

8.2.1　相似的含义

这里所讲的相似是指模型和真型相对应的物理量的相似，它比通常所讲的几何相似概念更广泛些。在进行物理变化的系统中，第一过程和第二过程相应的物理量之间的比例保持着常数，这些常数间又存在相互制约的关系，这种现象称为相似现象。所谓物理现象相似，是指除了几何相似外，在进行物理过程的整个系统中，在相应的时刻第一过程和第二过程相应的物理量之间的比例应保持常数。

下面简略介绍与结构性能有关的几个主要物理量的相似。

8.2.2　相似量的表达

为了表达方便，约定凡是下标为 p 的物理量均表示为原型结构的物理量；凡是下标为 m 的物理量均表示为模型结构的物理量。

1. 几何相似

结构模型和原型满足几何相似，即要求模型和原型结构之间所有对应部分尺寸呈比例，模型比例即为几何相似常数。

即：

$$\frac{h_m}{h_p} = \frac{b_m}{b_p} = \frac{l_m}{l_p} = S_l \tag{8-1}$$

如对一矩形截面，模型和原型结构的面积比、截面抵抗矩比和惯性矩比分别为：

$$S_A = \frac{A_m}{A_p} = \frac{h_m b_m}{h_p b_p} = S_l^2 \tag{8-2}$$

$$S_w = \frac{W_m}{W_p} = \frac{\frac{1}{6} b_m h_m^2}{\frac{1}{6} b_p h_p^2} = S_l^3 \tag{8-3}$$

$$I_w = \frac{I_m}{I_p} = \frac{\frac{1}{12} b_m h_m^3}{\frac{1}{12} b_p h_p^3} = S_l^4 \tag{8-4}$$

根据变形体系的位移、长度和应变之间的关系，位移的相似常数为：

$$S_x = \frac{x_m}{x_p} = \frac{\varepsilon_m l_m}{\varepsilon_p l_p} = S_\varepsilon S_l \qquad (8-5)$$

2. 质量相似

在结构的动力问题分析中，要求结构的质量分布相似，即模型与原型结构对应部分的质量呈比例。质量相似常数为：

$$S_m = \frac{m_m}{m_p} \qquad (8-6)$$

对于具有分布质量的部分，质量密度相似常数为：

$$S_\rho = \frac{\rho_m}{\rho_p} \qquad (8-7)$$

由于模型与原型对应部分质量之比为 S_m，体积之比为 $S_v = S_l^3$，质量密度相似常数为：

$$S_\rho = \frac{S_m}{S_v} = \frac{S_m}{S_l^3} \qquad (8-8)$$

3. 荷载相似

荷载相似要求模型和原型在各对应点所受的荷载方向一致，荷载大小呈比例。

集中荷载相似常数 $\qquad S_p = \frac{P_m}{P_p} = \frac{A_m \sigma_m}{A_p \sigma_p} = S_\sigma S_l^2 \qquad (8-9)$

线荷载相似常数 $\qquad S_\omega = S_\sigma S_l \qquad (8-10)$

面荷载相似常数 $\qquad S_q = S_\sigma \qquad (8-11)$

弯矩或扭矩相似常数 $\qquad S_M = S_\sigma S_l^3 \qquad (8-12)$

当需要考虑结构自重的影响时，还要考虑重量分布的相似：

$$S_{mg} = \frac{m_m g_m}{m_p g_p} = S_m S_g \qquad (8-13)$$

式中，S_m 和 S_g 分别为质量和重力加速度的相似常数。

4. 物理相似

物理相似要求模型与原型的各相应点的应力和应变、刚度和变形间的关系相似。

$$S_\sigma = \frac{\sigma_m}{\sigma_p} = \frac{E_m \varepsilon_m}{E_p \varepsilon_p} = S_E S_\varepsilon \qquad (8-14)$$

$$S_\tau = \frac{\tau_m}{\tau_p} = \frac{G_m \gamma_m}{G_p \gamma_p} = S_G S_\gamma \qquad (8-15)$$

$$S_\nu = \frac{\nu_m}{\nu_p} \qquad (8-16)$$

式中，S_σ、S_E、S_ε、S_τ、S_G、S_γ 和 S_ν 分别为法向应力、弹性模量、法向应变、剪应力、剪切模量、剪应变和泊松比的相似常数。

由刚度和变形关系可知刚度相似常数为：

$$S_K = \frac{S_p}{S_X} = \frac{S_\sigma S_l^2}{S_l} = S_\sigma S_l \qquad (8-17)$$

5. 时间相似

对于结构的动力问题，在随时间变化的过程中，要求结构模型和原型在对应的时刻进行比较，要求相对应的时间呈比例，时间相似常数为 S_t：

$$S_t = \frac{t_m}{t_p} \tag{8-18}$$

6. 边界条件相似

要求模型和原型在外界接触的区域内的各种条件保持相似。也即要求支承条件相似，约束情况相似及边界上受力情况相似。模型的支承和约束条件可以由与原型结构构造相同的条件来满足与保证。

7. 初始条件相似

对于结构的动力问题，为了保证模型与原型的动力反应相似，还要求初始时刻运动的参数相似。运动的初始条件包括初始状态下的初始几何位置，质点的位移、速度和加速度。

8.2.3 相似原理

对于结构模型试验，其目的就是研究结构物的应力和变形状态。为使模型上产生的物理现象与原型相似，模型的几何形状、材料特性、边界条件和外部荷载等就必须遵循一定的规律，这种规律就是相似原理。相似原理是研究自然界相似现象的性质和鉴别相似现象的基本原理，由三个相似定理组成。这三个相似定理从理论上阐明了相似现象有什么性质，满足什么条件才能实现现象的相似。下面分别介绍。

1. 第一相似定理：彼此相似的现象，单值条件相同，其相似准数的数值也相同。

单值条件是决定于一个现象的特性并使它从一群现象中区分出来的那些条件。它在一定试验条件下，只有唯一的试验结果。属于单值条件的因素有：系统的几何特性、介质或系统中对所研究现象有重大影响的物理参数、系统的初始状态、边界条件等。第一相似定理揭示了相似现象的性质，说明两个相似现象在数量上和空间中的相互关系。

第一相似定理是牛顿于 1786 年首先发现的，它确定了相似现象的性质。下面就以牛顿第二定律为例说明这些性质。

对于实际的质量运动物理系统，则有：

$$F_p = m_p a_p \tag{8-19}$$

而模拟的质量运动系统，有：

$$F_m = m_m a_m \tag{8-20}$$

因为这两个系统运动现象相似，故它们各个对应的物理量呈比例：

$$F_m = S_F F_p \qquad m_m = S_m m_p \qquad a_m = S_a a_p \tag{8-21}$$

式中，S_F、S_m 和 S_a 分别为两个运动系统中对应的物理量（即力、质量、加速度）的相似常数。将式（8-21）的关系式代入式（8-20）得：

$$\frac{S_F}{S_m S_a} F_p = m_p a_p$$

在此方程中，显然只有当

$$\frac{S_F}{S_m S_a} = 1 \tag{8-22}$$

时，才能与式（8-19）一致。式中 $\frac{S_F}{S_m S_a}$ 称为"相似指标"。式（8-22）是相似现象的判断条件。它表明若两个物理系统现象相似，则它们的相似指标为1，各物理量的相似常数不都能任意选择，它们的相互关系受式（8-22）条件的约束。

将公式（8-21）诸关系代入式（8-20），又可写成另一种形式：

$$\frac{F_p}{m_p a_p} = \frac{F_m}{m_m a_m} = \frac{F}{ma}$$
(8-23)

上式是一个无量纲比值，对于所有的力学现象，这个比值都是相同的，故称它为相似准数。通常用 π 表示，即：

$$\pi = \frac{F}{ma} = 常数$$
(8-24)

相似准数 π 把相似系统中各物理量联系起来，说明它们之间的关系，故又称"模型律"。利用这个模型律可将模型试验中得到的结果推广应用到相似的原型结构中去。

注意相似常数和相似准数的概念是不同的。相似常数是指两个相似现象中，两个相对应的物理量始终保持的常数，但对于在与此两个现象相互相似的第三个相似现象中，它可具有不同的常数值。相似准数在所有相互相似的现象中是一个不变量，它表示相似现象中各物理量应保持的关系。

2. 第二相似定理：某一现象各物理量之间的关系方程式，都可表示为相似准数之间的函数关系。

写成相似准数方程式的形式：

$$f(x_1, x_2, x_3, \cdots) = g(\pi_1, \pi_2, \pi_3, \cdots) = 0$$
(8-25)

相似准数的记号通常用 π 表示，因此第二相似定理也称 π 定理。π 定理是量纲分析的普遍定理。第二相似定理为模型设计提供了可靠的理论基础。

第二相似定理通俗讲是指在彼此相似的现象中，其相似准数不管用什么方法得到，描述物理现象的方程均可转化为相似准数方程的形式。它告诉人们如何处理模型试验的结果，即应当以相似准数间关系所给定的形式处理试验数据，并将试验结果推广到其他相似现象上去。

3. 第三相似定理：现象的单值条件相似，并且由单值条件导出来的相似准数的数值相等，是现象彼此相似的充分和必要条件。

第一、第二相似定理是以现象相似为前提的情况下，确定了相似现象的性质，给出了相似现象的必要条件。第三相似定理补充了前面两个定理，明确了只要满足单值条件相似和由此导出的相似准数相等这两个条件，则现象必然相似。

根据第三相似定理，当考虑一个新现象时，只要它的单值条件与曾经研究过的现象单值条件相同，并且存在相等的相似准数，就可以肯定它们现象相似。从而可以将已研究过现象的结果应用到新现象上去。第三相似定理终于使相似原理构成一套完善的理论，成为组织试验和进行模拟的科学方法。

在模型试验中，为了使模型与原型保持相似，必须按相似原理推导出相似的准数方程。模型设计则应在保证这些相似准数方程成立的基础上确定出适当的相似常数。最后将试验所得数据整理成准数间的函数关系来描述所研究的现象。

8.2.4 方程式分析法

方程式分析法：是指研究现象中的各物理量之间的关系可以用方程式表达时，可以用表达这一物理现象的方程式导出相似判据。

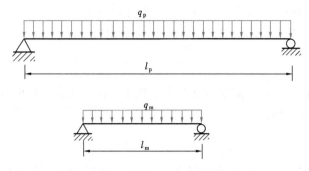

图 8-1 简支梁受均布荷载示意图

1. 代数方程式的方程式分析法

设简支梁受静力均布荷载 q（如图 8-1 所示）。假定该梁在弹性范围内工作，不考虑时间因素对材料性能的影响，也不考虑剩余应力或温度应力的影响，而且认为由于弹性变形对结构几何尺寸的影响可以忽略不计。

对于原型结构，在任意截面 x 处的弯矩为：

$$M_p = \frac{1}{2} q_p x_p (l_p - x_p) \tag{8-26}$$

截面上的正应力为：

$$\sigma_p = \frac{M_p}{W_p} = \frac{1}{2W_p} q_p x_p (l_p - x_p) \tag{8-27}$$

截面处的挠度为：

$$f_m = -\frac{q_m x_m}{24 E_p I_p} (l_p^3 - 2x_p^2 l_p + x_p^3) \tag{8-28}$$

当要求模型与原型相似时，各物理量之间的相似常数应满足如下相似关系：

$$\frac{l_m}{l_p} = \frac{h_m}{h_p} = \frac{b_m}{b_p} = S_L \qquad \frac{q_m}{q_p} = S_q \qquad \frac{E_m}{E_p} = S_E$$

$$\frac{\sigma_m}{\sigma_p} = S_\sigma \qquad \frac{f_m}{f_p} = S_f \qquad \frac{x_m}{x_p} = S_L \qquad \frac{W_m}{W_p} = S_L^3 \qquad \frac{I_m}{I_p} = S_L^4$$

将表达模型简支梁的应力和挠度的式（8-27）及式（8-28）中的各项用原型的相应项与对应的相似常数的乘积代入，并经过整理可得：

$$\sigma_m = \frac{S_q}{S_L S_\sigma} \frac{1}{2W_p} q_p x_p (l_p - x_p) \tag{8-29}$$

$$f_m = \frac{S_q}{S_E S_f} \frac{q_m x_m}{24 E_p I_p} (l_p^3 - 2x_p^2 l_p + x_p^3) \tag{8-30}$$

比较式（8-27）、式（8-29）与式（8-28）、式（8-30），则要求：

$$\frac{S_q}{S_L S_\sigma} = 1 \qquad \frac{S_q}{S_E S_f} = 1 \tag{8-31}$$

由式（8-31）还可以表示成：

$$\frac{q_m}{l_m \sigma_m} = \frac{q_p}{l_p \sigma_p} \qquad \frac{q_m}{E_m f_m} = \frac{q_p}{E_p f_p} \tag{8-32}$$

即求得两个相似判据：

$$\pi_1 = \frac{q}{l\sigma} \qquad \pi_2 = \frac{q}{Ef} \tag{8-33}$$

本例中，当选定模型的几何比例尺 $S_L = 1/20$，模型材料与原型材料相同，即 $S_E = 1$。当试验要求模型的应力与原型的应力相等，即 $S_\sigma = 1$。根据相似指标 $\dfrac{S_q}{S_L S_\sigma} = 1$ 和 $\dfrac{S_q}{S_E S_f} = 1$ 可求得 $S_q = S_L S_\sigma = \dfrac{1}{20}$，$S_f = \dfrac{S_q}{S_E} = \dfrac{1}{20}$。

说明模型上应加的均布荷载为原型的 $1/20$，模型上测到的挠度为原型的 $1/20$。

2. 微分方程的方程式分析法

一单自由度体系受地震作用发生强迫振动，该体系振动的微分方程为：

$$m\frac{\mathrm{d}^2 x}{\mathrm{d}t^2} + c\frac{\mathrm{d}x}{\mathrm{d}t} + kx = P(t) \tag{8-34}$$

模型的微分方程为：

$$m_m\frac{\mathrm{d}^2 x_m}{\mathrm{d}t_m^2} + c_m\frac{\mathrm{d}x_m}{\mathrm{d}t_m} + k_m x_m = P_m(t_m) \tag{8-35}$$

结构动力试验模型要求体系动力平衡方程与原型的相似。按照前述结构静力试验模型的方法，得各物理量的相似关系：

$$S_m = \frac{m_m}{m_p} = S_L \quad S_c = \frac{C_m}{C_p} \quad S_k = \frac{k_m}{k_p}$$

$$S_\rho = \frac{\rho_m}{\rho_p} \quad \frac{\dot{x}_m}{\dot{x}_p} = \frac{S_x}{S_t} \quad \frac{\ddot{x}_m}{\ddot{x}_p} = \frac{S_x}{S_t^2} \quad S_t = \frac{t_m}{t_p} \tag{8-36}$$

将式（8-36）代入式（8-34），模型参数用原型参数与相似常数的乘积表示：

$$\frac{S_m S_x}{S_t^2 S_\rho} m\frac{\mathrm{d}^2 x}{\mathrm{d}t^2} + \frac{S_c S_x}{S_t S_\rho} c\frac{\mathrm{d}x}{\mathrm{d}t} + \frac{S_k S_x}{S_\rho} kx = P(t) \tag{8-37}$$

比较式（8-35）与式（8-37）得：

$$\frac{S_m S_x}{S_t^2 S_\rho} = 1 \qquad \frac{S_c S_x}{S_t S_\rho} = 1 \qquad \frac{S_k S_x}{S_\rho} = 1 \tag{8-38}$$

由此可得相似判据为：

$$\pi_1 = \frac{mx}{t^2 P(t)} \qquad \pi_2 = \frac{cx}{t P(t)} \qquad \pi_3 = \frac{kx}{P(t)} \tag{8-39}$$

对于微分方程求相似判据的步骤是：

（1）把微分方程中所有微分符号去掉；

（2）任取其中一项除方程中的其他各项；

（3）所得的各项即为要求的相似判据。

这说明相似判据的形式变换仅与相似常数有关，微分符号可以不考虑。

【例题 8-1】 已知模型梁如图 8-2 所示，模型与原型的相似常数如图示。

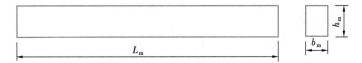

图 8-2 作自由振动的简支梁

几何尺寸相似常数：$S_l = \dfrac{h_m}{h_p} = \dfrac{b_m}{b_p} = \dfrac{l_m}{l_p} = \dfrac{1}{20}$

材料弹性模量相似常数：$S_E = \dfrac{E_m}{E_p} = \dfrac{1}{10}$

材料密度相似常数：$S_\rho = \dfrac{\rho_m}{\rho_p} = \dfrac{1}{2.5}$

假定测得模型梁的一阶自振频率为 $50\mathrm{Hz}$，求原型梁的自振频率。

【解】 常截面梁的振动微分方程为：

$$EI\,\frac{\partial^4 y}{\partial x^4} + A\rho\,\frac{\partial^2 y}{\partial t^2} = 0$$

其中，$A = bh$，$I = \dfrac{1}{12}bh^3$。

（1）去掉微分符号得：

$$EI\,\frac{y}{x^4} + A\rho\,\frac{y}{t^2} = 0$$

（2）取第二项除方程中的其他各项得：

$$EI\,\frac{y}{x^4}\,\frac{t^2}{A\rho y} + 1 = 0$$

（3）求得相似判据：

$$\pi = \frac{EIt^2}{A\rho x^4}$$

根据相似现象相似判据相等的原理求得相似指标为：

$$\frac{S_E S_t^2}{S_l^2 S_\rho} = 1$$

即频率相似常数为：

$$S_f^2 = \frac{1}{S_t^2} = \frac{1}{S_l^2}\frac{S_E}{S_\rho} \qquad S_f = \frac{1}{S_l}\sqrt{\frac{S_E}{S_\rho}} = 20\sqrt{\frac{2.5}{10}} = 10$$

所以原型的一阶自振频率为：

$$f = \frac{f_m}{S_f} = \frac{50}{10} = 5\mathrm{Hz}$$

8.2.5 量纲分析

1. 量纲的基本性质和方法

用方程式分析法推导相似判据，只要描述现象的方程确定，求得的相似判据也是正确的。这种方法比较确切可靠。至于描述现象的方程式本身能否解得出来是无关紧要的。然而有时实际遇到的问题往往过于复杂而无法建立表示过程的方程式，因此也就无法用方程式分析法来获得相似判据，这时量纲分析法就成为求得判据的唯一方法。量纲分析法也称因次分析法。

量纲分析法是根据描述物理过程的物理量的量纲和谐原理，寻找物理过程中各物理量间的关系而建立相似准数的方法。它不要求建立现象的方程式，而只要求确定哪些物理量参加所研究的现象，以及知道测量这些量的单位系统的量纲就够了。

被测量的种类称为这个量的量纲。量纲的概念是在研究物理量的数量关系时产生的，它是区别量的种类而不区别量的不同度量单位。如测量距离用米（m）、厘米（cm）、英尺（ft）等不同的单位，但它们都属于长度这一类，因此把长度成为一种量纲，以 $[L]$ 表示。时间种类用时（h）、分（min）、秒（s）、微秒（μs）等单位表示，它是有别于其他种类的另一种量纲，以 $[T]$ 表示。通常每一种物理量都应有一种量纲。例如表示重量的物理量 G，它对应的量纲属于力的种类，用 $[F]$ 表示。

在一切自然现象中，各物理量之间存在一定的联系。在分析一个现象时，可用参与该现象的各种物理量之间的关系方程来描述，因此各物理量和量纲之间也存在着一定的联系。如果选定一组彼此独立的量纲作为基本量纲，而其他物理量的量纲可由基本量纲组成，则这些量纲成为导出量纲。在量纲分析中有两个基本量纲系统：即绝对系统和质量系统。绝对系统的基本量纲为长度、时间和力，而质量系统的基本量纲是长度、时间和质量。常用的物理量的量纲表示法见表 8-1。

常用的物理量的量纲表示法　　　　　　　　　表 8-1

物理量	质量系统	绝对系统	物理量	质量系统	绝对系统
长度	$[L]$	$[L]$	面积二次矩	$[L^4]$	$[L^4]$
时间	$[T]$	$[T]$	质量惯性矩	$[ML^2]$	$[FLT^2]$
质量	$[M]$	$[FL^{-1}T^2]$	表面张力	$[MT^{-2}]$	$[FL^{-1}]$
力	$[MLT^{-2}]$	$[F]$	应变	$[1]$	$[1]$
温度	$[\theta]$	$[\theta]$	相对密度	$[ML^{-2}T^{-2}]$	$[FL^{-3}]$
速度	$[LT^{-1}]$	$[LT^{-1}]$	密度	$[ML^{-3}]$	$[FL^{-4}T^2]$
加速度	$[LT^{-2}]$	$[LT^{-2}]$	弹性模量	$[ML^{-1}T^{-2}]$	$[FL^{-2}]$
角度	$[1]$	$[1]$	泊松比	$[1]$	$[1]$
角速度	$[T^{-1}]$	$[T^{-1}]$	动力黏度	$[ML^{-1}T^{-1}]$	$[FL^{-2}T]$
角加速度	$[T^{-2}]$	$[T^{-2}]$	运动黏度	$[L^2T^{-1}]$	$[L^2T^{-1}]$
压强、应力	$[ML^{-1}T^{-2}]$	$[FL^{-2}]$	线热胀系数	$[\theta^{-1}]$	$[\theta^{-1}]$
力矩	$[ML^2T^{-2}]$	$[FL]$	导热率	$[MLT^{-3}\theta^{-1}]$	$[FT^{-1}\theta^{-1}]$
能量、热	$[ML^2T^{-2}]$	$[FL]$	比热	$[L^2T^{-2}\theta^{-1}]$	$[L^2T^{-2}\theta^{-1}]$
冲力	$[MLT^{-1}]$	$[FT]$	热容量	$[ML^{-1}T^{-2}\theta^{-1}]$	$[FL^{-2}\theta^{-1}]$
功率	$[ML^2T^{-3}]$	$[FLT^{-1}]$	导热系数	$[MT^{-3}\theta^{-1}]$	$[FL^{-1}T^{-1}\theta^{-1}]$

2. 量纲的相互关系

量纲间的相互关系可简要归结如下：

（1）两个物理量相等，是指不仅数值相等，而且量纲也要相同。

（2）两个同量纲参数的比值是无量纲参数，其值不随所取单位的大小而改变。

（3）一个完整的物理方程式中，各项的量纲必须相同，因此方程才能用加、减并用等号联系起来。这一性质称为量纲和谐。

（4）导出量纲可与基本量纲组成无量纲组合，但基本量纲之间不能组成无量纲组合。

（5）若在一个物理方程中共有 n 个物理参数 x_1、x_2、$\cdots$、x_n 和 k 个基本量纲，则可组成 $(n-k)$ 个独立的无量纲组合。无量纲参数组合简称"π 数"。用公式的形式可表示为：

$$f(x_1,x_2,\cdots,x_n) = 0 \tag{8-40}$$

改写成：

$$\phi(\pi_1,\pi_2,\cdots,\pi_{n-k}) = 0 \tag{8-41}$$

这一性质称为 π 定理。

根据量纲的关系，可以证明两个相似物理过程的相对应的 π 数必然相等，仅仅是相应各物理量间数值大小不同。这就是用量纲分析求相似条件的依据。

3. 实例分析

下面用简支梁受集中荷载的例子，介绍用量纲矩阵的方法寻求无量纲 π 函数的方法。简支梁受静力集中荷载的相似如图 8-3 所示。

根据材料力学知识，受竖向荷载作用的梁正截面的应力 σ 是梁的跨度 l，截面抗弯模量 W，梁上作用的荷载 P 和弯矩 M 的函数。将这些物理量之间的关系写成一般形式：

$$f(\sigma,P,M,l,W) = 0 \tag{8-42}$$

物理量个数 $n=5$，基本量纲个数 $k=2$，所以独立的 π 数为 $(n-k) = 3$。π 函数可表示为：

$$\phi(\pi_1,\pi_2,\pi_3) = 0 \tag{8-43}$$

所有物理量参数组成 π 函数的一般形式：

$$\pi = \sigma^a P^b M^c l^d W^e \tag{8-44}$$

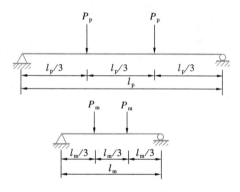

图 8-3　梁受静力集中荷载的相似

用绝对系统基本量纲来表示这些量纲：

$$[\sigma] = [FL^{-2}] \qquad [P] = [F]$$

$$[M] = [FL] \qquad [l] = [L] \tag{8-45}$$

$$[W] = [L^3]$$

公式（8-44）的量纲方程为：

$$[\pi] = [L^0 F^0] = [\sigma]^a [P]^b [M]^c [l]^d [W]^e = [FL^{-2}]^a [F]^b [FL]^c [L]^d [L^3]^e$$

按照它们的量纲排列为"量纲矩阵"：

146

$$
\begin{array}{c|ccccc}
 & a & b & c & d & e \\
 & \sigma & P & M & l & W \\
\hline
[L] & -2 & 0 & 1 & 1 & 3 \\
[F] & 1 & 1 & 1 & 0 & 0
\end{array}
$$

矩阵中的列是各个物理量具有的基本量纲的幂次，行是对应于某一基本量纲各个物理量具有的幂次。根据量纲和谐原理，可以写出基本量纲指数关系的联立方程，即量纲矩阵中各个物理量对应于每个基本量纲的幂数之和等于零。即：

$$[L^0] = [L^{-2}]^a [L]^c [L]^d [L^3]^e \text{ 以及} [F^0] = [F]^a [F]^b [F]^c$$

所以：

对量纲 $[L]$ $-2a + c + d + 3e = 0$

对量纲 $[F]$ $a + b + c = 0$

通过上述几个步骤详细的分析，得到了长度量纲的指数方程和力的量纲的指数方程，显然方程的个数少于未知数的个数，即两个方程不能求得五个未知数的解。这就要求在解方程之前先根据试验条件、试验目的以及试验经验确定其中的 3 个未知数，然后才能求得方程的解。

现在假定模型与原型为同一材料，即试件破坏时的截面应力相同，应力应变关系也相同；模型的尺寸和荷载的大小以及作用方式由试验目的和试验设备的能力已经确定，所以先确定 a、b、d，则：

$$c = -a - b$$

$$e = a + \frac{1}{3}b - \frac{1}{3}d$$

这时各物理量指数可用如下矩阵表示：

$$
\begin{array}{c|ccc|cc}
 & \sigma & P & l & M & W \\
 & a & b & d & c & e \\
\hline
a & 1 & 0 & 0 & -1 & 1 \\
b & 0 & 1 & 0 & -1 & \frac{1}{3} \\
d & 0 & 0 & 1 & 0 & -\frac{1}{3}
\end{array}
$$

令：$a = 1, b = 0, d = 0$ 时，$c = -1, e = 1$，则 $\pi_1 = \dfrac{\sigma W}{M}$

令：$a = 0, b = 1, d = 0$ 时，$c = -1, e = \dfrac{1}{3}$，则 $\pi_2 = \dfrac{P W^{1/3}}{M}$

令：$a = 0, b = 0, d = 1$ 时，$c = 0, e = -\dfrac{1}{3}$，则 $\pi_3 = \dfrac{l}{W^{1/3}}$

模型梁与原型梁相似的条件是相应的 π 数相等，即：

$$\begin{cases} \dfrac{\sigma_m W_m}{M_m} = \dfrac{\sigma_p W_p}{M_p} \\[3mm] \dfrac{P_m W_m^{1/3}}{M_m} = \dfrac{P_p W_p^{1/3}}{M_p} \\[3mm] \dfrac{l_m}{W_m^{1/3}} = \dfrac{l_p}{W_p^{1/3}} \end{cases} \tag{8-46}$$

把各相似常数代入式（8-46），即得相似条件如下：

$$\begin{cases} \dfrac{S_a S_W}{S_M} = 1 \\[3mm] \dfrac{S_p S_W^{1/3}}{S_M} = 1 \\[3mm] \dfrac{S_l}{S_W^{1/3}} = 1 \end{cases} \tag{8-47}$$

同样，在量纲矩阵中，只要将第一行的各物理量幂次数代入 π 函数的一般形式中，可得到 π_1 数。同理由第二行、第三行的幂次数可组成 π_2 和 π_3 数。因此上面的矩阵又称"π 矩阵"。从上例可以看出，量纲分析法中引入量纲矩阵分析，推导过程简便、一目了然。

需要注意的是用量纲分析法确定无量纲 π 函数时有着一定的任意性，而且当参与物理过程的物理量较多时，可组成的 π 数很多。若要全部满足与这些 π 数相对应的相似条件，条件将十分苛刻，有些是不可能达到也不必要达到的。所以量纲分析法中选择物理参数是具有决定意义的。物理参数的正确选择取决于模型设计者的专业知识以及对所研究的问题初步分析的正确程度。甚至可以说，如果不能正确选择有关的参数，量纲分析法就无助于模型设计。

8.3 模 型 设 计

模型设计是模型试验是否成功的关键。因此模型设计不仅要确定模型的相似准数，而且应综合考虑各种因素，如模型的类别、模型材料、试验条件以及模型制作条件，确定出适当的物理量的相似常数。

模型设计一般按照下列程序进行：

（1）根据任务明确试验的具体目的和要求，选择适当的模型制作材料；

（2）针对任务所研究的对象，用模型试验理论的方法确定相似准数；

（3）根据现有试验条件，确定出模型的几何尺寸，即几何相似常数；

（4）根据由相似准数导出的相似条件，定出其他相似常数；

（5）绘出模型施工图。

结构模型几何尺寸的变动范围较大，缩尺比例可以从几分之一到几百分之一，设计时应综合考虑模型的类型、制作条件及试验来确定出一个最优的几何尺寸。小模型所需荷载小，但制作较困难，加工精度要求高，对量测仪表要求亦高；大模型所需荷载大，但制作方便，对测量仪表可无特殊要求；一般来说，弹性模型的缩尺比例较小，因为模型的截面最小厚度、钢筋间距、保护层厚度等方面都受到制作可能性的限制，不可能取得太小。目前最小的钢丝水泥砂浆板壳模型厚度可做到 3mm，最小的梁柱截面边长可做到 6mm。几种模型结构常用的缩尺比例见表 8-2。

模型的缩尺比例   表 8-2

结构类型	弹性模型	强度模型	结构类型	弹性模型	强度模型
壳 体	$\dfrac{1}{200} \sim \dfrac{1}{50}$	$\dfrac{1}{30} \sim \dfrac{1}{10}$	板结构	$\dfrac{1}{25}$	$\dfrac{1}{10} \sim \dfrac{1}{4}$
铁路桥	$\dfrac{1}{25}$	$\dfrac{1}{20} \sim \dfrac{1}{4}$	坝	$\dfrac{1}{400}$	$\dfrac{1}{75}$
反应堆容器	$\dfrac{1}{100} \sim \dfrac{1}{50}$	$\dfrac{1}{20} \sim \dfrac{1}{4}$	风载作用结构	$\dfrac{1}{300} \sim \dfrac{1}{50}$	一般不用强度模型

模型尺寸的不准确是引起模型误差的主要原因之一。模型尺寸的允许误差范围和原结构的允许误差范围一样，为 5%，但由于模型的几何尺寸小，允许制作偏差的绝对值就较小，在制作模型时对其尺寸应倍加注意。模板对模型尺寸有重要的影响，制作模板的材料应体积稳定，不随温度、湿度而变化。有机玻璃是较好的模板材料，为了降低费用，也可用表面覆有塑料的木材作模板，型铝也是常用的模板材料，它和有机玻璃配合使用相当方便。

对于钢筋混凝土结构模型，模型钢筋一般都很细柔，其位置易在浇捣混凝土时受机械振动的影响，从而直接影响结构的承载能力。对于直线型构件常在两个端模板上钢筋位置处钻孔，使钢筋钻孔洞并将钢筋稍微张紧以确保其位置。

对于某些结构，如薄壁结构，由于原型结构腹板较薄，若为了满足几何相似条件按三维几何比例缩小制作模型就会产生模型制作工艺上的困难。这样就无法用几何相似设计模型，而需考虑采用非完全几何相似的方法设计模型，即所谓的变态模型设计。关于变态模型设计可参考有关的专著。

下面介绍结构模型设计中常遇到的几个现象问题。

1. 静力相似

静力相似是指模型与原型不但几何相似，而且所有的作用也相似。对一般的静力弹性模型，当以长度及弹性模量的相似常数 S_l、S_E 为设计时首先确定的条件，所得其他量的相似常数都是 S_l 和 S_E 的函数或等于 1。表 8-3 列出了一般静力弹性模型的相似常数要求。

结构静力弹性模型的相似常数和相似关系   表 8-3

类型	物理量	量纲（绝对系统）	相似关系	类型	物理量	量纲（绝对系统）	相似关系
材料特性	应力 σ 应变 ε 弹性模量 E 泊松比 ν 质量密度 ρ	FL^{-2} — FL^{-2} — FT^2L^{-4}	$S_\sigma = S_E$ $S_\varepsilon = 1$ S_E $S_\nu = 1$ $S_\rho = \dfrac{S_E}{S_l}$	几何特性	面积 A 截面抵抗矩 W 惯性矩 I	L^2 L^3 L^4	$S_A = S_l^2$ $S_W = S_l^3$ $S_I = S_l^4$
几何特性	长度 l 线位移 x 角位移 θ	L L —	S_l $S_x = S_l$ $S_\theta = 1$	荷载	集中荷载 P 线荷载 w 面荷载 q 力矩 M	F FL^{-1} FL^{-2} FL	$S_P = S_E S_l^2$ $S_w = S_E S_l$ $S_q = S_E$ $S_M = S_E S_l^3$

2. 动力相似

在进行动力模型设计时，除作用有结构变形产生的弹性力以外，还有重力、惯性力 ma 以及结构运动的阻尼力 cv 等。因此，在动力相似问题中的物理量，除静力相似问题中的各项，还包括时间 t、加速度 a、速度 v、阻尼 c 以及重力加速度 g 等。

在进行动力模型设计时，除了将长度 $[l]$ 和力 $[F]$ 作为基本物理量以外，还要考虑时间 $[T]$ 的因素。表 8-4 为结构动力模型的相似常数和相似关系。

结构动力模型试验的相似常数和相似关系　　　　　　　　表 8-4

类　型	物　理　量	量纲(绝对系统)	相　似　关　系	
			一般模型	忽略重力影响的模型
材料特性	应力 σ	FL^{-2}	$S_\sigma = S_E$	$S_\sigma = S_E$
	应变 ε	—	$S_\varepsilon = 1$	$S_\varepsilon = 1$
	弹性模量 E	FL^{-2}	S_E	S_E
	泊松比 ν	—	$S_\nu = 1$	$S_\nu = 1$
	质量密度 ρ	FT^2L^{-4}	$S_\rho = \dfrac{S_E}{S_l}$	S_ρ
几何特性	长度 l	L	S_l	S_l
	线位移 x	L	$S_x = S_l$	$S_x = S_l$
	角位移 θ	—	$S_\theta = 1$	$S_\theta = 1$
	面积 A	L^2	$S_A = S_l^2$	$S_A = S_l^2$
荷　载	集中荷载 P	F	$S_P = S_E S_l^2$	$S_P = S_E S_l^2$
	线荷载 w	FL^{-1}	$S_w = S_E S_l$	$S_w = S_E S_l$
	面荷载 q	FL^{-2}	$S_q = S_E$	$S_q = S_E$
	力矩 M	FL	$S_M = S_E S_l^3$	$S_M = S_E S_l^3$
动力性能	质量 m	$FL^{-1}T^2$	$S_m = S_\rho S_l^3 = S_E S_l^2$	$S_m = S_\mu S_l^3$
	刚度 k	FL^{-1}	$S_k = S_E S_l$	$S_k = S_E S_l$
	阻尼 c	$FL^{-1}T$	$S_c = \dfrac{S_m}{S_t} = S_E S_l^{\frac{3}{2}}$	$S_r = \dfrac{S_m}{S_t} = S_l^2 (S_\rho S_E)^{\frac{1}{2}}$
	时间 t、固有周期 T	T	$S_t = S_T = \left(\dfrac{S_m}{S_k}\right)^{\frac{1}{2}} = S_l^{\frac{1}{2}}$	$S_t = S_T = \left(\dfrac{S_m}{S_k}\right)^{\frac{1}{2}} = S_l \left(\dfrac{S_\rho}{S_E}\right)^{\frac{1}{2}}$
	频率 f	T^{-1}	$S_f = \dfrac{1}{S_T} = S_l^{-\frac{1}{2}}$	$S_f = \dfrac{1}{S_T} = S_l^{-1} \left(\dfrac{S_E}{S_\rho}\right)^{\frac{1}{2}}$
	速度 $\dot{x}$	LT^{-1}	$S_{\dot{x}} = \dfrac{S_x}{S_t} = S_l^{\frac{1}{2}}$	$S_{\dot{x}} = \dfrac{S_x}{S_l} = \left(\dfrac{S_E}{S_\rho}\right)^{\frac{1}{2}}$
	加速度 $\ddot{x}$	LT^{-2}	$S_{\ddot{x}} = \dfrac{S_x}{S_t^2} = 1$	$S_{\ddot{x}} = \dfrac{S_x}{S_t^2} = \dfrac{S_E}{S_l S_\rho}$
	重力加速度 g	LT^{-1}	$S_g = 1$	忽略

在结构抗震试验中，惯性力是作用在结构上的主要荷载，但结构动力模型和原型是在同样的重力加速度情况下进行试验的，这样在动力试验时要模拟惯性力、恢复力和重力等就产生困难。

模型试验时，材料弹性模量、密度、几何尺寸和重力加速度等物理量之间的相似关系为：

$$\frac{S_E}{S_g S_\rho} = S_l \tag{8-48}$$

由于 $S_g=1$，则 $S_E/S_\rho=S_l$。当 $S_l<1$ 时，要求材料的弹性模量 $E_m<E_p$，而密度 $\rho_m>\rho_p$，这在模型设计选择材料时很难满足。如果模型采用原型结构同样的材料 $S_E=S_\rho=1$，这时要满足 $S_g=1/S_l$，则要求 $g_m\leqslant g_p$，即 $S_g>1$，对模型施加非常大的重力加速度，这在结构动力试验中存在困难。为满足 $S_E/S_l=S_t$ 的相似关系，实际上与静力模型试验一样，就是在模型上附加适当的分布质量，即采用高密度材料来增加结构上有效的模型材料的密度。

以上模型设计实例证明在参与研究对象各物理量的相似常数之间必定满足一定的组合关系。当这组相似常数的组合关系等于 1 时，模型和原型相似，因此这种等于 1 的相似常数关系式即为模型的相似条件。人们可以由模型试验的结果，按照相似条件得到原型结构需要的数据和结果。这样，求得模型结构的相似关系就成为模型设计的关键。

3. 静力弹塑性相似

在钢筋（或型钢）混凝土结构中，一般模型的混凝土和钢筋（或型钢）应与原型结构的混凝土和钢筋（或型钢）具有相似的 σ-ε 曲线，并且在极限强度下的变形 ε_c 和 ε_s 应相等（图 8-4），亦即 $S_{\varepsilon_s}=S_{\varepsilon_c}=S_\varepsilon=1$。当模型材料满足这些要求时，由量纲分析得出的钢筋（或型钢）混凝土强度模型的相似条件如表 8-5 中一般模型所示。注意这时 $S_{E_s}=S_{E_s}=S_{\sigma_c}=S_\sigma$，亦即要求模型钢筋（或型钢）的弹性模量相似常数等于模型混凝土的弹性模量相似常数和应力相似常数。由于钢材是目前能够找到的唯一适用于模型的加筋材料，因此这一条件很难满足，除非 $S_{E_s}=S_{E_c}=S_{\sigma_c}=S_\sigma=1$，也就是模型结构采用与原型结构相同的混凝土和钢筋（或型钢），此条件下对于其余各量的相似常数要求列于表 8-5 中忽略重力影响的模型。其中模型混凝土密度相似常数为 $1/S_l$，要求模型混凝土的密度为原型结构混凝土密度的 S_l 倍。当需考虑结构本身的质量和重量对结构性能的影响时，为满足密度相似的要求，常需在模型结构上加附加质量。但附加质量的大小必须以不改变结构的强度和刚度特性为原则。

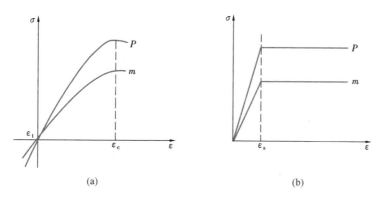

图 8-4　一般相似材料的 σ-ε 曲线
(a) 混凝土；(b) 钢筋

混凝土的弹性模量和 σ-ε 曲线直接受骨料及其级配情况的影响，模型混凝土的骨料多为中、粗砂，其级配情况亦与原型结构的不同，因此实际情况下 $S_{E_c}\neq1$，S_{σ_c} 和 S_{E_c} 亦不等于 1。在 $S_{E_c}=1$ 的情况下为满足 $S_{\sigma_s}=S_{\sigma_c}=S_\sigma$ 及 $S_{\varepsilon_s}=S_{\varepsilon_c}=S_\varepsilon$，需调整模型钢筋（或型钢）的面积。严格地讲，这是不完全相似的，对于非线性阶段的试验结果会有一定的影响。

类　型	物　理　量	量纲（绝对系统）	相　似　关　系	
			一般模型	忽略重力影响的模型
材料特性	应力 σ	FL^{-2}	$S_\sigma = S_E$	$S_\sigma = S_E$
	应变 ε	—	$S_\varepsilon = 1$	$S_\varepsilon = 1$
	弹性模量 E	FL^{-2}	S_E	$S_E = 1$
	泊松比 ν	—	$S_\nu = 1$	$S_\nu = 1$
	质量密度 ρ	$FT^2 L^{-4}$	$S_\rho = \dfrac{S_E}{S_l}$	$S_\rho = \dfrac{1}{S_l}$
几何特性	长度 l	L	S_l	S_l
	线位移 x	L	$S_x = S_l$	$S_x = S_l$
	角位移 θ	—	$S_\theta = 1$	$S_\theta = 1$
	面积 A	L^2	$S_A = S_l^2$	$S_A = S_l^2$
荷　载	集中荷载 P	F	$S_P = S_E S_l^2$	$S_P = S_E S_l^2$
	线荷载 w	FL^{-1}	$S_w = S_E S_l$	$S_w = S_E S_l$
	面荷载 q	FL^{-2}	$S_q = S_E$	$S_q = S_E$
	力矩 M	FL	$S_M = S_E S_l^3$	$S_M = S_E S_l^3$

　　对于砌体结构由于也是由块材（砖、砌体）和砂浆两种材料复合组成，除了在几何比例上缩小，要对块材作专门加工并给砌筑带来一定困难外，同样要求模型与原型有相似的 σ-ε 曲线，实际上就采用与原型结构相同的材料。砌体结构模型的相似常数见表 8-6。以上要求在结构动力弹塑性模型设计中也是必须同时满足。

类　型	物　理　量	量纲（绝对系统）	相　似　关　系	
			一般模型	实用模型
材料性能	砌体应力 σ	FL^{-2}	S_σ	$S_\sigma = 1$
	砌体应变 ε	—	$S_\varepsilon = 1$	$S_\varepsilon = 1$
	砌体弹性模量 E	FL^{-2}	$S_E = S_\sigma$	$S_E = 1$
	砌体泊松比 ν	—	$S_\nu = 1$	$S_\nu = 1$
	砌体质量密度 ρ	$FL^{-4} T^2$	$S_\rho = \dfrac{S_\sigma}{S_l}$	$S_\rho = \dfrac{1}{S_l}$
几何特性	长度 l	L	S_l	S_l
	线位移 x	L	$S_x = S_l$	$S_x = S_l$
	角位移 θ	—	$S_\theta = 1$	$S_\theta = 1$
	面积 A	L^2	$S_A = S_l^2$	$S_A = S_l^2$
荷　载	集中荷载 P	F	$S_P = S_\sigma S_l^2$	$S_P = S_l^2$
	线荷载 w	FL^{-1}	$S_w = S_\sigma S_l$	$S_w = S_l$
	面荷载 q	FL^{-2}	$S_q = S_\sigma$	$S_q = 1$
	力矩 M	FL	$S_M = S_\sigma S_l^3$	$S_M = S_l^3$

8.4　模型材料的选择

　　准确地了解材料的性质及其对试验结果的影响，是成功地完成模型试验的先决条件。可以用来制造模型的材料很多，但是没有绝对理想的材料。

8-2 常用模型材料

因此，正确地了解材料性质及其对试验结果的影响，对于顺利完成模型试验往往有决定性意义。

模型材料主要应满足以下要求：

（1）保证模拟的要求。既能满足模型设计中的相似准则，也可以将模型上测得的物理量换算成原型结构上相应的物理量。

（2）保证量测要求。即能够产生足够的变形，使量测仪表有足够的读数，因此弹性模量应低一些，但也不能过低以致因安装应变片或其他量测仪器本身的刚度影响试验结果。

（3）保证材料性能要求。即材料性能稳定，不因温、湿度的变化而变化。由于模型结构的尺寸较小，周围环境的温、湿度变化对它的影响远远大于原型结构的影响，模型材料对环境变化的稳定性要求高于原型材料。

（4）保证材料徐变小要求。一切用合成方法制成的材料都有徐变，即在荷载的情况下，变形随着时间的增长而增长，真正的弹性变形不应该包括徐变。徐变的影响虽然可以通过一些方法来补偿，但选用徐变小的材料，对于试验和量测总是有利的。

（5）保证制作方便。即易于加工，价格便宜。

模型材料的选择，要根据模型试验的目的来正确选择。如果模型试验的目的在于研究弹性阶段的应力状态，则模型材料应尽可能与一般弹性理论的基本假定一致，即均质、各向同性、应力与应变呈线性关系和固定不变的泊松比。模型材料可以与原型材料不同，常用的有金属、塑料、有机玻璃、石膏等。

如果模型试验的目的在于研究结构的全部特性，包括超载以至破坏时的特征，此时对模型材料的要求更加严格，通常采用与原型极相似的材料或与原型完全相同的材料来制作模型。

常用的模型材料有以下几种：

（1）金属

金属的力学特性大都符合弹性理论的基本假定。如果对量测的准确度有严格的要求，则它是最合适的材料。在金属中，常用的有钢材和铝合金，而铝合金占有特别重要的地位，铝合金不仅允许有大的应变量，而且有良好的热导性能和较低的弹性模量。钢和铝合金的泊松比为 0.30，比塑料更接近混凝土的泊松比。

金属的弹性模量较塑料和石膏的都高，它要求用大的荷载进行模型试验，也要求有足够强度和刚度的支承系统。此外，金属模型的最大缺点是加工困难，因此用金属来做模型的并不多。

金属有时用于制作钢结构的模型，也用于分析简单的平板问题，金属平板易于制作，有各种厚度的商品出售，可以选用较薄的板来制作模型，使模型的支承结构和荷载装置、量测装置都得到简化。

（2）塑料

塑料作为模型材料的最大优点是，强度高而弹性模量低（约为金属弹性模量的0.02～0.1倍），便于加工。缺点是力学性能受应变速率的影响较大，弹性模量受温度、时间变化的影响亦较大，徐变大，泊松比高（约为 0.35～0.50），导热性差。但只要采取一定措施，如放慢加载速度，严格控制试验环境温度，在试件设计时将材料工作应力限制在1/3的极限强度范围内等等，这些缺点是可以克服的。

塑料大量用来制作板、壳、框架以及其他形状复杂结构的模型，其中以有机玻璃用得最多。有机玻璃是一种各向同性的匀质材料，弹性模量为 $(2.3\sim2.6)\times10^3$ MPa；泊松比为 $0.33\sim0.38$；抗拉比例极限大于 30MPa。这时的应力已能产生 $2000\mu\varepsilon$ 以上的应变，对于一般的应变计已能保证足够的测量精度。

有机玻璃可以用一般的工具进行加工，可以用胶黏剂粘合成整体。由于材料透明，连接的任何缺陷都可以立即被查出来。如果模型具有曲面，可以将有机玻璃加热到110℃软化，然后在模子上热压成型。商品有机玻璃有各种规格的板材、管材和棒材，给模型制作提供了方便。

除了有机玻璃外，一般的光弹性材料也是很好的模型材料，如环氧树脂塑料等，环氧树脂塑料可在半流体状态浇注成型，然后固化。

将填充料混合到聚酯树脂或环氧树脂中，可以改善塑料的力学性能而保持良好的可加工性。

（3）石膏

用石膏制作模型，其优点是易于加工，成本较低，泊松比与混凝土的十分接近，弹性模量可以改变。其缺点是抗拉强度低，且要获得均匀和准确的弹性模量比较困难。

纯石膏的弹性模量较高，而且很脆，凝结也快，故用作模型材料时应掺入一些掺合料（如硅藻土、塑料或其他有机物）和缓凝剂来改善它的性能。例如，用石膏与硅藻土的比例为 2∶1；水与石膏的比例为 $0.8\sim3.0$ 之间，则这种材料的弹性模量可以在 $400\sim4000$MPa 之间任意调整，加入掺合料后，石膏在应力较低时是弹性的，应力达到一定程度便出现塑性。

石膏被广泛地用来制作弹性模型，它也可以大致地模拟混凝土的塑性工作。配筋的石膏模型常用来模拟钢筋混凝土板壳的破坏形态（塑性铰的位置等）。

石膏模型的制作，首先按原型结构的缩尺比例制作好浇注石膏的模子；在浇注石膏之前应仔细校核模子的尺寸，然后把调好的石膏浆注入尺寸准确的模子。为了避免形成气泡，在搅拌石膏时先将硅藻土和水调好，待混合数小时后再加入石膏。石膏的养护一般存放在气温为35℃及相对湿度为40%的空调室内进行，时间至少一个月。由于浇注模型表面的弹性性能与内部不同，因此制作模型是先将石膏按模子浇注成整体，然后再进行机械加工（割削和铣）形成模型。

（4）水泥砂浆

水泥砂浆被广泛地用来制作钢筋混凝土板壳等薄壁结构的模型，这时所用的钢筋是细直径的钢筋或用各种铁丝。

水泥砂浆的性能无疑与大骨料的混凝土不同，但相对上述几种材料来说，它毕竟还是比较接近混凝土的。

（5）细石混凝土

小尺寸的混凝土与实际尺寸的混凝土是有区别的，例如收缩的影响，骨料不同对混凝土的影响等，目前制作这类模型细石混凝土是较理想的材料。由于非弹性工作时的相似条件不易满足，而小尺寸混凝土力学性能的离散性大。因此，混凝土结构的模型比例不宜用得太小，一般采用 $1/25\sim1/2$ 之间。目前模型的最小尺寸（如板的厚度）可做到 $3\sim5$mm，而骨料最小尺寸不应超过这个尺寸的 $1/3$，这些条件都是选择材料和制作模型比例时应该考虑的。

<h2 style="text-align:center">本 章 小 结</h2>

结构模型试验作为结构研究的一个重要手段，并以它特有的解决问题的"能力"在土木工程的设计、施工和理论分析等方面，发挥了应有的作用。

1. 物理现象相似，是指除了几何相似外，在进行物理过程的整个系统中，在相应的时刻第一过程和第二过程相应的物理量之间的比例应保持常数。物理量相似包括几何相似、荷载相似、时间相似、边界条件相似、初始条件相似。

2. 相似原理是研究自然界相似现象的性质和鉴别相似现象的基本原理，由三个相似定理组成。这三个相似定理从理论上阐明了相似现象有什么性质，满足什么条件才能实现现象的相似。第一、第二相似定理是以现象相似为前提的情况下，确定了相似现象的性质，给出了相似现象的必要条件。第三相似定理补充了前面两个定理，明确了只要满足单值条件相似和由此导出的相似准数相等这两个条件，则现象必然相似。

3. 相似判据的确定一般包括方程式分析法和量纲分析法。方程式分析法是指研究现象中的各物理量之间的关系可以用方程式表达时，采用表达这一物理现象的方程式导出相似判据。它包括代数方程的方程式分析法和微分方程的方程式分析法。量纲分析法是根据描述物理过程的物理量的量纲和谐原理，寻找物理过程中各物理量间的关系而建立相似准数的方法。它不要求建立现象的方程式，而只要求确定哪些物理量参加所研究的现象，以及知道测量这些量的单位系统的量纲。

4. 模型试验技术的关键是模型的设计。模型设计首先根据任务明确试验的具体目的和要求，选择适当的模型制作材料；然后针对任务所研究的对象，用模型试验理论确定相似准数；根据现有试验条件，确定模型的几何尺寸，即几何相似常数；最后根据由相似准数导出的相似条件，确定出其他相似常数，绘制模型施工图。

5. 正确地了解材料性质及其对试验结果的影响，对于顺利完成模型试验有决定性的意义。所用的模型材料有：金属、塑料、石膏、水泥砂浆、细石混凝土等。

<h2 style="text-align:center">思 考 题</h2>

1. 模型试验有何特点？适用于哪些范围？
2. 与结构性能有关的物理量主要有哪些？
3. 相似原理的三个定理是什么？
4. 什么是量纲分析？相似常数、相似准数、相似指数有何联系与区别？
5. 简述建立模型设计一般程序有哪些。

第9章 建筑结构可靠性检测鉴定 的基本理论与基本方法

建筑结构可靠性检测鉴定就是依据现有的科学技术及理论，通过对已建成的建筑结构上的作用、抗力及其相互关系进行调查、检查、测定、试验、计算、分析和评判，确定其可靠性的全过程。建筑结构是人们为满足一定的生活和生产需要而建造的人工产品，投入使用以后必然要经受环境作用。不仅在使用中荷载、抗力及使用要求会随时间变化，而且原设计对结构上的作用效应及抗力的计算不一定完全正确，施工也可能存在这样、那样的缺陷，这些因素均可导致可靠性降低。因此，获悉建筑结构在使用的某一时期的可靠性对确保继续安全使用具有重大意义。

9.1 建筑结构的可靠性与可靠度

建筑结构在经过正常设计、施工，交付使用后，其工作运行情况称之为结构的"工作状态"。对工作状态好坏的评价一般用可靠或不可靠来表达。所谓结构可靠，是指结构在使用期内能够满足基本功能要求的安全性、适用性和耐久性而良好地工作，或称结构是"有效的""可用的"；反之结构是不可靠的，或称结构是"失效的""不可用的"。区分建筑结构工作状态的可靠与不可靠的标志是"极限状态"，它是结构工作可靠或不可靠的分界线，所以又称为"界限状态"。结构的极限状态定义为：整个结构或结构的一部分超过某一特定状态就不能满足设计规定的某一功能要求，此特定状态称为该功能的极限状态。

极限状态可分为承载能力极限状态和正常使用极限状态两类，其中承载能力极限状态主要考虑安全性功能，正常使用极限状态主要考虑适用性和耐久性功能。对于结构的各种极限状态，我国规范均规定有明确的标志及限值。

结构的可靠性指结构在规定的时间内，在规定的条件下，完成预定功能的能力。结构的可靠度指结构在规定的时间内，在规定的条件下，完成预定功能的概率。所谓"规定的时间"，一般指设计基准期 T；所谓"规定的条件"：一般是指正常设计、正常施工建造、正常使用、正常维护条件；"预定功能"指：

（1）在正常施工和正常使用时，能承受可能出现的各种作用；

（2）在正常使用时具有良好的工作性能；

（3）在正常维护下具有足够的耐久性能；

（4）在设计规定的偶然事件发生时及发生后，仍能保持必需的整体稳定性。

这四项功能，其中第（1）、（4）两项为安全性要求，第（2）项为适用性要求，第（3）项为耐久性要求，因此通常也认为结构可靠性包括安全性、适用性、耐久性三个方面。预定功能指结构应具备的各种功能的总体。耐久性指结构在规定的工作环境中，在预定时期内，其材料性能的恶化不致导致结构出现不可接受的失效概率。足够的耐久性能指在正常维护条件下结构能够正常使用到规定的设计使用年限。整体稳定性指在偶然事件发生时和发生后，建筑结构仅产生局部的损坏而不致发生连续倒塌。根据结构破坏可能产生后果的严重性，将建筑结构安全性等级划分为一级、二级、三级，每差一级可靠指标相差0.5，另外考虑结构破坏后果的严重性还引入结构重要性系数 γ_0。

结构的可靠度是可靠性的示性函数，是可靠性的概率测度，是可靠性的一种定量描述。为实用方便，将结构的可靠度用与之有对应关系的可靠度指标 β 表示。

结构的可靠度与结构的使用年限有关，设计使用年限是建筑结构的地基基础工程和主体结构工程"合理使用年限"的具体化，当结构的使用年限超过设计使用年限后，结构的失效概率可能较设计预期值增大。结构的设计使用年限是设计规定的一个时期，在这一规定时期内，只需进行正常的维护而不需进行大修就能按预期目的使用，完成预定的功能，即房屋在正常设计、正常施工、正常使用和维护下应达到的使用年限，如达不到这个年限则意味着在设计、施工、使用和维护的某一环节上出现了非正常情况，应查找原因。所谓的"正常维护"包括必要的检测、防护及维修。结构可靠度是以正常设计、正常施工、正常使用为条件的，其中不考虑人为过失的影响。人为过失应通过其他措施予以避免。

根据建筑结构所处的不同阶段，结构的可靠性问题又可归结为：可靠性的设计、可靠性的施工、可靠性的管理。建筑结构可靠性的管理是研究解决建筑结构的使用阶段如何保证结构的可靠性。一般包括：

（1）定期或不定期对结构构件的可靠性进行检测、评估和鉴定。

（2）定期或不定期对结构构件进行小修、中修、大修，即对失效或可靠性指标 β 低于要求的结构构件进行加固、更换。

9.2　既有建筑结构可靠性鉴定

9-1 建筑结构
可靠性鉴定现场

9.2.1　既有建筑结构可靠性鉴定的基本概念

建筑结构可靠性鉴定的目的是了解、掌握建筑结构的可靠性，以便更好地为生产、生活服务。具体地讲有以下几种：

1. 结构的使用时间超过规定的年限。"规定的年限"不仅限于设计使用年限，有些行业规定既有结构使用5～10年就要进行检测鉴定，重新备案。

2. 结构的用途或使用要求发生改变，如商场改为大型超市，厂房吊车提升吨位。

3. 结构的使用环境出现恶化。

4. 结构存在较严重的质量缺陷。

5. 结构遭受灾害。

6. 出现影响结构安全性、适用性或耐久性的材料性能劣化、构件损伤或其他不利状态。

7. 对既有结构的可靠性有怀疑或有异议。

具体的可靠性鉴定项目、内容和范围由使用者提出，或者使用者与专门的鉴定机构协商共同确定。鉴定范围可以是整幢建筑物，亦可以仅指定某一区域或某一类构件。

既有结构可靠性鉴定的基本原则是确保结构的性能符合相应的要求（指现行结构标准对结构性能的基本要求），考虑可持续发展的要求，尽量减少业主对既有结构加固的工程量。可靠性鉴定应根据国家现行有关标准的要求进行，尽量获得结构性能的信息，在保证结构性能的前提下，尽量减少工程处置工作量。既有结构的可靠性鉴定应按以下步骤进行：

1. 明确鉴定的对象、内容和目的；
2. 通过调查或检测获得与结构上的作用和结构实际的性能和状况相关的数据和信息；
3. 对实际结构的可靠性进行分析；
4. 提出鉴定报告。

9.2.2 既有建筑结构可靠性鉴定的特点

既有建筑结构的可靠性鉴定与可靠性设计是两种完全不相同的工作过程，根本区别在于可靠性鉴定的对象是一个现实的客观存在的实体，而可靠性设计是一个假设的虚拟体。可靠性鉴定时计算简图只能根据建筑结构的实际尺寸、实际构造等当前的实际技术状态为基础确定，结构的实际承载力只能根据实际结构材料的强度、几何参数进行计算，多种参数是现实存在的，能够也必须从实际结构获得，工作过程具有很大的被动性。可靠性设计从制定方案、选取计算简图、确定设计荷载和材料强度到结构内力分析、承载力计算都是人为的预定或预估的过程，其过程只要符合国家现行的标准、规范、规程及委托者的要求，设计人员有较大的主动性。具体地讲结构可靠性设计与结构可靠性鉴定有以下区别：

（1）基准期和目标使用期　结构设计中各项参数取值依据的是《建筑结构可靠性设计统一标准》GB 50068—2018 规定的目标使用期，结构可靠性鉴定各项参数的取值依据是下一个目标使用期。下一个目标使用期由主管部门根据结构的已使用年限、当前的使用状况、以后的使用要求等综合确定，且较《建筑结构可靠性设计统一标准》GB 50068—2018 规定的目标使用期短。

（2）前提条件　拟建建筑结构可靠性设计的前提条件是正常设计、正常施工、正常使用和维护，不考虑非正常情况。而既有结构的可靠性鉴定中如果原设计、施工或使用和维护中存在缺陷，应明确分析出它对建筑结构可靠度的影响。此外，已有建筑结构可靠性鉴定中为确保可靠性还可引入某些限值条件、措施。

（3）设计荷载和鉴定验算荷载　进行结构设计时采用的荷载值为设计荷载，取值依据《工程结构通用规范》GB 55001—2021 及使用要求来确定。建筑结构可靠性鉴定时采用的荷载是验算荷载。荷载取值依据《既有建筑鉴定与加固通用规范》GB 55021—2021 及结构使用的实际荷载综合分析确定，对于难以确定的荷载可以依据有关规范的原则通过现场实测取得。

（4）抗力计算依据　结构设计抗力计算的依据是结构设计规范和设计时设定的图纸，而可靠性鉴定时抗力验算应以实测为准，考虑各种变更及施工偏差。

（5）依据的规范有所不同　结构设计是依据当时的设计规范，而可靠性鉴定是依据现行的鉴定标准及现行的设计规范，原设计规范只能作为参考性的指导文件使用。因此，可能出现按原设计规范某一构件承载力满足要求，但按现行规范承载力不足的情况。

（6）可靠性控制的方式不同　结构设计中可靠性控制是以满足现行设计规范为准绳，其结果只有满足和不满足两种可能。而鉴定结果是以四个等级来反映现有结构的可靠度水平，等级越低其可靠性越低。

（7）结构设计是在可靠性与经济性之间选择合理的平衡，是在使结构满足各种预定功能要求的条件下达到最经济或比较经济的一个优化过程。而可靠性鉴定是判断既有结构是否满足各种功能要求或满足程度如何的一个决策过程，所提供的则是建筑结构的最优维护、加固和管理方案。

9.2.3 可靠性鉴定的分类

按用途不同将可靠性鉴定分为民用建筑可靠性鉴定和工业厂房可靠性鉴定。

1. 民用建筑可靠性鉴定

按照结构功能的承载能力和正常使用两种极限状态，民用建筑的可靠性鉴定可分为安全性鉴定（或承载能力鉴定）和正常使用性鉴定。根据不同的鉴定目的和要求，安全性鉴定与正常使用性鉴定可分别进行，或选择其一进行，或合并成为可靠性鉴定。实际使用可按以下原则选择：

（1）在下列情况下，应进行可靠性鉴定：

① 建筑物大修前的全面检查；

② 重要建筑物的定期检查；

③ 建筑物改变用途或使用条件的鉴定；

④ 建筑物超过设计基准期继续使用的鉴定；

⑤ 为制定建筑群维修改造规划而进行的普查。

（2）在下列情况下，可仅进行安全性鉴定：

①危房鉴定及各种应急鉴定；

②房屋改造前的安全检查；

③临时性房屋需要延长试用期的检查；

④使用性鉴定中发现的安全问题。

（3）在下列情况下，可仅进行正常使用性鉴定：

① 建筑物日常维护的检查；

② 建筑物使用功能的检查；

③ 建筑物有特殊使用要求的专门鉴定。

2. 工业建筑可靠性鉴定

（1）根据《既有建筑鉴定与加固通用规范》GB 55021—2021 相关要求，工业建筑在下列情况下，应进行可靠性鉴定：

① 达到设计工作年限需要继续使用；

② 改建、扩建、移位以及建筑用途或使用环境改变前；

③ 原设计未考虑抗震设防或抗震设防要求提高；

④ 遭受灾害或事故后；

⑤ 存在较严重的质量缺陷或损伤、疲劳、变形、振动影响、毗邻工程施工影响；

⑥ 日常使用中发现安全隐患；

⑦ 有要求需进行质量评价时。

（2）在下列情况下，宜进行可靠性鉴定：

① 使用维护中需要进行常规检测鉴定时；

② 需要进行全面、大规模维修时；

③ 其他需要掌握结构可靠性水平时。

（3）当结构存在下列问题且仅为局部的不影响建、构筑物整体时，可根据需要进行专项鉴定：

① 结构进行维护改造有专门要求时；

② 结构存在耐久性损伤影响其耐久年限时；

③ 结构存在疲劳问题影响其疲劳寿命时；

④ 结构存在明显振动影响时；

⑤ 结构需要进行长期监测时；

⑥ 结构受到一般腐蚀或存在其他问题时。

9.2.4 可靠性鉴定的方法

建筑结构的可靠性鉴定方法由低级向高级主要有传统经验法、实用鉴定法和可靠度法。传统经验法简单、精度差，可靠度法复杂、精确、很难实施，实用鉴定法结合了二者的优点。

1. 传统经验法

这种方法凭工程技术人员的经验现场调查、观察后，按原设计规范进行验算以判断结构的可靠性。其程序是根据结构在使用期发现的问题，委托有鉴定实践经验的技术人员，在不具备检测仪器、设备的条件下，对建筑结构的材料强度、损伤、结构布置进行简单的视察后，结合设计资料按原设计规范进行承载力计算校核、结构布置及构造措施核查之后，作出建筑结构的可靠性评定。这种方法以鉴定人员的个人作用为前提，调查工作简单、快速、经济，为我国 20 世纪 50～80 年代结构可靠性鉴定的主要方法。它没有或较少实施现场检测手段，以鉴定人员的主观判断为主体，对同一结构不同鉴定人员往往得出的结论差异较大，难以对结构作出全面的、客观的评价，易于出现争议。目前它只适于对建筑结构出现简单的局部问题时的可靠性判断。

2. 实用鉴定法

实用鉴定法是运用先进的检测仪器和检测技术，通过对组成结构的材料的强度、老化、腐蚀，构件的裂缝、变形、连接、构造等进行现场实际检测的基础上，以随机过程、概率论与数理统计、模糊数学、计算机等有效手段，对已有建筑结构的可靠性进行描绘、计算、分析和预测，进而给出建筑结构较为科学的可靠性鉴定结论的方法。实用鉴定法对于新、旧规范设计的建筑结构，均按现行规范进行校核验算。实用鉴定法是在传统经验法的基础上经过科研院所、大专院校大量的研究后发展起来的，随着科学技术的发展，还在不断地完善。

实用鉴定法将鉴定对象从构件到鉴定单元划分为三个层次，每个层次再划分为三至四个等级。评定从构件开始，通过现场调查、检测测试、验算分析确定等级，然后按该层次的等级构成评定上一层次的等级，最后评定鉴定单元的可靠性等级。我国现行的《民用建筑可靠性鉴定标准》GB 50292—2015、《工业建筑可靠性鉴定标准》GB 50144—2019 均属于实用鉴定法。实用鉴定法的工作程序如图 9-1 所示。

实用鉴定法花费人力较多、时间较长、费用较高，目前检测手段还不能满足工程鉴定的需要，对于受损构件的承载力分析还缺少深入的研究，评价理论也不够完善，在可靠度分析中采用静态分析法，对未来使用年限抗力随时间衰减对可靠度的影响较难准确估计。

实用鉴定法的发展：已有建筑结构是一个复杂的系统，经过多年的使用以后情况更是千变万化，大量的信息是不确定的。结构所受的各种作用和材料的腐蚀、老化以及抗力衰减都是随机过程，应用概率分析求解 t 时刻的可靠度，才是服役结构可靠性的科学度量方法。构件受损以后往往带来结构构件性能的一系列变化，例如钢筋锈蚀到一定程度，会使钢筋的屈服强度降低、延伸率下降、与混凝土的黏结力降低或丧失、构件的刚度变小。因此，运用现行设计规范给出的承载力可能会产生较大的误差。此外，服役结构已使用了若干年，受到荷载作用的考验，可靠性分析中应考

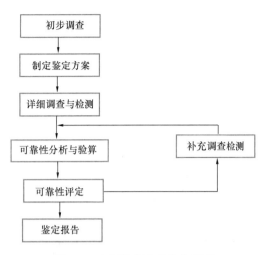

图 9-1　实用鉴定法的鉴定程序

虑这一有利因素。在建筑结构体系中，除了大量随机信息以外，还存在很多模糊性信息，如设计方案的好坏、结构布置、支撑布置的优劣等，它们对保证建筑结构的空间刚度、整体稳定、抗震性能具有重要的作用，但是这些很难用常规数学表达式定量描述，必须用模糊数学等手段来解决。因此，现代化的可靠性鉴定方法将是常规数学、概率与数理统计、随机过程、模糊数学、系统工程等多种评价技术的有机结合。

3. 可靠度法

建筑结构的抗力 R 和作用效应 S 为随机变量或随机过程，可靠度法就是用概率的概念分析建筑结构的可靠度。$R>S$ 表示结构可靠；$R=S$ 表示达到极限状态；$R<S$ 表示结构失效。当结构失效的可能性大小用概率表示时，称之为失效概率，失效概率用 P_f 表示。如果可靠概率用 P_s 表示，显然二者互补，即：

$$P_f + P_s = 1$$

或：

$$P_f = 1 - P_s$$

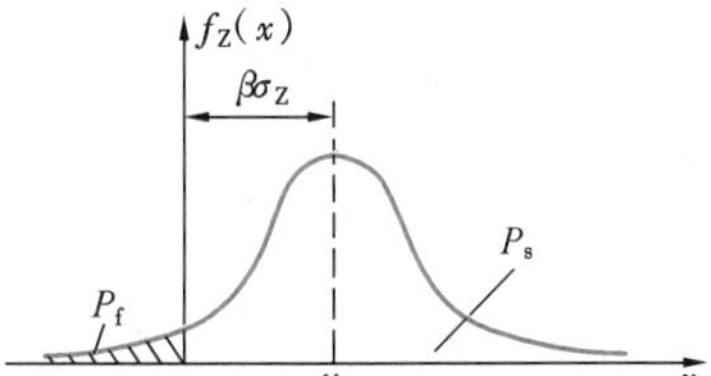

概率法在理论上是完善的，但要达到实用还有很大的困难。目前概率法的实际应用只是近似概率法，从概率分布曲线和形态，用均值和均方差度量并找出安全指标。图 9-2 为近似概率法示意图，从 0 到平均值 μ_z 这段距离，用均方差标准差 σ 来度量，即：

$$\mu_z = \beta \sigma_z$$

式中　β——安全指标。

图 9-2　可靠指标 β 与
　　　　P_f、P_s 的关系

从图 9-2 可以看出，β 小时，P_f 就大；反之 β 大时，P_f 就小；因此 β 和 P_f 一样是度量已有建筑结构可靠度的一个指标，且它们之间的数值关系是一一对应的。因此，通常称指标 β 为可靠指标。

当抗力 R 和作用效应 S 都服从正态分布时，可靠指标 β 可按式（9-1）计算。

$$\beta = \frac{\mu_Z}{\sigma_Z} = \frac{\mu_R - \mu_S}{\sqrt{\sigma_R^2 + \sigma_S^2}} \qquad\qquad (9\text{-}1)$$

则失效概率为：

$$P_f = \Phi(\,\cdot\,)(1 - \beta)$$

式中　μ_Z、σ_Z——功能函数 Z 的平均值和标准差；

　　　μ_R、σ_R——抗力 R 的平均值和标准差；

　　　μ_S、σ_S——荷载效应 S 的平均值和标准差；

　　　$\Phi(\,\cdot\,)$——标准正态分布函数。

当基本变量不按正态分布时，结构构件可靠指标应以结构构件作用效应和抗力当量正态分布的平均值和标准差代入上述公式进行计算，这时往往需经过若干次迭代才能求得 β 值。

9.2.5　可靠性鉴定的程序及工作内容

民用建筑可靠性鉴定与工业厂房可靠性鉴定的程序、内容基本相同，但又有所区别。主要包括初步调查，确定鉴定目的、范围、内容，详细调查，分析计算，补充调查，安全性、适用性鉴定评级，可靠性鉴定评定，提出结论与建议，提交鉴定报告。流程框图参见图 9-1，具体鉴定工作应按照下列步骤进行。

1. 根据可靠性鉴定的目的和要求，确定检测鉴定的范围和内容。

2. 制定检测鉴定方案及进度计划，确定现场检测、测试的项目及测试方法和相应的安全措施。

3. 初步调查。初步调查主要包括下列内容：查阅图纸资料、建筑物历史、考察建筑物的实际状况、填写初步调查表。

4. 详细调查。尽可能地运用最佳方法依据国家现行鉴定标准科学地、全面地、完整地、详细地对检测范围的结构构件进行检测并获取足够的数据。

5. 结构构件的承载力计算及计算结果分析。

6. 可靠性鉴定评级。

7. 补充调查。在进行结构构件计算和可靠性评级过程中，若个别构件或构件的某个方面数据证据不充分，或评定结果介于某两个级别之间，此时需进行补充调查或专项试验，为计算、评级提供充分的依据。

8. 提出处理意见并撰写鉴定报告。鉴定报告应包括下列内容：建筑物概况；鉴定的目的、内容、范围及依据；调查、检测结果及分析；结构验算分析与可靠性评定；结论及建议；附件等。

9.3　既有建筑可靠性评级标准与评级方法

既有建筑的可靠性评定是一项技术性很强的、复杂的、细致的工作，主要依据建筑物的建筑、结构系统展开，即承载力大小、损伤状况（裂缝、变形、沉降、内部缺陷、腐蚀等）、结构布置、支撑系统、节点与连接构造等综合评价建筑物的安全性、使用性及可靠性。我国《民用建筑可靠性鉴定标准》GB 50292—2015 按构件、子单元、鉴定单元三个层次，对安全性和可靠性鉴定划分为四个等级；对正常使用性鉴定划分为三个等级。然后根据每一层次各检查项目的检查评定结果确定其安全性、正常使用性和可靠性的等级。若

委托方要求对 C_{su} 级和 D_{su} 级鉴定单元，或 C_u 级和 D_u 级子单元的处理提出建议时，宜对其适修性进行评估，但对有纪念意义或有文物、历史、艺术价值的建筑物，不进行适修性评估，而应予以修复保护。《工业建筑可靠性鉴定标准》GB 50144—2019 则将工业建筑物的可靠性鉴定评级划分为构件、结构系统、鉴定单元三个层次；其中结构系统和构件两个层次的鉴定评级应包括安全性等级和使用性等级评定，需要时可由此综合评定其可靠性等级；安全性分四个等级，使用性分三个等级，各层次的可靠性分四个等级；鉴定单元只进行可靠性评级。

9.3.1 工业建筑可靠性评级方法与标准

工业建筑物可靠性鉴定的评定体系，包括鉴定评级的层次、等级划分和评定项目，见表 9-1。

工业建筑物可靠性鉴定评级的层次、等级划分及项目内容 表 9-1

层次	I		II		III
层名	鉴定单元		结构系统		构件
可靠性鉴定	可靠性等级	一、二、三、四	等级	A、B、C、D	a、b、c、d
	建筑物整体或某一区段	安全性评定	地基基础	地基变形、斜坡稳定性	—
				承载力	—
			上部承重结构	整体性	—
				承载功能	承载能力构造和连接
			围护结构	承载功能构造连接	—
		正常使用性评定	等级	A、B、C	a、b、c
			地基基础	影响上部结构正常使用的地基变形	—
			上部承重结构	使用状况	变形 裂缝 缺陷、损伤 腐蚀
				水平位移	—
			围护系统	功能与状况	—

注：1. 单个构件可按《工业建筑可靠性鉴定标准》GB 50144—2019 附录 A 划分；

2. 若上部承重结构整体或局部有明显振动时，尚应考虑振动对上部承重结构安全性、正常使用性的影响进行评定。

1. 构件、结构系统和鉴定单元

（1）构件

结构构件的鉴定评级，属于工业建（构）筑物进行可靠性评定的基础层次，是工业建筑整体或某个区段进行可靠性鉴定评级的基础。单个结构构件的鉴定评级，包括对其安全

性等级和使用性等级的评定，需要时尚应对其可靠性等级进行评定。可靠性等级应根据其安全性等级和使用性等级的评定结果，按以安全性为主并注重正常使用性的综合原则确定。在《工业建筑可靠性鉴定标准》GB 50144—2019中，安全性分a、b、c、d四个等级，使用性分a、b、c三个等级，可靠性分a、b、c、d四个等级。

（2）结构系统

结构系统的鉴定评级，属于工业建（构）筑物进行可靠性评定的中间层次，此鉴定评级过程是在构件鉴定的基础上进行的，包括对其安全性等级和使用性等级的评定，需要时尚应对其可靠性等级进行评定。各种结构系统的可靠性等级，应根据该结构系统的安全性等级与使用性等级评定结果，按以安全性为主并注重正常使用性的综合原则确定。工业建筑物的结构系统都可以分为地基基础、上部承重结构和围护系统结构。在《工业建筑可靠性鉴定标准》GB 50144—2019中，安全性分A、B、C、D四个等级，使用性分A、B、C三个等级，可靠性分A、B、C、D四个等级。

（3）鉴定单元

鉴定单元的可靠性鉴定评级，属于工业建（构）筑物进行可靠性评定的最高层次，通常是根据被鉴定工业建（构）筑物的结构体系、构造特点和工艺布置等不同，划分出可以独立进行可靠性评定的区段，每一个区段即为一鉴定单元。工业建筑物通常是将整个鉴定单元划分为三个结构系统：地基基础、上部承重结构和围护结构系统，分别对其进行可靠性等级评定，并根据地基基础、上部承重结构和围护结构系统的可靠性等级评定结果，按地基基础和上部承重结构两个结构系统为主的原则综合鉴定。在《工业建筑可靠性鉴定标准》GB 50144—2019中，可靠性评定等级分为一、二、三、四共四个级别。

2. 构件的鉴定评级标准、评级方法

（1）构件的安全性评级标准

a级：符合国家现行标准规范的安全性要求，安全，不必采取措施；

b级：略低于国家现行标准规范的安全性要求，基本安全适用，可不必采取措施；

c级：不符合国家现行标准规范要求，影响安全或影响正常使用，应采取措施；

d级：严重不符合国家现行标准规范要求，危及安全或不能正常使用，必须采取措施。

（2）构件的使用性评级标准

a级：符合国家现行标准规范的正常使用要求，在目标使用年限内能正常使用，不必采取措施；

b级：略低于国家现行标准规范的正常使用要求，在目标使用年限内尚不明显影响正常使用，可不必采取措施；

c级：不符合国家现行标准规范的正常使用要求，在目标使用年限内明显影响正常使用，应采取措施。

（3）构件的可靠性评级标准

a级：符合国家现行标准规范的可靠性要求，安全，在目标使用年限内能正常使用或尚不明显影响正常使用，不必采取措施；

b级：略低于国家现行标准规范的可靠性要求，仍能满足结构可靠性的下限水平要求，不影响安全，在目标使用年限内能正常使用或尚不明显影响正常使用，可不必采取措施；

c级：不符合国家现行标准规范的可靠性要求，或影响安全，在目标使用年限内明显影响正常使用，应采取措施；

d级：极不符合国家现行标准规范的可靠性要求，已严重影响安全，必须立即采取措施。

单个构件的鉴定评级，应对其安全性等级和使用性等级进行评定，需要评定其可靠性等级时，应根据安全性等级和使用性等级按下列原则确定：

当构件的使用性等级为c级，安全性等级不低于b级时，宜定为c级；其他情况应按安全性等级确定；位于生产工艺流程关键部位的构件，可按安全性等级和使用性等级中的较低等级确定或调整。

（4）构件的评级方法

结构构件的常用评级方法包括结构分析校核法、结构状态评估法和结构荷载试验法。

结构分析校核法是按结构构件的承载能力极限状态和正常使用极限状态进行分析评定的一种评级方法，构件的安全性等级通过承载能力项目的校核和连接构造项目分析评定；构件的使用性等级通过裂缝、变形、缺陷和损伤、腐蚀等项目对正常使用的影响分析评定。

结构状态评估法是指仅当构件的状态或条件符合某些规定时可直接评定其安全性或使用性等级的评定方法。该方法不适于任一构件的评定，仅限于满足《工业建筑可靠性鉴定标准》GB 50144—2019 所指的具体要求的状态或条件时的评定，可以使特定情况下的构件评级更加简单方便。

结构荷载试验法是根据试验目的和试验结果、构件的实际状况和使用条件，按国家现行有关检测技术标准的规定结构荷载试验评定其安全性和使用性等级。

3. 结构系统的评级标准、方法

（1）结构系统的安全性评级标准

A级：符合国家现行标准规范的安全性要求，不影响整体安全，可能有个别次要构件宜采取适当措施；

B级：略低于国家现行标准规范的安全性要求，仍能满足结构安全性的下限水平要求，尚不明显影响整体安全，可能有极少数构件应采取措施；

C级：不符合国家现行标准规范的安全性要求，影响整体安全，应采取措施，且可能有极少数构件必须立即采取措施；

D级：极不符合国家现行标准规范的安全性要求，已严重影响整体安全，必须立即采取措施。

（2）结构系统的使用性评级标准

A级：符合国家现行标准规范的正常使用要求，在目标使用年限内不影响整体正常使用，可能有个别次要构件宜采取适当措施；

B级：略低于国家现行标准规范的正常使用要求，在目标使用年限内尚不明显影响整体正常使用，可能有极少数构件应采取措施；

C级：不符合国家现行标准规范的正常使用要求，在目标使用年限内明显影响整体正常使用，应采取措施。

（3）结构系统的可靠性评级标准

A级：符合国家现行标准规范的可靠性要求，不影响整体安全，在目标使用年限内不影响或尚不明显影响整体正常使用，可能有个别次要构件宜采取适当措施；

B级：略低于国家现行标准规范的可靠性要求，仍能满足结构可靠性的下限水平要求，尚不明显影响整体安全，在目标使用年限内不影响或尚不明显影响整体正常使用，可能有极少数构件应采取措施；

C级：不符合国家现行标准规范的可靠性要求，或影响整体安全，或在目标使用年限内明显影响整体正常使用，应采取措施，且可能有极少数构件必须立即采取措施；

D级：极不符合国家现行标准规范的可靠性要求，已严重影响整体安全，必须立即采取措施。

振动对上部承重结构整体或局部的安全、正常使用有明显影响时，应进行现场调查检测，根据《工业建筑可靠性鉴定标准》GB 50144—2019 的要求对其安全性、使用性进行评定。结构系统的可靠性评级，应分别根据每个结构系统的安全性等级和使用性等级评定结果，按下列原则确定：

当系统的使用性等级为C级，安全性等级不低于B级时，宜定为C级；其他情况应按安全性等级确定；位于生产工艺流程重要区域的结构系统，可按安全性等级和使用性等级中的较低等级确定或调整。

（4）结构系统的评级方法

工业建筑结构系统的可靠性属于体系可靠度问题，地基基础及上部承重结构是决定工业建筑可靠性的基础，也是影响厂房可靠性的主要因素，结构布置和维护结构系统也是影响厂房可靠性的不可忽视的因素。厂房的可靠性不仅与设计、施工等先天情况密切相关，而且也与结构的老化、周围环境的影响、使用年限、使用状态等后天情况极为有关。要综合考虑各方面相关因素进行综合鉴定评级，确保评级准确无误。

地基基础：地基基础的安全性等级可按地基变形观测资料和建（构）筑物现状的检测结果评定，必要时可按地基基础的承载力进行评定。但当遇到场地地下水位、水质或土压力等有较大改变的情况时都应对此类变化产生的不利影响进行评价。对于地基基础的安全性等级的综合评定，应根据以上地基基础和场地的评定结果按最低等级确定。地基基础的使用性宜根据上部承重结构和维护结构使用状况评定。

上部承重结构：上部承重结构的安全性等级，应按结构整体性和承载功能两个项目评定，并取其中较低的评定等级作为上部承重结构的安全性等级，必要时应考虑过大的水平位移或明显振动对该结构系统或其中部分结构安全性的影响。结构整体性的评定应根据结构布置和构造、支撑系统两个项目进行评定，其中较低等级作为结构整体性的评定等级。上部承重结构承载功能的评定等级，精确的评定应根据结构体系的类型及空间作用等，按照国家现行标准规范规定的结构分析原则和方法以及结构的实际构造和结构上的作用确定合理的计算模型，通过结构作用效应分析和结构抗力分析，并结合该体系以往的承载状况和工程经验进行。在进行结构抗力分析时还应考虑结构、构件的损伤、材料劣化对结构承载能力的影响。

上部承重结构的使用性等级应按上部承重结构使用状况和结构水平位移两个项目评

定，并取其中较低的评定等级作为上部承重结构的使用性等级，必要时尚应考虑振动对该结构系统或其中部分结构正常使用性的影响。

围护结构系统：围护结构系统的安全性等级，应按承重围护结构的承载功能和非承重围护结构的构造连接两个项目进行评定，并取两个项目中较低的评定等级作为该围护结构系统的安全性等级。围护结构的使用性等级，应根据承重围护结构的使用状况、维护系统的使用功能两个项目评定，并取两个项目中较低评定等级作为该围护结构系统的使用性等级。

4. 鉴定单元鉴定评级

工业建筑物鉴定单元的可靠性综合鉴定评级是在该鉴定单元结构系统可靠性评级的基础上进行的，鉴定单元的可靠性综合鉴定结果分为一、二、三、四共四个级别，具体规定如下：

一级　符合国家现行标准规范的可靠性要求，不影响整体安全，在目标使用年限内不影响或尚不明显影响整体正常使用，可能有极少数次要构件宜采取适当措施。

二级　略低于国家现行标准规范的可靠性要求，仍能满足结构可靠性的下限水平要求，尚不明显影响整体安全，在目标使用年限内不影响或尚不明显影响整体正常使用，可能有极少数构件应采取措施，极个别次要构件必须立即采取措施。

三级　不符合国家现行标准规范的可靠性要求，影响整体安全，在目标使用年限内明显影响整体正常使用，应采取措施，且可能有极少数构件必须立即采取措施。

四级　极不符合国家现行标准规范的可靠性要求，已严重影响整体安全，必须立即采取措施。

9.3.2　民用建筑可靠性评级方法与评级标准

民用建筑是按安全性和正常使用性进行鉴定评级的，各按构件、子单元和鉴定单元分为三个层次。每一层次分为四个安全性等级和三个使用性等级，评级时应按规定的检查项目和步骤，从第一层开始，分层进行：

（1）根据构件各检查项目评定结果，确定单个构件等级；

（2）根据子单元各检查项目及各种构件的评定结果，确定子单元等级；

（3）根据各子单元的评级结果，确定鉴定单元等级。

各层次可靠性鉴定评级，应以该层次安全性和正常使用性的评级结果为依据综合确定。每一层次的可靠性等级分为四级；当仅要求鉴定某层次的安全性和正常使用性时，检查和评定工作可只进行到该层次相应程序规定的步骤。

民用建筑适修性的评估，应按每种构件、每一子单元和鉴定单元分别进行，且评定结果应以不同的适修性等级表示。每一层次的适修性等级分为四级。

民用建筑各层次安全性、正常使用性、适修性的评级标准，应用时请参考《民用建筑可靠性鉴定标准》GB 50292—2015。

9.4　既有建筑结构可靠性的计算、分析

结构的力学分析和构件承载力校核是承重系统可靠性鉴定评级的一个关键环节，不仅要以原设计图及竣工资料为依据，更要结合建筑结构的实际布置、构造及发生变化后的特

点进行。

既有建筑结构可靠性鉴定中结构的力学分析和构件承载力校核应遵守以下原则：

1. 结构或构件的校核、分析一般应依据国家现行的有关设计标准、规范，一般情况下应进行结构或构件的强度、稳定、连接的验算，必要时还应对疲劳、变形、裂缝、倾覆、滑移等进行验算。当结构或构件存在复杂疑难问题或国家标准、规范没有规定验算方法时，可根据国家现行设计规范规定计算方法的原则，结合工程实践经验和结构实际使用情况，采用其他计算方法进行分析、校核。采用的结构力学分析方法应适合结构体系的特点，特别在选择计算软件时必须首先知道其分析方法、假设条件和适用范围。

2. 结构构件的计算模型应符合或尽量接近实际的传力体系和构造连接。计算模型与实际受力情况存在差异时，应考虑计算模型所产生的误差。

3. 结构构件的分析、校核应依据原设计图纸、竣工资料、检测结果，当三者有矛盾时应现场仔细勘察、分析后确认。

4. 荷载取值和荷载效应组合除了遵守现行《工程结构通用规范》GB 55001—2021 的规定，还应考虑建筑物和环境的实际情况：如荷载作用位置的偏差是否在目前设计方法所考虑的范围之内。当结构或构件上受温度、变形等作用较大时，应考虑它们所产生的附加作用效应，并应考虑其在目标使用期可能发生的变化。

5. 工业厂房的楼面活荷载标准值的确定应在详细调查工艺布置、生产过程、特点及厂房的有关规定后，参照原设计荷载的取值及《建筑结构荷载规范》GB 50009—2012 附录 C 楼面等效均布活荷载的确定方法确定。对于已明显出现受力裂缝、变形的构件，还应作更深入的调研。

6. 如果有充分依据，结构构件的材料强度可采用原设计的材料强度，否则，应根据调查、检测结果确定。由于受现场抽样检测数量的限制，当检测所得材料强度高于设计值时，应采用原设计值。

7. 结构和结构构件的几何参数应进行现场实测并与原设计、施工记录对比，计算时需考虑构件截面的损伤、腐蚀、偏差。

8. 当混凝土结构表面温度高于 60℃，砂浆表面温度高于 100℃，钢结构表面温度高于 150℃时，应考虑温度对材质的影响。

9. 如果结构或结构构件存在质量缺陷或损伤，应考虑它们对材料性能、几何特性、承载力、刚度等的影响。如果结构或构件的性能在未来目标使用期内可能继续衰减，应根据后期将采取的维护、修复措施考虑衰减的程度。

10. 当结构体系具有明显的空间作用时，可将结构体系的空间力学分析结果作为结构构件可靠性评级的一个重要参考依据。

11. 当没有充分证据确定材料和构件的自重，或材料和构件自重的变异性较大时，需要通过现场抽样和统计分析来推断自重的标准值，且往往需采用小样本的统计推断方法。

12. 对按我国旧规范及国外规范设计的建筑结构进行校核时，其荷载按现行规范取值，材料强度等级依据《建筑结构可靠性设计统一标准》GB 50068—2018 中的原则进行换算。

本 章 小 结

1. 结构的可靠性指结构在规定的时间内，在规定的条件下，完成预定功能的能力。结构的可靠度指结构在规定的时间内，在规定的条件下，完成预定功能的概率。区分建筑结构工作状态的可靠与不可靠的标志是"极限状态"，它是结构工作可靠或不可靠的分界线。极限状态可分为承载能力极限状态和正常使用极限状态两类。为使用方便，将结构的可靠度用与之有对应关系的可靠度指标β表示。结构的可靠度与结构的使用年限有关。

2. 既有结构可靠性检测鉴定的目的是了解、掌握建筑结构的可靠性，以便更好地为生产、生活服务。建筑结构的可靠性检测鉴定与可靠性设计是两种完全不相同的工作过程，根本区别在于可靠性鉴定的对象是一个现实的客观存在的实体，可靠性设计是一个假设的虚拟体。

3. 按建筑结构的用途不同将可靠性鉴定分为民用建筑可靠性鉴定和工业厂房可靠性鉴定。民用建筑的可靠性鉴定可分为安全性鉴定（或承载能力鉴定）和正常使用性鉴定。根据不同的鉴定目的和要求，安全性鉴定与正常使用性鉴定可分别进行，或选择其一进行，或合并成为可靠性鉴定。工业建（构）筑物的可靠性鉴定，按鉴定项目内容和问题的性质划分，可分为内容全面、问题具有多样性的一般鉴定，以及内容属于单项、问题具有单一性的专项鉴定。

4. 既有建筑结构的可靠性鉴定方法由低级向高级主要有传统经验法、实用鉴定法和可靠度法。我国现行的《民用建筑可靠性鉴定标准》GB 50292—2015、《工业建筑可靠性鉴定标准》GB 50144—2019 均属于实用鉴定法。我国《民用建筑可靠性鉴定标准》GB 50292—2015 按构件、子单元、鉴定单元三个层次将安全性、适用性和可靠性分别划分为四级、三级和四级。《工业建筑可靠性鉴定标准》GB 50144—2019 则将工业建筑物的可靠性鉴定评级划分为构件、结构系统、鉴定单元三个层次；其中结构系统和构件两个层次的鉴定评级应包括安全性等级和使用性等级评定，需要时可由此综合评定其可靠性等级；安全性分四个等级，使用性分三个等级，各层次的可靠性分四个等级。

5. 民用建筑可靠性鉴定与工业厂房可靠性鉴定的工作内容主要包括初步调查，确定鉴定目的、范围、内容，详细调查，分析计算，补充调查，安全性、使用性鉴定评级，可靠性鉴定评定，提出结论与建议，撰写检测鉴定报告。

6.《工业建筑可靠性鉴定标准》GB 50144—2019 中，构件的安全性分 a、b、c、d 四个等级，使用性分 a、b、c 三个等级，可靠性分 a、b、c、d 四个等级；结构系统的安全性分 A、B、C、D 四个等级，使用性分 A、B、C 三个等级，可靠性分 A、B、C、D 四个等级；鉴定单元的可靠性评定等级分为一、二、三、四共四个级别。

7. 结构或构件的校核、分析应以国家现行的有关设计标准、规范为依据，一般情况下应进行结构或构件的强度、稳定、连接的验算，必要时还应对疲劳、变形、裂缝、倾覆、滑移等项目进行验算。当国家现行规范没有明确规定验算方法时，可根据国家现行设计规范规定的基本原则，结合工程实践经验和结构实际使用情况，采用其他计算方法进行分析、验算。

思 考 题

1. 名词解释：可靠性、可靠度、可靠性检测鉴定、极限状态、实用鉴定法、可靠度指标 β、建筑结构可靠性的管理。

2. 解释结构的可靠度定义中的规定的时间、规定的条件、预定功能的含义。

3. 建筑结构可靠性的管理包括哪些内容？

4. 建筑结构可靠性检测鉴定的目的是什么？

5. 试述结构可靠性设计与结构可靠性鉴定的区别。

6. 我国现有哪些可靠性鉴定标准或规程？你还知道哪些鉴定标准？

7. 试述民用建筑可靠性鉴定的分类及在何种情况下进行何种鉴定。

8. 试述工业厂房可靠性鉴定的分类及在何种情况下进行何种鉴定。

9. 既有建筑结构的可靠性鉴定方法有哪几种？我国现行的《民用建筑可靠性鉴定标准》GB 50292—2015 及《工业建筑可靠性鉴定标准》GB 50144—2019 属于哪一种鉴定法？

10. 可靠性鉴定的程序及工作内容是什么？

11. 我国现行的《民用建筑可靠性鉴定标准》GB 50292—2015 及《工业建筑可靠性鉴定标准》GB 50144—2019 可靠性评级标准与评级方法有何异同？

12.《工业建筑可靠性鉴定标准》GB 50144—2019 中子项、项目及单元的评级标准和评级方法是什么？

13. 建筑结构可靠性鉴定中结构的力学分析和构件承载力校核应遵守什么原则？

10-1 钢筋混凝土
结构的检测鉴定

第 10 章　建筑结构可靠性的检测鉴定

10.1　钢筋混凝土结构的检测鉴定与等级评定

10.1.1　钢筋混凝土结构或构件的现场检测

混凝土是一种人工混合材料，较之其他诸如钢材等匀质材料，具有材料离散性大、施工质量波动大的特点。由混凝土建成的结构不仅在施工中易于出现材料强度不足、构件尺寸偏差、蜂窝麻面、孔洞、开裂、保护层厚度不足、露筋等现象，而且在使用中还常常出现各种裂缝、碳化、腐蚀、冻融、钢筋锈蚀等损伤。加之钢筋混凝土结构的钢筋品种、规格、数量及内部构造配筋不能直观获知，使得混凝土结构的检测相对于其他结构形式难度更大、更复杂。

1. 混凝土结构的鉴定特点

对混凝土结构进行检测鉴定，除遵循一般的原则、方法外，还应抓住其特点进行。

（1）构成特点

钢筋混凝土结构是一种人工复合而成的，将抗压强度高而抗拉强度低的混凝土与抗拉、抗压强度均很高的钢筋通过二者之间的黏结力有机结合为一体，发挥各自的优点共同工作的结构形式。构成复杂决定了不仅检测要借助于多种仪器和设备进行，而且对于发现的问题也需通过计算，并经综合分析判断才能得出结论。

（2）历史条件特点

在我国计划经济时代，工程建设均由国家投资、国家建设，混凝土结构也明显地带有时代的政策烙印。1958 年以前，全国有统一的设计、施工规范与标准，管理制度严格、正规，工程质量较好，极少发现不合格的钢筋、水泥，但这些结构构件使用时间较长、混凝土强度较低，普遍出现不同程度的老化、腐蚀问题。1959 年前后由于受"大跃进"运动影响，片面追求工程进度，设计和施工质量事故时有发生，对这段时期的建筑结构应重点检查有无设计图纸及设计图纸是否可靠、施工质量的优劣和材质是否合格。20 世纪 60～70 年代某些工程使用了未经实践考验的新型构件，给结构埋下隐患。1966～1976 年间一些工程边设计边施工，并出现了钢筋、构件形式的盲目代换，检测应认真找出这些问题。改革开放以来，某些施工企业非法追求利润，以次充好、少配钢筋、少用水泥，对于这些问题更应仔细查找。

（3）地区特点

配制混凝土所需的材料大部分为地方材料，某些地方材料粒度过细、风化严重、杂质含量较高，由这些材料配制的混凝土性能差异较大。更有甚者，在我国某些地方，骨料具有活性，用在混凝土中可能发生碱骨料反应。

2. 混凝土强度检测

按对建筑物的破坏程度可将检测混凝土强度的常用方法分为非破损法、半破损法（局部微破损法）和破损法三种。

非破损检测就是寻找既与混凝土强度有关系，又能在构件上通过非破损测量的物理量与混凝土强度之间的关系，进而利用物理量与混凝土强度之间的相关关系，推算出混凝土强度的测试值，并进一步推断混凝土强度的标准值。这类方法主要有回弹法、超声法、射线法等。

半破损检测是以不显著影响结构构件承载能力为前提，直接在结构构件上进行局部小范围破坏性试验，根据试验值与混凝土强度之间的相关关系，换算出混凝土强度的测试值。也有直接从混凝土构件上取得样品，进行室内强度试验并据此推断混凝土强度的标准值。这类方法主要有钻芯法、拔出法、刻痕法、射击法等。

破损法有构件荷载试验法、振动破坏试验法、实物解体测定法等。此法结果真实可靠，但试验完成后构件已损坏。

非破损法和半破损法是现场测定混凝土强度的主要方法，通常称为无损检测法。破损法是条件许可的情况下对非破损法的一种校验。测量混凝土强度的准确性取决于所选择测量的物理量与强度之间的相关性，与测试条件及测试人员的技术水平等因素也有关。各种方法的比较见表 10-1。从试验强度的可靠性来讲，钻芯法优于其他各种方法，可以将这种方法看作用在建筑结构中混凝土强度的标准试验方法，各种试验方法不一致时，以钻芯法为准；从代表性来讲，超声法最优；从经济性和适用性来讲，回弹法最好，除较薄的板以外，它适用于任何构件。为了准确确定混凝土的强度，实际检测中往往采用几种方法共同测试，综合确定。

混凝土强度测试常用方法比较 表 10-1

试验方法	测试物理量	试验速度	构件损伤程度	试验条件限制
钻芯法	芯样抗压强度	慢	取样处留小孔洞	取样数量、位置受限制
回弹法	回弹值	快	无损坏	测试表面要求光滑
拔出法	拔出力	快	遗留拔出孔洞	预先周密策划
超声脉冲法	脉冲传播速度	快	无损坏	相对测试面光滑
超声回弹法	回弹值、声速	快	无损坏	相对测试面光滑
射线法	射线吸收强度	快	无损坏	射线辐射防护
射击法	探针射入深度	快	微损坏	最小构件厚度、边距限制

（1）回弹法检测混凝土的抗压强度

1）测试原理

回弹法是根据混凝土表面硬度与抗压强度之间所存在的相关关系，通过测试混凝土的表面硬度来推算混凝土的抗压强度，是各种表面硬度法中应用较好的一种方法。回弹仪是用弹簧驱动重锤，通过弹击杆弹击混凝土表面后，混凝土表面局部发生塑性变形，一部分动能被混凝土吸收，另一部分则回传给重锤，使重锤回弹。据此，利用回弹高度可间接地反映混凝土的表面硬度，并建立与混凝土强度之间的关系，推定混凝土强度。一般地，当混凝土表面的硬度低时，混凝土受弹击后的塑性变形大，吸收的能量多，相应地回传给重锤的能量就少，重锤回弹的高度亦小，标尺指示的刻度值就小；相反，混凝土表面的硬度高时，标尺指示的刻度值就大。

2）回弹仪的构造与分类

回弹仪是一种机械式的非破损检测仪器，根据冲击能量的大小，回弹仪分为重型、中型、轻型和特轻型四种：

重型：HT-3000 型回弹仪，冲击能量 29.4J，主要用于大体积普通混凝土结构的强度检测；

中型：HT-225 型回弹仪，冲击能量 2.21J，主要用于一般混凝土结构构件的强度检测；

轻型：HT-100 型回弹仪，冲击能量 0.98J，主要用于轻质混凝土和砖的强度检测；

特轻型：HT-28 型回弹仪，冲击能量 0.28J，主要用于砌体砂浆的强度检测。

中型回弹仪的标准状态为：水平弹击时，弹击锤脱钩的瞬间，回弹仪的标准能量应为2.207J；弹击锤与弹击杆碰撞的瞬间，弹击拉簧应处于自由状态，此时弹击锤起跳点应相应于指针指示刻度尺上"0"处；在洛氏硬度 HRC 为 60±2 的钢砧上，回弹仪的率定值为 80±2。

中型回弹仪的内部构造见图 10-1。由于回弹仪的构造简单、使用方便、成本低、测试迅速，并能在一定条件下满足结构混凝土强度的测试要求，误差在±15%左右，在结构检测中得到广泛运用。使用时必须与测强曲线配合。回弹仪应定期检验，检验应按照《回弹仪检定规程》JJG817—2011 进行鉴定。

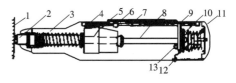

图 10-1　回弹仪构造

1—试件；2—冲击杆；3—拉力弹簧；4—套筒；5—重锤；6—指针；7—标尺；8—导杆；9—导向圆板；10—压力弹簧；11—螺栓；12—按钮；13—钩子

3）测区部位的选择及测试方法

构件混凝土强度的检测有两种方式：单个检测，适用于单个构件的检测；批量检测，适用于在相同的生产工艺条件下，混凝土强度等级相同，原材料、配合比、成型工艺、养护条件基本一致且龄期相近的同类结构或构件的检测。

按批进行检测的构件，抽检数量不得少于同批构件总数的 30%，且构件数量不得少于 10 件。抽检构件时，应随机抽取并使所选构件具有代表性。

回弹法直接测试的是混凝土的表面硬度，但混凝土的表面硬度受表面平整度、碳化程度、表面含水量、试件尺寸和龄期、骨料的种类等因素的影响较大。《回弹法检测混凝土抗压强度技术规程》JGJ/T 23—2011 限定了回弹法的适用条件，要求回弹测区满足以下要求：

①每一结构或构件测区数不应少于 10 个，对某一方向尺寸小于 4.5m 且另一方向小于 0.3m 的构件，其测区数量可适当减少，但不应少于 5 个。

②相邻两测区的间距应控制在 2m 以内，测区离构件端部或施工缝边缘的距离不宜大于 0.5m，且不宜小于 0.2m。

③测区应选在使回弹仪处于水平方向检测混凝土浇筑侧面。当不能满足这一要求时，

可使回弹仪处于非水平方向检测混凝土浇筑侧面、表面或底面。

④测区宜选在构件的两个对称的可测面上，也可选在一个可测面上，且应均匀分布。在构件的重要部位及薄弱部位必须布置测区，并应避开预埋件。对弹击时产生颤动的薄壁、小型构件，应进行固定。

⑤测区的面积不宜大于 0.04m²。

⑥检测面应为混凝土表面，并应清洁、平整，不应有疏松层、浮浆、油垢、涂层以及蜂窝、麻面等，必要时可用砂轮清除疏松层和杂物，且不应有残留的粉末或碎屑。

⑦对弹击时产生颤动的薄壁、小型构件应进行固定。

每个测区设 16 个测点，宜均匀分布，相邻两测点的净距不宜小于 20mm，测点距外露钢筋、预埋件的距离不宜小于 30mm，测点不应设在气孔或外露石子上。回弹测试时，回弹仪的轴线始终应垂直于构件混凝土的检测面，缓慢施压，当回弹仪内的重锤脱钩，推动冲击杆弹击混凝土表面后，重锤回弹，回弹值显示于标尺上，准确读出数据（精确至 1）后，使回弹仪快速复位，同一测点只应弹击一次。由于混凝土碳化后生成的碳酸钙使表面硬度增大，因此回弹值测试完毕后，应在有代表性的位置测量碳化深度值，以便考虑碳化对回弹值的影响。碳化测点数目不应少于构件测区数的 30%，取其平均值为该构件每测区的碳化深度值。当碳化深度值极差大于 2.0mm 时，应在每一测区测量碳化深度值。

4）数据处理

首先，计算每个测区的平均回弹值。计算时应从 16 个回弹值中剔除 3 个最大值和 3 个最小值，按剩余的 10 个值计算平均回弹值。

$$R_m = \frac{1}{10} \sum_{i=1}^{10} R_i \tag{10-1}$$

式中　R_m——测区平均回弹值，精确到 0.1；

　　　R_i——第 i 个测点的回弹值。

然后，根据测试的方向、部位（侧面、顶面或底面）、碳化深度修正，选用适合的测强曲线，确定构件混凝土强度的推定值 $f_{cu,e}$，即混凝土强度的标准值。

对于按批量检测的构件，当该批构件混凝土强度换算值的标准差过大，出现下列情况之一时，则该批构件应全部按单个构件检测：该批构件混凝土强度平均值小于 25MPa 时，标准差大于 4.5MPa；该批构件混凝土强度平均值不小于 25MPa 时，标准差大于 5.5MPa。

当检测条件与测强曲线的适用条件有较大差异时，可采用同条件试件或混凝土芯样的强度值进行修正，但试件或钻取芯样数量不应少于 6 个。此时按回弹法计算的测区混凝土强度的换算值应乘以修正系数 η。

$$\eta = \frac{1}{n} \sum_{i=1}^{n} f_{cu,i} / f_{cu,i}^c \tag{10-2}$$

$$\eta = \frac{1}{n} \sum_{i=1}^{n} f_{cor,i} / f_{cu,i}^c \tag{10-3}$$

式中　η——修正系数，精确到 0.01；

　　　　$f_{cu,i}$——第 i 个混凝土立方体试件（边长 150mm）的抗压强度值，精确至 0.1MPa；

　　　　$f_{cor,i}$——第 i 个混凝土芯样试件的抗压强度值，精确至 0.1MPa；

　　　　$f_{cu,i}^c$——对应于第 i 个试件或芯样部位回弹值和碳化深度值的混凝土强度换算值；

　　　　n——试件数。

对于泵送混凝土制作的结构或构件，混凝土强度的换算值还应进行以下修正：当碳化深度值不大于 2.0mm 时，每一测区混凝土强度的换算值按《回弹法检测混凝土抗压强度技术规程》JGJ/T 23—2011 附录 B 进行修正；当碳化深度值大于 2.0mm 时，可按试件试验或芯样试验进行修正。

5）回弹仪的适用范围及影响因素

影响混凝土实测回弹值的因素较多，除了仪器状态和操作技术之外，被测结构的状况对测试结果影响也较大。规程规定中型回弹仪只适用于龄期 14～1000d，强度等级 C15～C60，自然养护的普通混凝土，不适于内部有缺陷或遭受化学腐蚀、火灾、冻害的混凝土和其他品种混凝土，而且必须具备测强曲线（换算表）才能使用。测强曲线除有全国曲线以外，一般各地区或大单位还建立有本地区曲线或本单位专用曲线。对于龄期大于 1000d 的服役结构，由于各方面因素更加复杂，规程的换算表不能机械地套用，其强度的确定可参考《混凝土结构加固设计规范》GB 50367—2013 的附录"既有结构混凝土回弹值龄期修正的规定"或《民用建筑可靠性鉴定标准》GB 50292—2015 的附录"按检测结果确定构件材料强度标准值的方法"。或与其他检测方法（如同条件试件或钻取混凝土芯样）相结合建立专用的率定曲线来确定，以提高测试结果的准确性。

（2）钻芯法

1）基本原理

钻芯法是用钻芯取样机（图 10-2）在混凝土结构具有代表性的部位钻取圆柱状的混凝土芯样，并经切割、磨平加工后在试验机上进行压力试验，根据压力试验结果计算混凝土芯样的强度，并推测结构构件中混凝土强度。直接从构件上钻取的芯样比混凝土预留试块更能反

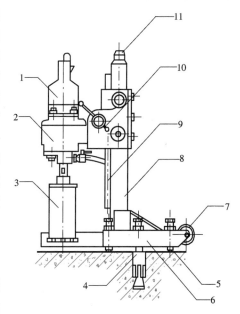

图 10-2　钻芯取样机形式

1—电动机；2—变速箱；3—钻头；4—膨胀螺栓；
5—支承螺丝；6—底座；7—行走轮；8—立柱；
9—升降齿条；10—进钻手柄；11—堵盖

映构件混凝土的质量，还可以由芯样及钻孔直接观察混凝土内部施工质量及其他情况。钻芯法的检测精度明显高于无损检测和其他半破损检测方法的精度。当采用回弹法、拉拔法等测试已有结构的混凝土强度时，一般需用芯样强度进行修正。但是，钻芯法对构件有一定损伤，不宜大范围使用。

钻芯法主要用于以下场合：对试块抗压强度测试结果有怀疑；因材料、施工或养护不良而发生质量问题；混凝土遭受冻害、火灾、化学侵蚀或其他损害；需检测多年使用的建

筑物的混凝土强度。在以下场合，不应采用钻芯法：预应力混凝土构件的最小尺寸不大于2倍的芯样直径；混凝土强度大于80MPa的普通混凝土抗压强度检测。

由于钻芯检测的可靠性较高，应用广泛，许多国家都制定了专门的技术规程，我国则制定了《钻芯法检测混凝土强度技术规程》JGJ/T 384—2016。

2）测强方法与要求

芯样应在构件的下列位置钻取：

①结构或构件受力较小的部位；

②在混凝土强度、质量方面具有代表性的部位；

③无裂缝和孔洞等缺陷的部位；

④能够避开主筋、预埋件和管线的位置，并尽量避开其他钢筋；

⑤用钻芯法和无损检测法综合测试时，取无损检测时的测区位置（以便形成对比）；

⑥便于固定和操作钻机的位置。

芯样直径一般不宜小于粗骨料最大粒径的3倍，任何情况下不应小于最大粒径的2倍，通常为100mm；芯样试件的高径比应在1～2之间。芯样试件内不应含有钢筋，如不能满足此项要求，每个试样内最多只允许含有2根直径小于10mm的钢筋，且钢筋应与芯样轴线基本垂直，并不得露出端面。

试验前应对芯样进行加工，保证两端面的平整度以及两端面与轴线的垂直度，可用砂轮磨平或在端面抹1～3mm厚强度稍高于芯样试块强度的水泥净浆。芯样几何尺寸应按以下方法测量：

①平均直径：用游标卡尺在芯样中部的两个相互垂直的位置测量，取测量结果的算术平均值，精确至0.5mm；

②芯样高度：用钢卷尺或钢板尺进行测量，精确至1mm；

③垂直度：用游标量角器测量两个端面与母线的夹角，精确至0.1°；

④平整度：用钢板尺或角尺紧靠在芯样端面上，一面转动钢板尺，一面用尺测量与芯样端面之间的缝隙，或用专用设备量测。

芯样的尺寸偏差及外观质量超过下列数值时，不得用作抗压强度试验：

①经端面补平后，芯样的高径比小于0.95或大于2.05；

②沿芯样高度范围任一断面的直径与平均直径相差2mm以上；

③芯样端面的不平整度在100mm长度范围内超过0.1mm时；

④芯样端面与轴线的不垂直度超过2°；

⑤芯样有裂缝或有其他较大缺陷。

试验时芯样试件的湿度应与被检测结构构件的湿度基本一致。如结构工作条件比较干燥，芯样试件应以自然干燥状态进行试验，受压前芯样试件应在室内自然干燥3d；如结构工作条件比较潮湿，芯样试件应在潮湿状态进行试验，试验前芯样试件应在20±5℃的清水中浸泡40～48h，从水中取出后应立即进行试验。抗压试验应遵守现行国家标准《混凝土物理力学性能试验方法标准》GB/T 50081。

3）强度推定

芯样强度的换算值指根据芯样强度所换算的龄期相同、边长为150mm的立方体试块的抗压强度。对于直径为100mm和150mm的芯样，应按式（10-4）计算。

$$f_{cu}^c = \alpha \frac{4F}{\pi d^2} \qquad (10\text{-}4)$$

式中　f_{cu}^c——芯样试件混凝土强度换算值（MPa）；

　　　F——芯样抗压试验所得的最大压力（N）；

　　　d——芯样试件的平均直径（mm）；

　　　α——不同高径比的芯样试件强度修正系数，按表 10-2 取。

芯样试件混凝土强度修正系数　　　　　　　表 10-2

高径比	1.0	1.1	1.2	1.3	1.4	1.5	1.6	1.7	1.8	1.9	2.0
系数 α	1.00	1.04	1.07	1.10	1.13	1.15	1.17	1.19	1.21	1.22	1.24

钻芯法检测混凝土强度比其他测强方法可靠性大，主要问题是取样步骤多，构件配筋多时取样更加困难，往往需借助于测量钢筋位置的仪器才能找到合适的取样位置。使用多年的结构中的混凝土一般都有不同程度的老化、腐蚀等现象，为了保证测试结果的准确性，可在非破损测试结果的基础上，用钻取的芯样强度校核非破损测试强度。这样既避免了大量钻取芯样，又提高了非破损测试的精度，充分发挥了各种方法的特长，这种测强方法在实际检测中广泛应用。

3. 混凝土中钢筋的检测

混凝土中钢筋的检测主要包括检测钢筋的品种、位置、直径、保护层厚度及钢筋锈蚀。这些项目的检测一方面是为了检验实际结构中有关钢筋的参数与设计是否相同，另一方面为结构构件的承载力计算提供基本参数。此外，实测的保护层厚度还可用来推算结构构件的使用寿命。

（1）钢筋品种的检测

我国混凝土结构用钢筋经历了品质由低到高、种类由少到多的逐步演变过程，致使不同年代建设的钢筋混凝土结构，钢筋品种不尽相同。确定钢筋品种可按如下程序进行：

1）首先应查阅设计及竣工图纸、施工资料，当建筑物因年代久远，图纸和资料丢失时，应先调查建筑物的建造年代、所用规范及设计国家（20 世纪 50 年代我国有许多苏联援建项目），初步估计可能的钢筋品种。

2）现场取样，进行力学性能（拉伸和弯曲）、化学成分试验验证，参照建筑物建造年代的国家混凝土结构设计规范推断钢材的种类。

3）将推断的钢材种类按我国现行规范确定钢材设计强度的方法，换算成相当于现行规范的钢材强度设计值。换算时应注意与现行设计规范保持协调。

（2）钢筋位置及混凝土保护层厚度

构件四周近表面第一排纵筋的位置及保护层厚度可以用混凝土保护层测厚仪直接测得。测试前应先对仪器进行校正，测试完后还可凿开角区混凝土保护层实测后与仪器测试结果进行对比，确定仪器误差。对于第二排纵筋的位置及保护层厚度目前还没有较好的测试方法，如必须获得这些参数，只能逐步凿除混凝土来确定。

（3）钢筋直径的测试

箍筋及纵筋直径可以用国产混凝土保护层测厚仪进行估测，较精确的测量方法最好选用国外一些较精确的钢筋直径测试仪检测。如果需要钢筋的精确直径则需从实际构件上截取一段，用游标卡尺测量其长度、天平称量其质量后推算。

（4）混凝土中钢筋锈蚀检测

1）锈蚀机理

对于新浇筑的构件，由于混凝土的高碱性和一定量的保护层厚度，其中的钢筋处于钝化状态而免遭腐蚀，但当构件投入使用以后，因为混凝土材料本身的多孔性致使环境中的酸性介质通过扩散作用逐渐浸入混凝土内，造成 pH 不断降低，一旦钢筋附近的 pH 降低到某一值（一般认为在 11.5 左右），钢筋表面的钝化膜便遭破坏，钢筋即可能发生腐蚀。

在正常环境及弱酸性环境中，混凝土中的钢筋锈蚀为电化学吸氧腐蚀。这种腐蚀并不一定需要酸性介质，有水和溶解于水中的氧即可发生。吸氧腐蚀的水可以是液态的水，也可以是空气中气态的水，因此，此种腐蚀在工业、民用建筑结构中普遍存在。在较强的酸性环境中，混凝土中的钢筋发生的是化学腐蚀、应力腐蚀。

钢筋发生电化学腐蚀必须具备 3 个条件：钝化膜遭破坏、有水和溶解于水中的氧。

吸氧的电化学反应式为：

$$阳极区：Fe \longrightarrow Fe^{2+} + 2e \tag{10-5}$$

$$阴极区：2H_2O + O_2 + 4e \longrightarrow 4(OH)^- \tag{10-6}$$

$$随后产生以下反应：Fe^{2+} + 2(OH)^- \longrightarrow Fe(OH)_2 \tag{10-7}$$

$$4Fe(OH)_2 + O_2 + 2H_2O \longrightarrow 4Fe(OH)_3 \tag{10-8}$$

氢氧化铁将进一步形成铁锈 [Fe(OII)$_3$·3H$_2$O]。图 10-3 为混凝土内钢筋锈蚀的示意图。

如果混凝土在制作过程中使用了过量的氯盐类外加剂或使用含超标准氯盐的地下水，由于氯离子是极强的阳极活化剂，钢筋的钝化膜将逐渐遭到破坏，混凝土保护层虽未碳化，钢筋也可发生腐蚀。

混凝土中钢筋的电化学腐蚀受许多因素影响，其中内部因素包括混凝土的强度等级、钢筋位置、钢筋直径、水泥品种、混凝土的密实度、保护层厚度及完好性、是否含 Cl$^-$等，外部因素包括温度、湿度、周围介质的腐蚀性、周期性的冷热交替作用等。调查表明，在相同的环境中，混凝土保护层越厚、越密实，所需的碳化时间越长，钢筋锈蚀程度越轻，同时抵抗锈胀开裂的能力也越强。钢筋在构件中的位置也会影响钢筋锈蚀的进程，角部钢筋由于同时受到两个方向腐蚀介质的侵蚀，其腐蚀速度比中间部位的钢筋要快一些。研究还表明，空气相对湿度大约为 50%～60% 时，最可能引发电化学腐蚀。混凝土液相的 pH 大于 10 时，钢筋锈蚀速度很小；而当 pH 小于 4 时，钢筋锈蚀速度急剧增加。混凝土中 Cl$^-$ 含量对钢筋锈蚀的影响极大，一般情况下钢筋混凝土结构中氯盐的掺量应少于水泥重量的 1%，而且必须振捣密实，不宜采用蒸汽养护。

调查表明，处于潮湿环境中的钢筋混凝土结构，当横向裂缝宽度达到 0.2mm 时，可引起内部钢筋的锈蚀，且开裂与钢筋的腐蚀相互作用。一方面，混凝土结构的裂缝会增加混凝土的渗透性，加速混凝土的碳化和侵蚀性介质的侵蚀，使钢筋的腐蚀加速；另一方面，钢筋腐蚀产物的体积膨胀（图10-4），又会造成混凝土保护层沿钢筋出现纵向裂缝，甚至脱落，加重钢筋的电化学腐蚀。

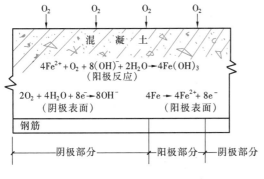

图 10-3　混凝土内钢筋锈蚀示意图　　图 10-4　钢筋腐蚀体积膨胀率示意图

2）锈蚀状况检测

常用的腐蚀检测方法有自然电位法、电阻法、线性极化和交流阻抗技术、红外线扫描技术及现场观测、局部抽样破型检查法等。

①自然电位法

钢筋与混凝土中的 $Ca(OH)_2$ 溶液相互作用后，在其界面处形成双电层，并产生稳定的电位差。该电位差与钢筋的状态有关，通过测量其数值，可判断钢筋在混凝土中是否已锈蚀。目前直接测定该电位差值尚存在困难，只能测定钢筋与参比电极（电位已知且稳定）之间的电位差，确定钢筋的自然电位。根据钢筋自然电位波动的范围和经时变化规律，可定性地判定钢筋是否腐蚀。表10-3列举了各国判定钢筋腐蚀状态的标准。

自然电位法判定钢筋腐蚀状态的标准　　　　　　　　　　表 10-3

国别	标准	自然电位及钢筋锈蚀状态（mV）			备注
美国	ASTM876—77	高于－200 90%不锈	－350～－200 不确定	低于－350 90%锈蚀	
日本	钢筋锈蚀状态标准	高于－300 不锈	局部低于－300 局部锈蚀	全部低于－300 全部锈蚀	
中国		－200～0 不锈	－350～－200 不确定	－500～－350 锈蚀	低于－700 阳极杂散电流影响 高于500 阴极杂散电流影响

用自然电位法检测混凝土中钢筋的锈蚀情况，简单迅速，不需用复杂的仪表设备，测量过程基本是非破损性的，不影响正常的生产。但自然电位的变化受许多因素的影响，在特殊情况下，电位变负并不一定表明钢筋腐蚀严重。因此，自然电位法有其局限性，其测定结果在某些时候只能作为参照，不能作唯一的判断依据，准确判定往往需要与其他方法

结合使用。

②电阻法

钢筋腐蚀是一个电化学过程，与带电离子在混凝土微孔液体中的运动有关，通过测量混凝土的导电性（电阻），可推定钢筋的腐蚀状况。

③现场观测

任何本质都通过一定的现象来表现自己，钢筋锈蚀生成的初始物质是含杂质后呈黄褐色的 $Fe(OH)_2$ 及 $Fe(OH)_3$，锈液通过孔隙渗透到达构件表面，将构件表面混凝土染成淡黄褐色，出现这一特征，即可判断染色附近混凝土中钢筋已经锈蚀。钢筋锈蚀的最终产物体积比原钢筋约大 3.5 倍，体积膨胀后在混凝土保护层产生很大的拉应力，当拉应力超过混凝土抗拉强度，保护层开裂，出现沿钢筋走向的顺筋裂缝，据此也可判断混凝土中钢筋是否锈蚀。一般地，钢筋锈蚀面积损失率越大，混凝土受影响的范围越大，顺筋裂缝亦越长、越宽。锈蚀进一步地发展，因钢筋直接暴露在空气中，由于锈蚀发展相对于锈液汽化要慢得多，锈液不再出现，裂缝的开展将导致混凝土保护层脱落。大量的调查表明，混凝土保护层刚开裂时，钢筋锈蚀质量损失率约为 0.5%～2%，且钢筋直径越小，开裂时的质量损失率越大；钢筋直径越大，开裂时的质量损失率越小。

④ 局部抽样破型检查法

破型检查就是凿开混凝土保护层直接对内部钢筋进行检测。主要检测混凝土的保护层厚度、钢筋规格、锈层厚度、剩余钢筋直径等项目，必要时可截取钢筋在实验室进行锈蚀量测及力学试验。

实际工程检测中一般先采用观测法，了解了混凝土中钢筋锈蚀的基本状况后用自然电位法进行验证，难确诊部位用局部抽样破型检查法进行最终诊断。

3）锈蚀钢筋的力学性能

已有建筑物中钢筋的锈蚀一般是均匀锈蚀和局部坑蚀。钢筋锈蚀后的力学性能会发生变化，变化程度与锈蚀程度、锈蚀类型有关，进行承载力计算时应根据锈蚀量、锈蚀类型及锈蚀部位进行适当的折减。

钢筋的屈服强度和极限强度随锈蚀量的增加而降低，对极限强度的影响更为明显。

试验研究表明，锈蚀的初始阶段锈蚀对钢筋的力学性能及延伸率影响不大，但当锈蚀使钢筋面积损失率达到 1%左右以后，随着锈蚀程度的增大，对力学性能及延伸率影响将越来越大，屈服台阶随锈蚀量的增加而不断缩短。尤其是钢筋严重锈蚀后，应力应变曲线会发生质的变化，没有明显的屈服点，屈服强度与极限强度非常接近。起初延伸率随锈蚀量的增加不断减少，锈蚀到一定程度延伸率大幅度地降低，甚至未经明显的强化阶段即断裂。

试验研究也表明，在试件局部截面损失率相同时，直径小的钢筋的极限抗拉强度和极限延伸率损失较明显，而粗钢筋的损失相对较小。

锈蚀对钢筋与混凝土的黏结力也有较大影响。对于变形钢筋，当轻度锈蚀时，黏结强度有一定的上升；但当钢筋锈蚀率超过 1%时，混凝土保护层胀裂，黏结强度则逐渐降低。对于光圆钢筋，随着锈蚀程度的增加，黏结力增加，在锈蚀达到一定程度后，黏结强度开始下降，但直到混凝土沿纵筋开裂，一般情况下其黏结强度也不低于未锈蚀的黏结强度。

4. 混凝土裂缝检测

（1）裂缝类型和成因

混凝土中有分布很不规则也不连贯的微裂缝，它对结构的使用没有多大危害。也有肉眼可见的宏观裂缝，即通常所称的裂缝，它可能会影响到结构的正常使用，甚至降低承载能力和耐久性。以下所说的裂缝均指宏观裂缝。

裂缝可能出现于施工阶段，也可能出现于使用阶段，通常按基本成因将其划分为受力裂缝和非受力裂缝。非受力裂缝一般有温度裂缝、收缩裂缝、钢筋锈蚀裂缝等，这些裂缝出现时其所在部位钢筋的应力并不一定很大，对结构受力无太大影响。受力裂缝的种类比较多，主要有梁的受弯裂缝、受剪裂缝、受拉裂缝及疲劳裂缝，柱的混凝土压酥裂缝、弯曲裂缝等。实际工程中的裂缝有时不是由单一的因素造成的，因此在检测和分析裂缝的过程中，必须结合具体情况，确定裂缝形成的主要原因。

（2）检测技术

裂缝检测包括对裂缝分布、走向、长度、宽度、深度等的检查和量测。裂缝长度可用钢尺测量，深度可用超声脉冲波量测。裂缝宽度宜用刻度放大镜或裂缝卡等工具量测，可变作用大的结构需测量其裂缝宽度变化及最大开展宽度时，可以横跨裂缝安装仪表用动态应变仪测量，用记录仪记录；受力裂缝量测钢筋重心处的宽度，非受力裂缝量测钢筋处的宽度和最大宽度；最大裂宽取值的保证率为95%，并考虑检测时尚未作用的各种因素对裂宽的影响。检测中应绘制结构构件的裂缝分布图，并标注裂缝的各项参数，如需进一步观察裂缝内部情况，可在裂缝的适当部位钻取一定深度的小直径芯样。

结构构件检测的一项主要任务就是寻找出现裂缝的部位及裂缝的各项参数。通常，裂缝易于在荷载较大、使用较频繁、设计截面尺寸较小的部位出现，寻找构件裂缝应重点观察这些部位。对于一个构件来说，剪切裂缝出现在梁、柱受剪力较大的部位且呈倾斜状，如梁的支座附近；弯曲裂缝出现在弯矩较大处，如梁跨中下部、支座上部；受拉构件的裂缝出现在杆件离开支座一段距离后。此外，受力较大或结构出现较大变形时结构构件的连接部位也易于出现扭断或拉裂，承受动荷载的构件易于出现疲劳裂缝，库房及资料室等荷载较大的房间预制板易于出现弯曲裂缝，现浇板四角上部易于出现负弯矩裂缝。

当裂缝仅可从构件的一侧进行测量，且裂缝的深度估计不大于500mm时，可采用单侧平测法测量。这时应在裂缝的被测部位，按跨缝和不跨缝两种方式、以不同的测距分别测量声波时。

不跨缝测量时，应在裂缝的同一侧选择有代表性的、质量均匀的部位设置测点，以发（T）、收（R）两换能器的内边缘距离 l' 为准，按 $l' = 100mm$、$150mm$、$200mm$、$250mm$、$300mm$ … 改变两换能器的距离，分别测读声时值 t_i，即超声波在两换能器之间传播的时间。以距离 l' 为横坐标、时间 t 为纵坐标，绘制时距图。当混凝土的质量均匀、无缺陷时，时距图中的各点可回归为一条直线，见图10-5。这时超声波在混凝土中的声速值 v 应为直线的斜率，而各测点超声波传播的实际距离应为：

$$l_i = l'_i + |a| \tag{10-9}$$

式中 l_i——第 i 点的超声波实际传播距离（mm）；

l'_i——第 i 点发、收换能器内边缘间距（mm）；

a——时距图中 l' 轴的截距（mm）。

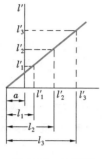

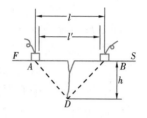

图 10-5　时距图　　　　　　图 10-6　跨缝测量裂缝

跨缝测试时，应将发、收换能器置于裂缝的两侧，见图 10-6，并以裂缝为对称轴，在与裂缝走向垂直的方向上，分别按 $l'=100mm$、$150mm$、$200mm$、$250mm$、$300mm$ … 测读声时值 t_i^0，同时观察首波相位的变化。

测试完毕后，按式（10-10）和式（10-11）计算裂缝深度：

$$d_{ci} = \frac{l_i}{2}\sqrt{\left(\frac{t_i^0 v}{l_i}\right)^2 - 1}\tag{10-10}$$

$$m_{\mathrm{dc}} = \frac{1}{n}\sum_{i=1}^{n} d_{ci}\tag{10-11}$$

式中　d_{ci}——第 i 点的裂缝深度值（mm）；

l_i——不跨缝测量时第 i 点的超声波实际传播距离（mm）；

v ——不跨缝测量时的声速值（km/s）；

t_i^0——第 i 点跨缝测量时的声时值（μs）；

m_{dc}——各测点裂缝深度的平均值（mm）；

n ——测点数。

在跨缝测量中，当发现某测距的首波反相时，可用该测距及相邻两测距的测量值按式（10-10）计算 d_{ci} 值，并取三点 d_{ci} 的平均值作为裂缝的深度值。如果难于判定首波是否反相，可按式（10-10）和式（10-11）计算所有测距时的裂缝深度 d_{ci} 及其平均值 m_{dc}，并将测距 l'_i 小于 m_{dc} 或大于 $3m_{\mathrm{dc}}$ 的数据剔除（超声波传播角度过小或过大），取余下 d_{ci} 的平均值作为裂缝的深度值。

当跨缝布置测点时，应使 $l/2$ 与裂缝深度尽可能接近，这时其测量效果最好。由于声波在混凝土中传播时会受到钢筋的干扰，因此当有钢筋穿过裂缝时，应使超声波的传播路径避开钢筋，保证两换能器的连线距钢筋的最短距离不小于裂缝深度估计值的 1.5 倍。若钢筋太密，无法避开，则不能用超声法测量裂缝深度。

当裂缝可从构件平行的两侧面进行测量时，可采用双面穿透斜测法测量裂缝深度。测点布置如图 10-7 所示，将收、发换能器分别置于两测试面对应测点 1、2、3 … 的位置，读取相应的声时值、波幅值和主频率。裂缝深度判断时，当收、发换能器的连线通过裂缝时，波幅、声时和主频会发生突变。根据这些参数的变化，可判定裂缝的深度以及裂缝是否贯通。对于大体积混凝土，当预测裂缝深度在 500mm 以上时，可采用钻孔对比法测量裂缝，具体见《超声法检测混凝土缺陷技术规程》CECS 21:2000。

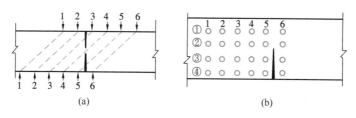

图 10-7　斜裂缝测点布置示意图

（a）平面图；（b）立面图

5. 混凝土的腐蚀检测

（1）混凝土碳化

1）混凝土的碳化机理

空气、土壤或地下水中的酸性物质如 CO_2、SO_2 等扩散、渗透进入混凝土中，与水泥石中的碱性物质发生反应导致混凝土的碱度降低的过程称为混凝土的中性化。在一般大气环境中致使混凝土中性化的主要是二氧化碳，故又将这一过程称之为碳化。混凝土的碳化过程可简单表示为：

$$Ca(OH)_2 + CO_2 \longrightarrow CaCO_3 + H_2O \tag{10-12}$$

碳化能增加混凝土的表面硬度，在某些条件下还能增加混凝土的密实性，提高混凝土的抗化学腐蚀能力。但是，碳化会降低混凝土的碱度（即 pH），破坏钢筋表面的钝化膜，大大降低混凝土对钢筋的保护作用，最终可能导致钢筋锈蚀。由于大气含有二氧化碳成分，因此对于一般的建筑物而言，碳化成为导致混凝土耐久性降低的最常见的原因。

影响碳化的因素很多，大体可归纳为材料、环境、混凝土质量三方面。材料方面包括水灰比、水泥品种、水泥用量、骨料、外加剂、表面覆盖材料等；环境方面包括环境的 CO_2 浓度、温度、湿度等；质量方面包括浇捣、养护、龄期等。水灰比大，水泥用量少，骨料孔隙多，CO_2 浓度高，施工质量差时，碳化速度快；反之，碳化速度慢。

2）碳化深度的测定

碳化深度一般在现场用酸碱指示剂如 1% 酒精酚酞溶液进行测试。测量碳化深度时，可采用电钻等工具在测区表面形成直径约 15mm 的孔洞，其深度应大于混凝土的碳化深度；清除孔洞中的粉末和碎屑，但不得用水擦洗；随后向孔内喷洒酚酞试剂，喷洒量以表面均匀、湿润为宜；片刻后未碳化的混凝土变为红色，已碳化的混凝土则不变色；当已碳化与未碳化的界线清楚时，用游标卡尺等测量工具测量分界线至混凝土表面的垂直距离，此即碳化深度。每个碳化测孔应在不同位置至少测量 3 次，读数精确至 0.5mm，取其平均值作为该测孔的碳化深度值。

实际工程中虽然龄期相同，但不同构件以及同一构件的不同部位碳化深度可能不同甚至相差较大，但测区较多时其规律还是比较明显。用酒精酚酞溶液进行测试时，普通硅酸盐水泥的碳化与未碳化的分界线波动较大，而矿渣水泥碳化深度比较均匀，各测点碳化值相差很小。

3）碳化深度的预测

混凝土的碳化深度可用下述公式进行近似预测：

$$D=k\sqrt{t}$$

式中　k——混凝土碳化速度系数；

　　　t——混凝土碳化龄期（d）；

　　　D——混凝土的碳化深度（mm）。

碳化深度的实测及预测主要用于判断混凝土耐久性寿命。试验及大量的工程调查表面，C20（含 C20）以下强度等级混凝土抗碳化能力较差，C30 及以上尤其是 C40 以上混凝土抗碳化能力很好。

（2）混凝土化学腐蚀

在一般大气环境中混凝土的耐久性较好，但在化学侵蚀介质的作用下，其耐蚀能力较差。

1）酸腐蚀

在实际使用过程中，当混凝土受到盐酸、硫酸、硝酸等无机酸以及醛酸、乳酸等有机酸的侵蚀时，受侵蚀水泥石会遭受逐步的破坏。腐蚀产生的部分腐蚀产物被溶解，部分腐蚀产物留在原处，并发生体积膨胀，在水泥石内产生内应力，导致水泥石结构破坏。

酸侵蚀过程可用如下反应式表示：

$$Ca(OH)_2 + 2H^+ \longrightarrow Ca^{2+} + 2H_2O \tag{10-13}$$

如果 H^+ 浓度高，混凝土中的水化硅酸钙也会受到侵蚀，形成硅胶：

$$3CaO_2SiO_2 \cdot 2H_2O + 6H^+ \longrightarrow 3Ca^{2+} + 3(SiO_2 + H_2O) + 6H_2O \tag{10-14}$$

当酸腐蚀反应生成可溶性的钙盐时，混凝土的腐蚀现象强烈；生成不溶性的钙盐时，由于反应物堵塞于混凝土的毛细孔中，因此侵蚀速度可以减慢，但混凝土强度会不断下降，直到破坏。除了氢离子，硫酸中的硫酸根离子对混凝土会产生盐侵蚀，使得硫酸的腐蚀性增强。盐酸中的氯离子会加速混凝土中的钢筋的锈蚀，使盐酸的腐蚀性增强。

影响酸腐蚀的主要因素有两类：混凝土的自身特性，如混凝土的渗透性、孔隙率、裂缝状况等；混凝土结构所处的酸环境，如酸的种类、浓度、状态等。

2）强碱腐蚀

强碱（NaOH）对混凝土的侵蚀作用主要包括化学侵蚀和结晶侵蚀两类。化学侵蚀指碱溶液与水泥石组分之间发生化学反应，生成易为碱液浸析的产物。

$$2CaO \cdot SiO_3 \cdot H_2O + 4NaOH \longrightarrow 2Ca(OH)_2 + 2Na_2SiO_3 + 2H_2O \tag{10-15}$$

$$CaO \cdot Al_2O_3 \cdot 6H_2O + 2NaOH \longrightarrow Ca(OH)_2 + Na_2O \cdot Al_2O_3 + 6H_2O \tag{10-16}$$

结晶侵蚀指水泥石被氢氧化钠溶液浸透后，又在空气中干燥，与空气中的 CO_2 作用生成 Na_2CO_3，而 Na_2CO_3 在水泥石毛细孔中结晶沉积，体积膨胀，致使水泥石在结晶压力作用下胀裂破坏。

$$2NaOH + CO_2 \longrightarrow Na_2CO_3 + H_2O \tag{10-17}$$

3）硫酸盐腐蚀

硫酸盐腐蚀是化工建筑中最广泛、最普遍的化学侵蚀，污水处理、化纤、制盐、制皂等厂房的混凝土构件常会因硫酸盐侵蚀而破坏。由于海水中含大量的硫酸盐，因此海岸建筑也普遍存在硫酸盐的侵蚀现象。硫酸盐腐蚀有两种形式，一种是硫酸盐侵蚀与水泥石中的氢氧化钙反应生成石膏，另一种是单硫型铝酸盐与水化硅酸钙反应生成钙矾石。硫酸盐的侵蚀不仅腐蚀了水泥石的主要成分，而且反应产物比原体积大，对邻近的混凝土也将产生损伤。

4）碱-骨料反应

碱-骨料反应是水泥中的碱和骨料中的活性氧化硅发生反应，生成碱-硅酸盐凝胶的过程。可用如下反应式简单表示：

$$2Na_2O + SiO_2 \xrightarrow{H_2O} Na_2O \cdot SiO_2 + H_2O \tag{10-18}$$

碱-硅酸盐凝胶吸水膨胀后体积增大约 3～4 倍，在混凝土内部产生很大的内应力，导致混凝土开裂和破坏。碱-骨料反应通常进行得很慢，其引发的破坏现象往往需要经过若干年才会表现出来。主要破坏是：混凝土表面产生杂乱的网状裂缝，或者在骨料颗粒周围出现反应环；在破坏区的试样里可测定出碱-硅酸盐凝胶；在混凝土构件的裂缝中，可发现碱-硅酸盐凝胶失水硬化后形成的白色粉状物。

混凝土的其他腐蚀：混凝土的其他腐蚀有冻融、氯离子腐蚀等，它们对混凝土也可产生较大的损伤。

6. 混凝土的工作状态检测

混凝土结构的工作状态的检测包括混凝土的工作应力测定、钢筋的工作应力测定，结构构件挠度、变形、侧移以及构件承载力等的检测。这些项目的检测难度较大，需专门的检测机构才可进行，但通过检测可以基本掌握构件的实际工作状态，并可由此判断其安全性、适用性及可靠性。

7. 构造与连接检测

构造与连接检测是结构可靠性检测的一个主要项目，这些项目的检测需要结合原结构设计图纸、现行规范以及结构设计的基本概念进行。检测的内容包括构件与构件连接的预埋件、焊缝或螺栓是否牢靠，预埋板的位置、构造是否正确、有无锈蚀，锚板、锚筋与混凝土之间有无明显滑移、拔脱现象，焊缝或螺栓有无拉脱、剪断或较大的滑移。检测应按照现行的混凝土结构设计规范及抗震设计规范逐一检查各项构造要求。

8. 变形的检测

结构构件的小范围变形测量比较容易，可用靠尺、水准仪、经纬仪、全站仪等进行量测，当需要测量可变荷载作用大的结构变形时，可用动态电阻应变仪、磁带记录仪等动态测量仪器进行测量。结构建成后不但体形高大、形式复杂，而且大多正在使用，大范围变形测量往往相当困难，需要多次认真查看现场，制订切实可行具有足够精度的测量方案。

10.1.2 混凝土结构构件的鉴定评级

以下鉴定评级均以工业建筑为例，民用建筑的鉴定评级与工业建筑细节上有所不同，鉴定评级时请以《民用建筑可靠性鉴定标准》GB 50292—2015 的具体条款要求为准。混凝土构件的安全性等级应按承载能力、构造和连接两个项目评定，并取其中的较低等级作为构件的安全性等级；混凝土构件的使用性等级应按裂缝、变形、缺陷和损伤、腐蚀四个项目评定，同样取其中的最低等级作为构件的使用性等级。承载力是混凝土结构项目评级中的主要项，对结构安全性及可靠性具有关键性意义，构造和连接项目是构件安全性等级评定的重要组成部分，因为构件的构造合理、可靠，是构件能够安全承载的保障。

1. 混凝土构件的承载能力鉴定评级。

混凝土构件依据承载能力验算所得的 $R/\gamma_0 S$ 值，按表 10-4 评定等级。

混凝土构件承载能力评定等级

表 10-4

构件种类	承载能力			
	$R/\gamma_0 S$			
	a	b	c	d
重要构件	≥1.0	<1.0 ≥0.95	<0.95 ≥0.90	<0.90
次要构件	≥1.0	<1.0 ≥0.90	<0.90 ≥0.85	<0.85

注：1. 混凝土构件的抗力 R 与作用效应 $\gamma_0 S$ 的比值 $R/\gamma_0 S$，应取各受力状态验算结果中的最低值；γ_0 为现行国家标准《建筑结构可靠性设计统一标准》GB 50068 中规定的结构重要性系数。

2. 当构件出现受压及斜压裂缝时，视其严重程度，承载能力项目直接评为 c 级或 d 级；当出现过宽的受拉裂缝、过度的变形、严重的缺陷损伤及腐蚀情况时，除应对使用性等级评为 c 级外，尚应结合实际工程经验、严重程度及承载能力验算结果，综合考虑其对安全性评级的影响，且承载能力项目评定等级不应高于 b 级。

2. 混凝土构件的构造和连接项目包括构造、预埋件、连接节点的焊缝或螺栓等，应根据对构件安全使用的影响按下列规定评定等级，并应取下列条款中较低等级作为构造和连接项目的评定等级：

（1）当结构构件的构造合理，满足国家现行标准要求时评为 a 级；基本满足国家现行标准要求时评为 b 级；当结构构件的构造不满足国家现行标准要求时，根据其不符合的程度评为 c 级或 d 级。

（2）当预埋件的锚板和锚筋的构造合理、受力可靠，经检查无变形或位移等异常情况时，可视具体情况按《工业建筑可靠性鉴定标准》GB 50144—2019 第 3.3.1 条评为 a 级或 b 级；当预埋件的构造有缺陷，锚板有变形或锚板、锚筋与混凝土之间有滑移、拔脱现象时，可根据其严重程度按《工业建筑可靠性鉴定标准》GB 50144—2019 第 3.3.1 条评为 c 级或 d 级。

（3）当连接节点的焊缝或螺栓连接方式正确，构造符合国家现行规范规定和使用要求时，或仅有局部表面缺陷，工作无异常时，可视具体情况按《工业建筑可靠性鉴定标准》GB 50144—2019 第 3.3.1 条评为 a 级或 b 级；当节点焊缝或螺栓连接方式不当，有局部拉脱、剪断、破损或滑移时，可根据其严重程度按《工业建筑可靠性鉴定标准》GB 50144—2019 第 3.3.1 条评为 c 级或 d 级。

3. 混凝土构件的裂缝项目鉴定评级。

（1）混凝土构件的受力裂缝宽度可按表 10-5～表 10-7 评定等级。

（2）混凝土构件因钢筋锈蚀产生的沿筋裂缝在腐蚀项目中评定，其他非受力裂缝应查明原因，判定裂缝对结构的影响，可根据具体情况进行评定。

钢筋混凝土构件裂缝宽度评定等级　　　　表 10-5

环境类别与作用等级	构件种类与工作条件		裂缝宽度（mm）		
			a	b	c
Ⅰ-A	室内正常环境	次要构件	<0.3	>0.3，≤0.4	>0.4
		重要构件	≤0.2	>0.2，≤0.3	>0.3
Ⅰ-B，Ⅰ-C	露天或室内高温度环境，干湿交替环境		≤0.2	>0.2，≤0.3	>0.3
Ⅲ，Ⅳ	使用除冰盐环境，滨海室外环境		≤0.1	>0.1，≤0.2	>0.2

采用热轧钢筋配筋的预应力混凝土构件裂缝宽度评定等级　　　　表 10-6

环境类别与作用等级	构件种类与工作条件		裂缝宽度（mm）		
			a	b	c
Ⅰ-A	室内正常环境	次要构件	≤0.20	>0.20，≤0.35	>0.35
		重要构件	≤0.05	>0.05，≤0.10	>0.10
Ⅰ-B，Ⅰ-C	露天或室内高温度环境，干湿交替环境		无裂缝	≤0.05	>0.05
Ⅲ，Ⅳ	使用除冰盐环境，滨海室外环境		无裂缝	≤0.02	>0.02

采用钢绞线、热处理钢筋、预应力钢丝配筋的预应力混凝土构件裂缝宽度评定等级　　　　表 10-7

环境类别与作用等级	构件种类与工作条件		裂缝宽度（mm）		
			a	b	c
Ⅰ-A	室内正常环境	次要构件	≤0.20	>0.02，≤0.10	>0.10
		重要构件	无裂缝	≤0.05	>0.05
Ⅰ-B，Ⅰ-C	露天或室内高温度环境，干湿交替环境		无裂缝	≤0.02	>0.02
Ⅲ，Ⅳ	使用除冰盐环境，滨海室外环境		无裂缝	—	有裂缝

注：1. 当构件出现受压及斜压裂缝时，裂缝项目直接评为 c 级。

　　2. 对于采用冷拔低碳钢丝配筋的预应力混凝土构件裂缝宽度的评定等级，可按表 10-5、表 10-6 和有关技术规程评定。

　　4. 混凝土结构和构件的变形分为整体变形和局部变形两类，整体变形指反映结构整体工作情况的变形，如结构的挠度和侧移等；局部变形指反映结构局部工作情况的变形，如构件应变、钢筋的滑移。混凝土构件的变形项目应按表 10-8 评定等级。

混凝土构件变形评定等级　　　　表 10-8

构件类别	a	b	c
单层厂房托架、屋架	$\leqslant l_0/500$	$>l_0/500$ $\leqslant l_0/450$	$>l_0/450$
多层框架主梁	$\leqslant l_0/400$	$>l_0/400$ $\leqslant l_0/350$	$>l_0/350$

构件类别		a	b	c
屋盖、楼盖及楼梯构件	$l_0>9$m	$\leq l_0/300$	$>l_0/300$ $\leq l_0/250$	$>l_0/250$
	7m$\leq l_0\leq 9$m	$\leq l_0/250$	$>l_0/250$ $\leq l_0/200$	$>l_0/200$
	$l_0<7$m	$\leq l_0/200$	$>l_0/200$ $\leq l_0/175$	$>l_0/175$
吊车梁	电动吊车	$\leq l_0/600$	$>l_0/600$ $\leq l_0/500$	$>l_0/500$
	手动吊车	$\leq l_0/500$	$>l_0/500$ $\leq l_0/450$	$>l_0/450$

注：1. 表中 l_0 为构件的计算跨度，H 为柱或框架总高，h 为框架层高。

2. 本表所列为按荷载效应的标准组合并考虑荷载长期作用影响的挠度值，应减去或加上制作反拱或下挠值。

5. 混凝土构件缺陷和损伤项目应按表 10-9 评定等级。

混凝土构件缺陷和损伤评定等级　　　　　　　　表 10-9

a	b	c
完好	局部有缺陷和损伤，缺损深度小于保护层厚度	有较大范围的缺陷和损伤，或者局部有严重的缺陷和损伤，缺损深度大于保护层厚度

注：1. 表中缺陷一般指构件外观存在的缺陷，当施工质量较差或有特殊要求时，尚应包括构件内部可能存在的缺陷。

2. 表中的损伤主要指机械磨损或碰撞等引起的损伤。

6. 混凝土构件腐蚀项目包括钢筋锈蚀和混凝土锈蚀，应按表 10-10 的规定评定，其等级应取钢筋锈蚀和混凝土腐蚀评定结果中的较低等级。

混凝土构件腐蚀评定等级　　　　　　　　表 10-10

评定等级	a	b	c
钢筋锈蚀	无锈蚀现象	有锈蚀可能和轻微锈蚀现象	外观有沿筋裂缝或明显锈迹
混凝土锈蚀	无腐蚀损伤	表面有轻度腐蚀损伤	表面有明显腐蚀损伤

注：对于墙板类和梁柱构件中的钢筋及箍筋，当钢筋锈蚀状况符合表中 b 级标准时，钢筋截面锈蚀损伤不应大于 5%，否则应评为 c 级。

10.2 钢结构的检测鉴定

10.2.1 钢结构的损伤及检测要点

钢材与混凝土相比具有诸多优点：强度高、塑性和韧性好、材质均匀、力学计算的假定与实际受力比较符合、制造简便、施工周期短、质量轻。但钢结构也有耐腐蚀性差、耐热但不耐火的缺点。在结构构件中可能出现失稳破坏、脆性破坏、连接破坏和疲劳破坏。这些问题是检测鉴定应着重注意的。

1. 钢结构的腐蚀

腐蚀是在用钢结构最普遍的问题，也是许多钢结构最终退役或失效的一个重要原因。

10-2 钢结构的检测鉴定

钢材由于与外界介质相互作用而产生的损坏过程称之为腐蚀，也叫锈蚀。钢材锈蚀分为化学腐蚀和电化学腐蚀。化学腐蚀是大气或工业废气中含的氧气、碳酸气、硫酸气或非电介质液体与钢材表面作用（氧化作用）产生氧化物引起的锈蚀。电化学腐蚀是由于钢材内部有其他金属杂质，具有不同电极电位，与电解质或含杂质的水、潮湿气体接触时，产生原电池作用，使钢材腐蚀。绝大多数钢材锈蚀是电化学腐蚀或化学腐蚀与电化学腐蚀同时作用形成。

在没有侵蚀性介质的环境中，钢结构经过彻底除锈并涂刷合格的油漆后，锈蚀问题并不严重。但在局部有水的使用环境中，如卫生间、水池、水沟附近、屋面漏雨等其他潮湿环境中，钢结构的腐蚀便成为一个严重的问题，在这些部位钢材极易发生腐蚀，应定期检查。

钢材腐蚀的检测比较简单，肉眼直观观察即可发现是否锈蚀，进一步的锈蚀参数（如锈层厚度、钢材锈蚀损失率、锈后剩余厚度、坑蚀平均深度及最大深度等）的检测则需借助一定的专用工具进行。值得指出的是，有些严重锈蚀部位表面看起来仅仅只是表面有一层锈层，但实际上清除表面锈层后其内部可能锈蚀很严重，甚至有可能钢材已锈穿。锈蚀检测虽然简单但仍需仔细、认真、彻底，并查明锈蚀原因，以便有针对性地提出处理建议。

一般来说，焊缝的耐蚀性较母材好，但当钢材锈蚀较严重时，焊缝亦可能锈蚀，焊缝的锈蚀程度可用焊规测量。

钢材锈蚀原因除了水以外，储存酸液的罐外泄液体或气体也是可能的腐蚀原因。

2. 疲劳破坏

结构的疲劳断裂是钢材或焊缝中的微观裂缝在重复荷载作用下不断扩展直至断裂的脆性破坏。断裂可能贯穿于母材，可能贯穿于连接焊缝，也可能贯穿于母材及焊缝。出现疲劳断裂时，截面上的应力低于材料的抗拉强度，甚至低于屈服强度。同时疲劳破坏属于脆性破坏，塑性变形极小，是一种没有明显变形的突然破坏，危险性较大。

疲劳破坏出现在承受反复荷载作用下的结构，常见于钢吊车梁，特别是重级工作制作用下的吊车梁。出现的部位一般是已出现质量缺陷、应力集中现象的部位和焊缝区域以及截面突然变化处。如焊接工字形钢吊车梁变截面处受拉翼缘（下翼缘）与腹板之间、加劲肋与上翼缘、加劲肋与腹板之间等部位是最容易出现疲劳裂缝的位置。疲劳裂缝开展初期长度往往较短，需对易于出现疲劳裂缝的部位认真、仔细检查，以防遗漏。疲劳破坏的表现形式是出现断裂裂缝，往往在断口上面一部分呈现半椭圆形光滑区，其余部分则为粗糙区。

钢构件的疲劳破坏与很多因素有关，当存在较大缺陷和复杂的高峰应力、残余应力时，承受动力荷载的构件会发生疲劳破坏；此时，应重点检查钢构件中易出现质量缺陷、应力集中的部位和焊缝区域。同时，不正常的使用也会降低构件的抗疲劳能力，如超负荷使用、随意施焊等，检测中应对异常作用和损伤进行详细的调查和检测。

3. 钢结构的失稳

钢构件壁厚小而长度大，在承载过程中会因持续快速增长的变形而在短时间内失效，发生失稳破坏。这种破坏主要出现于受压构件、受弯构件和压弯构件中。钢结构的失稳分两类：整体失稳和局部失稳。两类失稳形式都将影响结构或构件的正常承载和使用或引发结构的其他形式破坏。

钢构件的稳定问题突出，其稳定性与端部约束、侧向支承、板件边缘质量、几何偏差等因素都有很大关系，且较敏感。如果设计、施工中处理不当或使用中因意外原因而导致这些因素变化，则可能对构件的稳定性造成较大威胁。检测中应注意对相关构造、质量缺陷和几何偏差的检查。同时，钢构件的稳定性对割伤、锈蚀等造成的截面缺损、碰撞、悬挂吊物等引起的局部变形及意外的横向荷载等也较敏感，还应注意对构件损伤和意外作用的调查和检测，包括对防撞设施的检查。

丧失稳定的检查可通过检查构件的平整度、扭曲度及侧移来发现，对于严重丧失稳定的可直接用肉眼观察。

4. 钢结构的脆性破坏

这是一类特殊的破坏形式，构件在其应力尚未达到抗拉强度时而突然断裂，没有明显的变形，危险性很大。脆性断裂由裂纹慢慢扩展与迅速断裂两个阶段形成。脆性破坏的形式很多，疲劳破坏、层间撕裂、腐蚀疲劳、延迟断裂、氢脆断裂等都属于脆性破坏。脆性破坏往往是多种因素影响的结果，如合金元素及有害元素（如硫、磷等）、晶粒尺寸、冶金工艺及冶金缺陷、温度、应力集中、焊接、低温等。检测中应仔细查找裂缝，并根据裂缝的特征分析断裂产生的原因。

5. 钢结构防火检测

钢结构防火检测主要针对炼钢、炼铁等工艺中直接遭受火烤部位钢构件的检测，一般这些部位均作了保护，但保护可能因时间太久失去作用。火烤后钢结构的损伤特征是温度较低时变色，钢材表面的钝化膜变蓝，温度高时钢构件变形、扭曲。

6. 钢结构的变形检测

钢结构的变形有整体变形和局部变形，整体变形主要检测构件的挠度、偏斜、扭转和整体失稳等；局部变形主要检测局部挠曲、外因扭曲（撞、烤等）和失稳。这些数据均可用靠尺、水准仪、经纬仪、直尺、线锤等进行量测。

7. 钢结构的偏差检测

钢结构的偏差子项主要检测屋架、天窗架和托架不垂直度，受压杆件在主受力平面的弯曲矢高，实腹梁的侧弯矢高，吊车轨道中心对吊车梁轴线的偏差等。这些数据均可用常规仪器进行量测。

8. 钢结构的构造和连接检测

钢构件的连接有四种基本形式：焊缝连接、螺栓连接、铆钉连接以及铰连接。螺栓连接又分为普通螺栓连接和高强度螺栓连接，铆钉连接由于费工、费钢，目前已很少采用。

（1）螺栓连接

螺栓连接包括受剪连接和受拉连接两种基本形式。受剪螺栓连接有五种破坏形式：螺杆剪切破坏、孔壁挤压破坏、连接截面破坏、端孔剪切破坏、螺杆弯曲变形。对于高强度螺栓摩擦型连接，其承载能力极限状态以接触面不产生滑移为标志，如果使用过程中接触面出现滑移，则意味着连接破坏。对于高强度螺栓承压型连接，其承载能力极限状态同普通螺栓，但正常使用极限状态以接触面不产生滑移为标志，如果使用过程中接触面出现滑移，则意味着连接不满足正常使用的要求（承载力可能满足要求）。受拉螺栓连接的破坏形式主要是螺栓断裂。高强度螺栓的破坏原因除强度外，还可能因延迟断裂而破坏。

在实际工程中，由于各种原因，螺栓还可能出现松动、脱落、锈蚀等现象。

如果对螺栓连接质量有疑义，可依据国家标准《紧固件机械性能　不锈钢螺栓、螺钉和螺柱》GB/T 3098.6—2023的要求通过螺栓实物最小拉力载荷试验进行检验。

（2）焊缝连接的失效形式

对接焊缝的破坏部位通常不在焊缝上，而在焊缝附近的母材上。如果对接焊缝存在气孔、夹渣、咬边、未焊透等缺陷，焊缝的抗拉强度将受到显著影响，当缺陷面积与焊件截面面积之比超过一定比例时，对接焊缝的抗拉强度将明显下降，这时的破坏部位则可能出现在焊缝上。

角焊缝的应力状态比较复杂，且端焊缝和侧焊缝有较大区别，端缝的应力分布见图10-8，其焊根有明显的应力集中现象，因此焊缝通常起源于焊根，经扩展而导致焊缝截面断裂，破坏通常在焊喉附近。侧焊缝的应力分布见图10-9，其裂缝通常起源于端部，破坏面也多为焊喉附近。

焊缝连接具有连续性，局部一旦出现裂缝，极易延伸、扩展。

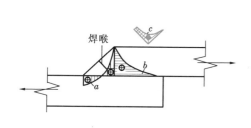

图 10-8 端焊缝应力分布

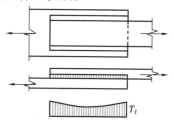

图 10-9 侧焊缝应力分布

9. 焊缝探伤技术

焊缝连接缺陷包括内部缺陷、外观质量和尺寸偏差三个方面。内部缺陷一般采用超声波探伤、射线探伤、渗透探伤或磁粉探伤进行检验；外观质量一般采用肉眼观察，或用放大镜、焊缝量规和钢尺检查，必要时可采用渗透或磁粉探伤进行检查；尺寸偏差一般采用肉眼观察或用焊缝量规检查。

（1）射线探伤

射线探伤一般采用X射线、γ射线和中子射线，它们在穿过物质时由于散射、吸收作用而衰减，其程度取决于材料、射线的种类和穿透的距离。如果将强度均匀的射线照射到物体的一侧，而在另一侧检测射线衰减后的强度，便可发现物体表面或内部的缺陷，包括缺陷的种类、大小和分布状况。由于存在辐射和高压危险，射线探伤时需注意人身安全。

检测射线衰减后强度的方法有直接照相法、间接照相法和透视法等，其中对微小缺陷的检测以X射线和γ射线的直接照相法最为理想，其简单的操作过程如下：将X射线或γ射线装置安置在距被检物体0.5～1.0m的地方，将胶片盒紧贴在被检物的背后，让X射线或γ射线照射适当的时间（几分钟至几十分钟不等），使胶片充分曝光；将曝光后的胶片在暗室中进行显影、定影、水洗和干燥处理，制成底片；在显示屏的观察灯上观察底片的黑度和图像，即可判断缺陷的种类、大小和数量，确定缺陷等级。

射线探伤可较容易地检测出气孔、夹渣等缺陷，但对于有一定投影面积但厚度很薄的一类缺陷，如裂纹等，则不易检测出来，因为这类缺陷在照射方向上几乎没有厚度上的差别。如果需要确定缺陷的厚度和位置，或检测裂纹之类的缺陷，必须从不同方向进行探伤。

对接焊缝的射线探伤应按《焊缝无损检测　射线检测　第1部分：X和伽玛射线的胶片技术》GB/T 3323.1—2019的有关规定进行。射线探伤不合格的焊缝，要在其附近再选择2个检测点进行探伤；如这2个检测点中又发现1处不合格，则必须对整条焊缝进行探伤。

（2）超声波探伤

焊缝的超声波探伤可测定焊缝缺陷的位置、大小和数量，结合工程经验还可分析估计缺陷的性质。

对接焊缝的超声波探伤应按《承压设备无损检测 第3部分：超声检测》NB/T 47013.3—2015的有关规定进行，角焊缝和T形接头焊缝的探伤方法也可采用该标准，操作方法见图10-10。

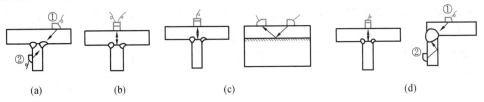

图10-10 焊缝超声波探伤方法

（a）单晶片纵波直探头或聚焦至探头；（b）双晶片纵波直探头；（c）双斜头探头；（d）单斜探头

超声波探伤的每个探测区的焊缝长度不应小于300mm。对于超声波探伤不合格的检验区，要在其附近再选择2个检测区进行探伤；如这2个检测区中又发现1处不合格，则必须对整条焊缝进行超声波探伤。

（3）磁粉探伤

焊缝的敷熔金属或钢材属于强磁性材料，可采用人工方法磁化。磁化后的材料可看作许多小磁铁的集合体，这时在无缺陷的连续部分，由于小磁铁的N、S磁极相互抵消，不会呈现磁极；但在裂纹等缺陷处，由于磁性不连续，则会呈现磁极，发生漏磁现象，即缺陷附近的磁力线会绕出材料表面，形成磁场，见图10-11和图10-12，磁场强度取决于缺陷的尺寸、位置以及材料的磁化强度等。如果将磁粉散落在磁化后的材料表面，裂纹处就会吸附磁粉，由此可显示材料的缺陷。

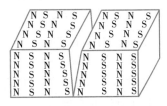

图10-11 磁棒的极化

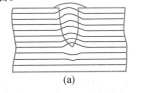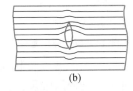

图10-12 缺陷漏磁

（a）表面缺陷；（b）内部缺陷

探伤时首先应对待探部位进行打磨或喷砂处理，清除松动的氧化皮和焊渣、飞溅物、锈斑等异物。为检验探伤装置、磁粉、磁悬液的灵敏度和探伤操作的正确性，还需将专用的试片贴在被探工件表面上。试片是带有刻槽的纯铁薄片，其上的刻槽相当于人工缺陷。

磁化是磁粉探伤的关键步骤，宜采用交叉磁轮式旋转磁化法，它可产生互相垂直的磁场，检测不同走向的缺陷。同时，还应选择磁化的电流值，使得试件表面有效磁场的磁通密度达到材料饱和磁通密度的80%～90%。探伤时应连续行走进行磁化，磁轮跨越宽度应不小于被测工件厚度的2倍，磁极间距应不大于200mm（交流电磁轮）或150mm（直流电磁轮），行走速度一般不应超过3m/min。磁化后，应在材料表面喷洒磁悬液，并立即进行观察，以免缺陷磁痕被破坏。

磁悬液是由磁粉和载液（煤油或水）配成的悬浮液体，其中磁粉为几微米至几十微米大小的铁粉，包括非荧光磁粉和荧光磁粉。荧光磁粉附着有荧光材料，在紫外线照射下具有明显反差，适用于检测微细缺陷，但必须在暗处用紫外线灯观察；采用非荧光磁粉时，则可在自然光线下观察。

磁粉探伤特别适用于检测焊缝和钢材的表面裂纹，对于深度很浅的内部裂纹也可探测出来，但只能判定缺陷的位置和表面的长度，不能判定缺陷的深度。

（4）渗透探伤

渗透探伤是用红色的着色渗透液或黄绿色的荧光渗透液显示，放大材料的表面缺陷，并用肉眼检查的检测方法，包括渗透、清洗、显示、观察四个基本步骤。

受检表面的光洁度对缺陷显示的灵敏度有重要影响，探伤前一般需对受检表面进行加工或抛光处理，并保证受检表面及其周围 20mm 范围内无氧化皮、焊渣、飞溅物、油脂、污垢等异物。

探伤时首先在干燥的材料表面用浸沾、刷涂、喷射等方法施加渗透剂，渗透时间不应小于 10min，以保证渗透液充分渗入缺陷的缝隙之中。充分渗透后，除去材料表面多余的渗透剂，可手工擦抹或用清洗剂清洗，但禁止在材料表面倾倒大量清洗剂，以防清除掉缺陷中的渗透剂。清洗后，用喷射或涂刷法将显示剂均匀涂敷在材料表面上，形成显示剂薄膜，这时残留于缺陷之中的渗透液会被逐渐吸出，在表面形成放大的红色痕迹或黄绿色荧光（需紫外线照射）。为保证缺陷被充分显示，一般需停留 10～30min。最后，用放大镜在充足的光线下或在紫外线照射下对材料表面进行检查，如果发现不允许存在的缺陷，应及时标记和记录，因为缺陷的显示痕迹会逐渐扩散，使其大小和形状发生变化。

10.2.2　钢构件的鉴定评级

钢构件的安全性等级应按承载能力（包括构造和连接）项目评定，并取其中最低等级作为构件的安全性等级，钢构件的使用性等级应按变形、偏差、一般构造和腐蚀等项目进行评定，并取其中最低等级作为构件的使用性等级。

1. 钢构件的承载能力项目，应根据结构构件的抗力 R 和作用效应 S 及结构重要性系数 γ_0 按表 10-11 评定等级。在确定构件抗力时，应考虑实际的材料性能和结构构造以及缺陷损伤、腐蚀、过大变形和偏差的影响。

表 10-11

钢构件承载能力评定等级

构件种类	$R/\gamma_0 S$			
	a	b	c	d
重要构件、连接	≥1.00	<1.00，≥0.95	<0.95，≥0.90	<0.90
次要构件	≥1.00	<1.00，≥0.90	<0.90，≥0.85	<0.85

注：1. 当结构构造和施工质量满足国家现行规范要求，或虽不满足要求但在确定抗力和荷载作用效应时已考虑了这种不利因素时，可按表中规定评级，否则不应按表中数值评级，可根据经验按照对承载能力的影响程度，评为 b 级、c 级或 d 级。
　　2. 构件有裂缝、断裂、存在不适于继续承载的变形时，应评为 c 级或 d 级。
　　3. 吊车梁受拉区或吊车桁架受拉杆及其节点板有裂缝时，应评为 d 级。
　　4. 构件存在严重、较大面积的均匀腐蚀并使截面有明显削弱或对材料力学性能有不利影响时，可按《工业建筑可靠性鉴定标准》GB 50144—2019 附录 D 的方法进行检测验算并按表中规定评定其承载能力项目的等级。
　　5. 吊车梁的疲劳性能应根据疲劳强度验算结果、已使用年限和吊车梁系统的损伤程度进行评级，不受表中数值的限制。

2. 钢桁架中有整体弯曲缺陷但无明显局部缺陷的双角钢受压腹杆，其整体弯曲不超过表 10-12 中的限值时，其承载能力可评为 a 级或 b 级；若整体弯曲严重已超过表中限值时，可根据实际情况和对其承载能力影响的严重程度，评为 c 级或 d 级。

双角钢受压腹杆双向弯曲缺陷的容许值表　　　表 10-12

所受轴压力设计值与无缺陷时的抗压承载力之比	双向弯曲的限值						
	方向	弯曲矢高与杆件长度之比					
1.0	平面外 平面内	1/400 0	1/500 1/1000	1/700 1/900	1/800 1/800	— —	— —	— —
0.9	平面外 平面内	1/250 0	1/300 1/1000	1/400 1/750	1/500 1/650	1/600 1/600	1/700 1/550	1/800 1/500
0.8	平面外 平面内	1/150 0	1/200 1/1000	1/250 1/600	1/300 1/550	1/400 1/450	1/500 1/400	1/800 1/350
0.7	平面外 平面内	1/100 0	1/150 1/750	1/200 1/450	1/250 1/350	1/300 1/300	1/400 1/250	1/800 1/250
0.6	平面外 平面内	1/100 0	1/150 1/300	1/200 1/250	1/300 1/200	1/500 1/180	1/700 1/170	1/800 1/170

3. 钢构件的变形是指荷载作用下梁、板等受弯构件的挠度，应按下列规定评定构件变形项目的等级：

a 级：满足国家现行相关设计规范和设计要求；

b 级：超过 a 级要求，尚不明显影响正常使用；

c 级：超过 a 级要求，对正常使用有明显影响。

4. 钢构件的偏差包括施工过程中存在的偏差和使用过程中出现的永久性变形，应按下列规定评定构件偏差项目的等级：

a 级：满足国家现行相关施工验收规范和产品标准的要求；

b 级：超过 a 级要求，尚不明显影响正常使用；

c 级：超过 a 级要求，对正常使用有明显影响。

5. 钢构件的腐蚀和防腐项目应按下列规定评定等级：

a 级：没有腐蚀且防腐设施完备；

b 级：已出现腐蚀但截面还没有明显削弱，或防腐措施不完备；

c 级：已出现较大面积腐蚀并使截面有明显削弱，或防腐措施已破坏失效。

6. 与构件正常使用性有关的一般构造要求，满足设计规范要求时应评为 a 级，否则应评为 b 或 c 级。

10.3 砌体结构的检测鉴定

10.3.1 砌体结构的检测

砌体是由块材和砂浆砌筑而成，与钢结构、钢筋混凝土结构相比，砌体结构虽然具有易于就地取材、造价低、施工简便、有很好的耐火性、较好的化学稳定性和大气稳定性、保温性、隔热性等优点，但砌体结构也具有自重大、砂浆和砌块间的黏结力较弱，抗拉、抗弯和抗剪强度低，材料变异性、整体性、抗震性差，地基不均匀沉降或有温度变形作用时极易产生各种裂缝的缺点。《砌体结构设计规范》GB 50003—2011 规定，对砌体结构构件仅需进行承载能力极限状态验算，正常使用极限状态则通过构造要求来保证，也即不进行构件的裂缝和变形验算。但实际使用中，由于结构设计不当，施工质量低劣，或由于地基不均匀沉降、温度收缩变形的作用，砌体结构构件往往存在各种裂缝、变形（包括墙柱的倾斜）而影响房屋的正常使用。因此，对于砌体结构构件鉴定时，也对正常使用功能进行评价，即按构件承载力、裂缝、变形（包括墙柱的倾斜）及构造四个子项进行评价。砌体结构的问题往往就是在这些方面出现，是检测的重点。

1. 砌体结构的特点及检测要点

（1）砌体结构的特点

1）砌体结构的自重较大，其基础通常采用墙下条形基础和柱下单独基础，对地基不均匀沉降的调节有限，易于发生不均匀沉降现象。

2）砌体具有承重和维护的双重功能，但强度相对较低，易于出现裂缝，且承重及维护砌体的裂缝极易互相影响。

3）砌体结构通常采用钢筋混凝土楼、屋盖，由于砌体材料和混凝土材料的热膨胀系数存在显著差别，砌体结构的顶层墙体常常因较大的温度变形而开裂。

4）由于砌体结构强度较低，难于形成较大的空间及较大的洞口。当洞口较大、洞口间墙太小时往往出现压碎、拉裂或剪断现象。

5）砌体结构怕受潮，使用环境较差或长期有水时极易出现风化、冻融、腐蚀等耐久性损伤。

6）砌体结构墙体由多人砌筑而成，不同部位施工质量差异较大，出现的问题有时是局部的。

7）易于出现温度、收缩、变形或地基不均匀沉降等引起的裂缝及轻微的非受力裂缝。

（2）砌体结构检测要点

1）全面检查砌块及砂浆的风化、腐蚀、冻融等损伤。

2）裂缝及结构损伤检测。详细检查墙体、梁、柱、板、散水、地面出现的裂缝及裂缝的各项参数，绘制裂缝分布图，分析裂缝出现的可能原因。详细记录结构的各种损伤。

3）变形检测。检测高大的墙体、柱、梁的变形及倾斜。

4）连接检测。墙体与墙，垫块与墙及梁，屋架、屋面板、楼面梁、板与墙、柱的连接点应作为检查的重点。

5）圈梁检查。圈梁的布置、构造是否合理，有无裂缝或断裂。

6）墙体稳定性检测。主要测定支撑约束条件和高厚比，重点是墙与墙、墙与主体结构的拉结，特别是纵横墙、围护墙与柱、山墙顶与屋盖的拉结等。

2. 砖或砌块、砂浆，砌体的强度检测

砌体强度的现场检测需对检测部位进行必要的加工，在加工过程中极易对砂浆及砌块造成扰动。因此，对试验部位的加工应小心谨慎，如不慎出现扰动应另换部位。大部分的强度检测将对墙体产生一定、甚至较大的损伤，检测完成后应进行必要的修复。

（1）砖的强度：砖强度的现场检测一般可在不影响使用的房间、窗台下或屋顶，从墙体上直接取样送回实验室进行抗压、抗折试验。为使试验具有代表性，应在不同层的不同部位均取样。

（2）砂浆的强度：砂浆的强度检测可用砂浆回弹仪、推出法、筒压法、砂浆片剪切法、点荷法、射钉法、砂浆贯入法等中的一种或多种方法进行检测。

（3）砌体强度：砌体强度分砌体抗压强度和砌体抗剪强度两种。砌体抗压强度可用轴压法、扁顶法等方法检测，砌体抗剪强度可用原位单剪法、原位单砖双剪法等方法检测。砌体抗压强度、抗剪强度和抗拉强度还可以根据砌筑砂浆和砖的强度等级进行推断。

钢材强度相比混凝土强度离散性大，砌体强度与混凝土强度相比，其检测结果离散性更大。由于离散性太大，砂浆、砌体强度的检测往往需要大量的测点，且用一种检测方法很难准确确定，现场检测往往用几种方法进行实测后综合推断，并合理剔除操作不当可能产生的偶然误差。

3. 砌体裂缝

使用中砌体结构出现的主要问题是墙、柱出现裂缝，它是砌体的一大症害，轻者影响外观和使用功能，削弱结构的整体性，降低结构的刚度、承载力和使用寿命，影响整体结构的稳定性。重者无法使用甚至倒塌。下面分别叙述各种裂缝的特点及其产生的原因。

（1）承载力不足产生的裂缝

砌体承载力不足主要表现为砌体局部压裂或压碎、剪裂、拉裂等现象，承载力严重不足时可能出现局部或整体倒塌。

受压破坏的裂缝：砌体压裂、压碎一般发生在高厚比较小、应力比较集中的独立柱、扶壁柱，因开洞较大导致宽度较小的窗间墙及门柱处；当高厚比较大或承受偏心压力时，为弯曲受压，可能既有压裂、压碎，又有纵向弯曲，此时墙、柱有失稳的可能。虽然砌体局部承压部分的承载能力因周围砌体的约束而能够得到一定的提高，但在较大的局部压应力下，砌体的局部受压部分还是可能开裂、破坏。

受拉裂缝：受拉破坏包括轴心受拉破坏和弯曲受拉破坏。典型的轴心受拉构件是圆形水池等的池壁，其破坏（开裂）形式有两种：如果砌筑质量好，砖和砂浆强度都较高，受拉裂缝是由于设计截面不足引起的，裂缝呈竖向并沿砖块本身拉开，否则将沿水平和垂直灰缝拉开，或呈锯齿状或梯形拉开。挡土墙的墙壁、围墙、抗风柱等属于比较典型的受弯构件，其破坏面可能沿垂直缝或锯齿状裂缝拉开，也可能出现跨越块材的竖向裂缝，其发生的条件与受拉构件的相似。弯曲受拉破坏的裂缝一般都是从受拉侧开始的。

受剪破坏：实际工程中受剪裂缝的情况有：无拉杆拱的支座在水平推力作用下，当拱度较大、砂浆强度较低、受剪面较小时，沿水平缝或阶梯形缝出现剪切裂缝；低矮的剪力墙在水平力作用下也容易出现沿阶梯形缝的破坏；大梁搁置在门窗洞口上而又没有设置托梁时，下部砌体极易出现剪切裂缝。

（2）沉降裂缝

砌体结构由于其抗拉、抗剪强度低，极易出现由于地基不均匀沉降产生的沉降裂缝。中间沉降时裂缝呈八字形，两端沉降时裂缝呈倒八字形。

（3）温度裂缝

温度裂缝指在温度作用下因墙体与屋盖、楼盖变形不协调而在墙体上出现的裂缝，或者在温度作用下墙体本身因过大的收缩变形而产生的裂缝。

结构在使用、施工阶段之间的环境温度差以及砌体结构的钢筋混凝土屋盖与砖墙吸热能力不同即温度线膨胀系数的差异是造成墙体温度裂缝的根源。当砌体结构中积累的温度应力高于砌体的强度时，将导致砌体结构开裂，产生温度裂缝。

砌体结构遇冷收缩时也可能出现温度裂缝。这类裂缝主要出现在寒冷地区，裂缝呈倒"八"字形分布，当屋盖的膨胀、收缩量均较大时，正、倒"八"字形裂缝可叠加形成"X"形的斜裂缝。

10.3.2 砌体结构的鉴定评级

砌体结构构件的安全性等级应按承载能力、构造和连接两个项目评定，并取其中较低等级作为构件的安全性等级。砌体构件的使用性等级应按裂缝、缺陷和损伤、腐蚀三个项目评定，并取其中的最低等级作为构件的使用性等级。

1. 砌体构件的承载能力项目应根据承载能力的校核结果按表 10-13 的规定评定。

砌体构件承载能力评定等级　　　　　　　　表 10-13

构件类别	承载能力 $R/(\gamma_0 S)$			
	a	b	c	d
重要构件	≥1.0	<1.0，≥0.95	<0.95，≥0.90	<0.90
次要构件	≥1.0	<1.0，≥0.90	<0.90，≥0.85	<0.85

注：1. 表中 R 和 S 分别为结构构件的抗力和作用效应，γ_0 为现行国家标准《建筑结构可靠性设计统一标准》GB 50068 中规定的结构重要性系数。

2. 当砌体构件出现受压、受弯、受剪、受拉等受力裂缝时，应按《工业建筑可靠性鉴定标准》GB 50144—2019 第 6.1.2 条的有关规定考虑对其承载能力的影响，且承载能力项目评定等级不应高于 b 级。

3. 当构件受到较大面积腐蚀并使截面严重削弱时，应评为 c 级或 d 级。

2. 砌体构件构造与连接项目的等级应根据墙、柱的高厚比，墙、柱、梁的连接构造，砌筑方式等涉及构件安全性的因素，按下列规定的原则评定：

a 级：墙、柱高厚比不大于国家现行设计规范允许值，连接和构造符合国家现行规范的要求；

b 级：墙、柱高厚比大于国家现行设计规范允许值，但不超过 10%；或连接和构造局部不符合国家现行规范的要求，但不影响构件的安全使用；

c 级：墙、柱高厚比大于国家现行设计规范允许值，但不超过 20%；或连接和构造不符合国家现行规范的要求，已影响构件的安全使用；

d 级：墙、柱高厚比大于国家现行设计规范允许值，且超过 20%；或连接和构造严重不符合国家现行规范的要求，已危及构件的安全。

3. 砌体构件的裂缝项目应根据裂缝的性质，按表 10-14 的规定评定。裂缝项目的等级应取各类裂缝评定结果中的较低等级。

砌体构件裂缝评定等级   表 10-14

类型 \ 等级		a	b	c
变形裂缝、温度裂缝	独立柱	无裂缝	—	有裂缝
	墙	无裂缝	小范围开裂，最大裂缝宽度不大于 1.5mm，且无发展趋势	较大范围开裂，或最大裂缝宽度大于 1.5mm，或裂缝有继续发展的趋势
受力裂缝		无裂缝	—	有裂缝

　　注：1. 本表仅适用于砖砌体构件，其他砌体构件的裂缝项目可参考本表评定。

　　　　2. 墙包括带壁柱墙。

　　　　3. 对砌体构件的裂缝有严格要求的建筑，表中的裂缝宽度限值可乘以 0.4。

　　4. 砌体构件的缺陷和损伤项目应按表 10-15 规定评定。缺陷和损伤项目的等级应取各种缺陷、损伤评定结果中的较低等级。

砌体构件缺陷和损伤评定等级   表 10-15

类型 \ 等级	a	b	c
缺陷	无缺陷	有较小缺陷，尚不明显影响正常使用	缺陷对正常使用有明显影响
损伤	无损伤	有轻微损伤，尚不明显影响正常使用	损伤对正常使用有明显影响

　　注：1. 缺陷指现行国家标准《砌体结构工程施工质量验收规范》GB 50203 控制的质量缺陷。

　　　　2. 损伤指开裂、腐蚀之外的撞伤、烧伤等。

　　5. 砌体构件的腐蚀项目应根据砌体构件的材料类型，按表 10-16 规定评定。腐蚀项目的等级应取各材料评定结果中的较低等级。

砌体构件腐蚀评定等级表   表 10-16

类型 \ 等级	a	b	c
块材	无腐蚀现象	小范围出现腐蚀现象，最大腐蚀深度不大于 5mm，且无发展趋势，不明显影响使用功能	较大范围出现腐蚀现象，或最大腐蚀深度大于 5mm，或腐蚀有发展趋势，或明显影响使用功能
砂浆	无腐蚀现象	小范围出现腐蚀现象，最大腐蚀深度不大于 10mm，且无发展趋势，不明显影响使用功能	非小范围出现腐蚀现象，或最大腐蚀深度大于 10mm，或腐蚀有发展趋势，或明显影响使用功能
钢筋	无锈蚀现象	出现锈蚀现象，但锈蚀钢筋的截面损失率不大于 5%，尚不明显影响使用功能	锈蚀钢筋的截面损失率不大于 5%，或锈蚀有发展趋势，或明显影响使用功能

　　注：1. 本表仅适用于砖砌体，其他砌体构件的腐蚀项目可参考本表评定。

　　　　2. 对砌体构件的块材风化和砂浆粉化现象可参考表中对腐蚀现象的评定，但风化和粉化的最大深度宜比表中相应的最大腐蚀深度从严控制。

10.4　结构构件的维修与补强加固

10.4.1　概述

建筑结构应具有足够的强度、刚度、抗裂度以及局部和整体的稳定性，应满足安全性、适用性和耐久性的要求。但是由于设计或施工不当、缺乏管理、不合理的使用以及使用要求或功能的改变、遭受各种灾害或事故等原因，导致结构可靠性不满足要求，这时必须对结构构件进行加固。

结构构件承载力不足时一般采用以下方法处理：

（1）对于结构构件承载力相差太多或构件损伤过于严重而难以加固，可对这些结构构件进行更换。如更换钢吊车梁、更换屋面板。这种方法的优点是新设计结构构件可以彻底解决可靠性不足的问题，效果最好，但缺点是拆除工作量大，原有结构构件未被利用，费用较高，影响使用。

（2）不改变原结构构件的受力模式，对结构构件进行局部加固使其达到必需的强度、刚度。如加大梁截面、增加受拉区钢筋面积等。这种方法的优点是加固工作量较小，加固形式较为简单，可以利用原有结构构件的承载力。缺点是施工麻烦、程序较多，加固效果与施工单位素质、经验关系较大。属于这一类的加固方法有：增大截面法、外包钢法、粘贴钢板法、粘贴碳纤维法、预应力加固法、灌浆法等。

（3）改变结构的传力途径，改善结构的受力情况。如在梁中增设柱，增设剪力墙提高结构抗侧刚度等。这种加固方法的优点是加固效果较好，可以使结构的工作性能得到很大的改善，缺点是加固工作量大，加固后往往影响使用。这种方法主要有增设支点法、托梁拔柱法、增设墙、梁、柱法等。

（4）减少或限制荷载。这是对结构可靠性不足的一种简单处理方法。其方法是减少结构上的永久荷载，限制活荷载、吊车荷载等可变荷载，限制荷载的组合方式。缺点是对结构的使用功能有一定的影响，实行起来有一定的难度。

结构构件加固应遵循的一般原则：

（1）结构构件加固前应先进行可靠性检测鉴定，彻底查明结构构件存在的问题，根据使用要求对加固前后结构构件的强度、刚度等按现行国家规范、标准进行全面的计算分析。

（2）加固方案应由设计单位、建设单位、使用单位进行充分论证，保证新旧部分协同工作，并对原结构无或少有负面效应。

（3）加固计算应遵循以下原则：加固计算简图应根据结构上的作用或实际受力状况确定；结构或构件的计算面积，应采用实际有效截面面积；计算时应考虑结构在加固时的实际受力程度及加固部分的应变滞后特点以及加固部分与原结构协同工作的程度；进行结构承载力验算时，应考虑实际荷载偏心、结构变形、温度作用等造成的附加内力；加固后结构质量增大时，应对被加固的相关结构及建筑物的基础进行验算。

（4）加固应尽量简单、易行、安全可靠、经济合理并尽量照顾外观规整。

（5）尽量不损伤原结构，并保留具有利用价值的原结构和构件，避免不必要的拆除或更换，尽量减少附加的荷载。

（6）对于高温、腐蚀、冻融、振动、地基不均匀沉降等原因造成的结构损伤，应在加

10-4　结构构件的维修与补强加固

固设计中提出相应的处理对策后再进行加固。

（7）加固施工前应尽量卸荷，施工尽量采用比较成熟的新工艺、新技术。

（8）加固施工前应对可能出现的问题采取必要的措施或提出预案，施工中若发现其他重大隐患应立即停止施工，会同设计、建设方采取有效措施后再继续加固。

一般来讲用加大截面法加固后，钢结构后加部分与原结构通过焊接相连，其协同性比混凝土结构好。混凝土结构加固的关键是如何确保后加部分确实起到预定的作用，加固工作的一个重要任务就是如何保证新老混凝土协同工作，为此加固设计中必须采取必要的措施。

10.4.2 增大截面法

这是一种用与原结构相同的材料增大构件截面面积从而提高构件多种性能的加固方法，如通过外加混凝土加固混凝土梁、板、柱，通过焊缝、螺栓连接增设型钢、钢板加固钢柱、钢梁、钢桁架、钢屋架，通过增设砖扶壁柱加固砖墙等方法。它们不仅可提高构件的承载能力，还可增大构件刚度，改变结构的动力特性，使结构构件的适用性能在某种程度上得到改善。该方法是一种传统的加固方法，具有材料消耗少、工艺简单、加固效果好、适用面广等优点，但施工步骤多、工期较长、减小了建筑物的使用空间、增加结构自重、施工过程对建筑物的使用有一定影响。

1. 增大截面法加固钢筋混凝土结构

（1）加固形式与计算

钢筋混凝土构件增大截面法加固可采用四周外包、三侧外包（U形外包）、单侧加厚和双侧加厚或仅局部增加钢筋等形式加固构件，具体构造见图 10-13。

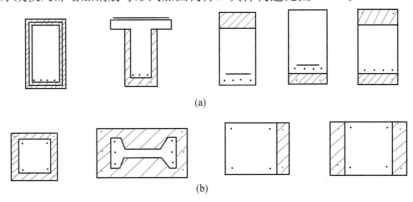

(a)

(b)

图 10-13　增大截面法加固钢筋混凝土构件的形式
（a）梁；（b）柱

1）轴心受压构件

在轴向压力作用下，轴心受压构件用加大截面法加固后正截面承载力可按公式（10-19）计算。当原构件的混凝土达到极限压应变时，可认为加固后的构件达到极限承载力。这时原构件的混凝土和纵向钢筋的压应力均可达到材料强度值，但新增混凝土的应力和新增纵向钢筋的应力不能完全发挥。这时，轴心受压构件的受压承载力为：

$$N_u \leqslant \varphi[f_{c0}A_{c0} + f_{y0}'A_{s0}' + 0.8(f_cA_c + f_y'A_s')] \tag{10-19}$$

式中　N_u——加固后构件轴心受压的极限承载力；

φ——加固后构件的纵向稳定系数，以增大后的截面为准，按现行国家标准《混凝土结构设计标准》GB/T 50010 的规定采用；

f_{c0}——原构件混凝土的轴心抗压强度设计值；

A_{c0}——原构件的截面面积；

f_{y0}'——原构件纵向钢筋抗压强度设计值；

A_{s0}'——原构件纵向钢筋截面面积；

A_c'——新增混凝土的截面面积；

A_s'——新增纵向钢筋的截面面积；

0.8——加固用混凝土和纵向钢筋的强度利用系数。

2）偏心受压构件

用加大截面法加固钢筋混凝土偏心受压构件，其整体截面以现行国家标准《混凝土结构设计标准》GB/T 50010 中有关公式进行其正截面承载力计算，其中受压区新增混凝土和纵向钢筋的抗压强度设计值乘以 0.9 的折减系数，受拉区新增纵向钢筋的抗拉强度设计值亦乘以 0.9 的折减系数，以考虑新增钢筋和混凝土的应力应变滞后于原构件的应力应变，对应承载力极限状态时，新增混凝土和纵向受力钢筋不能达到其强度设计值这一因素。

3）受弯构件

梁板受弯构件的加大截面加固，可采用受压区或受拉区加固两种不同的加固形式。当用受压区加固受弯构件时，其承载力、抗裂度、钢筋应力、裂缝宽度及变形计算和验算可按现行国家标准中叠合构件的规定进行，但需对新旧混凝土的结合面进行必要的技术处理。受拉区加固计算按现行规范受弯构件的公式计算，但新增受拉钢筋的抗拉强度设计值应乘以 0.9 的折减系数，以考虑受拉钢筋强度不能充分发挥。

（2）构造规定

1）新浇混凝土的最小厚度，加固板时不应小于 40mm，加固梁柱时不应小于 60mm，用喷射混凝土施工时不应小于 50mm。

2）石子宜用坚硬耐久的卵石或碎石，其最大粒径不宜大于 20mm。

3）加固板的受力钢筋直径宜用 6～8mm，加固梁、柱的纵向受力钢筋宜用带肋钢筋。钢筋最小直径对于梁不宜小于 12mm，对于柱不宜小于 14mm，最大直径不宜大于 25mm；封闭式箍筋直径不宜小于 8mm，U 形箍筋直径宜与原有箍筋直径相同。

4）新加受力钢筋与原受力钢筋的净距不应小于 20mm，并应采用短筋焊接连接；箍筋应采用封闭箍筋或 U 形箍筋，并按照现行国家标准《混凝土结构设计标准》GB/T 50010 的构造要求配置。

5）当新旧受力钢筋采用短筋焊接时，短筋的直径不应小于 20mm，长度不小于 5d（d 为新、旧受力钢筋直径的较小值），各短筋的中距不大于 500mm（图 10-14a）。

6）当用混凝土围套对构件进行加固时，应设置封闭箍筋（图 10-14b）。

7）当对构件的单侧或双侧进行加固时，应设置 U 形箍筋（图 10-14c）。U 形箍筋应焊在原箍筋上，单面焊缝长度为 10d，双面焊缝为 5d（d 为 U 形箍筋直径），或者焊在增设的锚钉上，也可直接伸入锚孔内锚固，锚钉的直径 d 不应小于 10mm，距构件边缘不小于 3d，且不小于 40mm，采用环氧树脂浆或环氧树脂砂浆将锚钉锚固于原梁、柱的钻孔

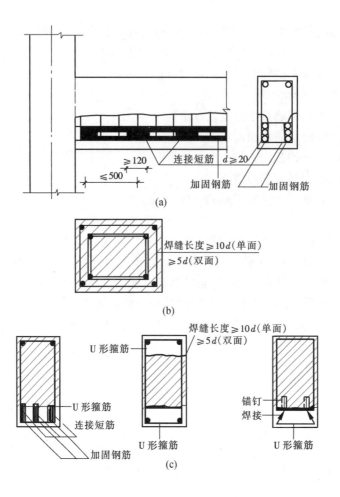

图 10-14　新增纵向受力钢筋与原构件的连接

(a) 连接短筋的设置；(b) 封闭箍筋的构造；(c) 原箍筋上焊接 U 形箍筋

内，钻孔直径应大于锚钉直径 4mm，锚固深度不小于 10d。

8）梁的新增纵向受力钢筋的两端应可靠锚固，柱的新增纵向受力钢筋的下端应伸入基础，并满足锚固要求，上端应穿过楼板与上柱脚连接或在屋面板处封顶锚固。

（3）施工要求

加固混凝土结构的施工过程，应遵循下列工序和原则：

1）对原构件存在缺陷的部位进行清理，直至露出混凝土的密实部分，并将构件表面凿毛或打出沟槽，沟槽深度不宜小于 6mm，间距不宜大于箍筋间距或 200mm，被包部分的角部应倒角，除去浮碴、尘土等。

2）原有混凝土表面应冲洗干净，充分润水，浇筑混凝土前，结合面应用水泥浆等界面剂进行处理。

3）对原有和新增受力钢筋应进行除锈，在受力钢筋上施焊前应采取卸荷或支顶措施，并应逐根分区、分段、分层施焊。

4）模板搭设、钢筋安置以及新混凝土的浇筑和养护，应符合《混凝土结构工程施工质量验收规范》GB 50204—2015 的要求。

2. 增大截面法加固钢构件

（1）加固形式与计算

在加固钢梁、钢柱、钢桁架等钢构件时，一般是通过增设角钢、槽钢、钢板、钢管、圆钢等增大构件的截面面积，从而提高构件的承载力和刚度。新增加固件与原构件的连接包括焊接、螺栓连接、铆接等，一般采用焊接，常用的加固形式见图 10-15。

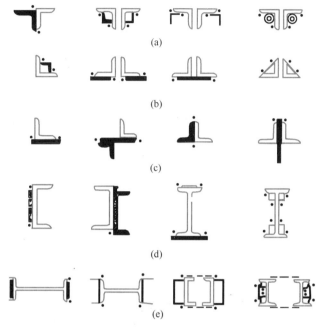

图 10-15 增大截面法加固钢构件的形式

（a）桁架上弦加固；（b）桁架下弦加固；（c）腹杆加固；（d）梁的加固；（e）柱的加固

对钢构件的加固还包括对原构件中各零件之间连接的加固和对构件节点的加固，可分为焊缝连接、高强度螺栓连接、铆接和普通螺栓连接四种情况。

1）对焊缝连接的加固：直接延长原焊缝的长度，如存在困难，也可采用附加连接板和增大节点板的方法；增加焊缝有效高度；增设新焊缝。

2）对高强度螺栓连接的加固：扩孔后更换原高强度螺栓，增补同类型的高强度螺栓，将单剪结合改造为双剪结合，增设焊缝连接。

3）对铆接和普通螺栓连接的加固：更换或增补新铆钉，全部或局部更换为高强度螺栓连接；增补新螺栓或增设高强度螺栓；增设焊缝连接。

（2）基本计算方法

钢结构的加固计算应遵循以下原则：

1）结构的计算简图应根据实际的支承条件、连接情况和受力状态确定，有条件时，可考虑结构的空间作用。

2）加固设计的计算应分为加固过程中和加固后两阶段进行。两阶段结构构件的计算分别采用相应的实际有效截面。

3）加固过程中的计算，应考虑加固过程中拆卸原有零部件、增设螺栓孔及施焊过程等造成原有结构承载力的降低，并且只考虑加固过程中出现的荷载。

4）加固后的计算，应考虑加固后在预期寿命内的全部荷载。

5）对于相关构件、连接及基础，应考虑结构加固引起自重及内力变化等不利因素，重新予以计算。

加固构件承载力的具体计算可参照现行行业标准《钢结构检测评定及加固技术规程》YB 9257 采用的验算方法计算。

10.4.3 外包钢加固

外包钢加固是将构件用型钢包裹的一种加固方法，所用型钢一般为角钢、槽钢和钢板。这种加固方法适用于使用上不允许增大混凝土截面尺寸，又要求大幅度地提高截面承载力的混凝土结构加固。这种方法的优点是施工速度比增大截面法快，缺点是耗钢量大，加固后维修费用高。

钢筋混凝土梁、柱用外包钢加固，当型钢与混凝土之间以乳胶水泥或环氧树脂化学灌浆等方法黏结时，称之为湿式外包钢加固；当型钢与混凝土间无任何连接，或虽填塞有水泥砂浆仍不能确保结合面剪力有效传递时，称之为干式外包钢加固。

外包钢加固如果构件截面为矩形，通常在构件的四角沿纵向包以角钢，并用横向缀板和斜向缀板连为整体（图 10-16a、b）。如果构件截面为圆形或环形，通常沿纵向外包扁钢，横向用钢板套箍连为整体（图 10-16c）。

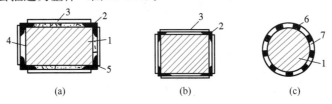

(a)   (b)   (c)

图 10-16　外包钢加固的截面形式

1—原柱；2—角钢；3—缀板；4—填充砂浆；5—胶粘材料；6—扁钢；7—套箍

1. 加固验算

（1）干式外包钢加固

干式外包钢加固不能确保钢构架与原构件共同工作，在验算加固后构件的承载力时，外力应按刚度分配给钢构架和原构件，分别按现行国家标准《钢结构设计标准》GB 50017 和《混凝土结构设计标准》GB/T 50010 验算各自的承载力，其中钢构架应按格构式柱进行计算，验算内容包括肢杆和缀板的强度、稳定性验算等。干式外包钢加固柱的总承载力为钢构架承载力与原混凝土柱承载力之和。

在计算原构件的轴向刚度和抗弯刚度时，宜考虑 0.8～1.0 的刚度折减系数。在矩形截面的四角对称外包型钢时，钢构架的抗弯刚度可近似按式（10-20）计算：

$$E_a I_a \approx 0.5 E_a A_a a^2 \tag{10-20}$$

式中　E_a——外包型钢的弹性模量；

　　　A_a——在弯矩作用方向构件单侧外包型钢的截面面积；

　　　a——在弯矩作用方向构件两侧外包型钢的形心距离。

（2）湿式外包钢加固

湿式外包钢加固可以保证外包钢构架与原构件共同工作，而且钢构架能够对原结构的核心混凝土起到约束作用，可提高核心混凝土的抗压强度。但相应地，原构件的横向变形也会对型钢产生侧向挤压，使外包型钢处于不利的压（拉）弯状态，导致型钢承载力降低。此外，后加型钢也存在应变滞后现象，影响到型钢作用的充分发挥。在湿式外包钢加固的设计中，一般可不考虑核心混凝土抗压强度的提高，但需要对型钢的设计强度进行折减。

钢筋混凝土梁、柱采用湿式外包钢加固，其正截面的受压、受弯承载力均可按整体截面考虑，按现行国家标准《混凝土结构设计标准》GB/T 50010 的规定计算，但除抗震设计外，外包角钢应乘以强度降低系数 0.9。斜截面的受剪承载力可按同样的规定计算，但其钢缀板或钢筋缀条应乘以强度降低系数 0.7。

2. 构造要求

（1）外包钢中所有角钢厚度不应小于 3mm，也不宜大于 8mm，角钢边长不宜小于 50mm（梁）或 75mm（柱）。对于桁架，角钢边长则不应小于 50mm。

（2）沿梁、柱轴线应用钢缀板或钢筋缀条与角钢焊接。钢缀板的截面不宜小于 25mm×3mm，间距不宜大于 $20r$（r 为单角钢截面的最小回转半径），也不宜大于 500mm。钢筋缀条的直径不应小于 10mm，间距不宜大于 300mm。在节点区，钢缀板或钢筋缀条应适当加密。

（3）外包型钢的两端应有可靠的连接和锚固，以保证力的有效传递，特别是抵抗端部控制截面的内力。对于外包钢柱，角钢下端应视柱根弯矩大小伸到基础顶面或锚固于基础；上、下框架柱均加固时，角钢应穿过楼板；角钢上端应伸至加固层的上层楼板底面或屋面板底面。对于外包框架梁或连系梁，梁的角钢应与柱的角钢相互焊接，或用扁钢带绕柱外包焊接。对于桁架，角钢应伸过杆件两端的节点，或设置节点板，将角钢焊在节点板上。

（4）当采用环氧树脂化学灌浆外包钢加固时，缀板应紧贴混凝土表面，并与角钢平焊连接。当采用乳胶水泥浆粘贴外包钢加固时，缀板可焊于角钢外面。乳胶的含量不应少于 5%，水泥一般采用 32.5 级硅酸盐水泥。

（5）采用外包钢加固混凝土构件时，型钢表面宜抹厚 25mm 的 1∶3 水泥砂浆保护层，亦可采用其他饰面防腐材料加以保护。

3. 施工要求

当采用环氧树脂化学灌浆湿式外包钢加固时，应先将混凝土表面打磨平整，四角磨出小圆角，并用钢丝刷刷毛，用压缩空气吹净后，刷环氧树脂浆一薄层；然后将已除锈并用二甲苯擦净的型钢骨架贴附梁、柱表面，用卡具卡紧、焊牢，用环氧胶泥将型钢周围封闭，留出排气孔，并在有利灌浆处粘贴灌浆嘴（一般在较低处设置），间距为 2～3m。待灌浆嘴粘牢后，通气试压，以 0.2～0.4MPa 的压力将环氧树脂浆从灌嘴压入；当排气孔出现浆液后，停止加压，以环氧胶泥堵孔，再以较低压力维持 10min 以上，方可停止灌浆。灌浆后不应再对型钢进行锤击、移动和焊接。

当采用乳胶水泥粘贴湿式外包钢加固时，应先在处理好的柱角抹上乳胶水泥，厚约 5mm，立即将角钢粘贴上，并用夹具在两个方向将柱四角的角钢夹紧，夹具间距不宜大于 500mm，然后将缀板或钢筋缀条与角钢焊接，必须分段交错施焊，整个焊接应在胶浆初凝前完成。

采用干式型钢外包钢加固时，构件表面必须打磨平整，无杂物和尘土，角钢和构件之间宜用 1：2 的水泥砂浆填实。焊接钢板（缀板）时，应用夹具夹紧角钢。用螺栓套箍时，拧紧螺帽后，宜将螺母与垫板焊接。

10.4.4 其他加固方法简介

1. 预应力加固法

预应力加固法是在结构或构件上增设预应力拉杆以加固受弯构件如屋面板、楼板、框架、桁架等，以及加固受拉构件如桁架中的弦杆、腹杆等，亦可用来增设预应力撑杆来加固柱子。这是一种在构件外部用预应力钢拉杆或型钢撑杆对构件进行加固的方法，可在基本不影响建筑物使用空间的条件下，提高结构构件的承载力，并降低原构件中控制截面的应力水平，部分地消除应变滞后现象。该法加固效果比较好，广泛应用于混凝土构件和钢构件的加固，特别适合对大跨度结构的加固。预应力加固法能够改变构件内力，减小构件挠度，缩小混凝土构件的裂缝宽度，甚至使裂缝闭合，但是使用环境中存在腐蚀性介质、高温、明火时，应特别注意防护，在加固钢桁架时还应注意预应力可能造成的杆件内力变号（由拉变压）现象。

2. 构件外部粘钢及粘贴碳纤维法

粘贴法指用胶粘剂将钢板或碳纤维板或碳纤维布粘贴在构件外表面对构件进行加固，以提高构件承载力。粘贴法所用的胶粘剂一般为环氧基胶粘剂添加各种性能改善剂配制而成，此法可在不改变构件外形和基本不影响建筑物使用空间的条件下提高构件的承载力和适用性能，加固施工速度快、方便。但是，粘贴法要求原构件的混凝土强度不能低于 C15（抗弯或抗剪加固）或 C10（外包约束），施工中对粘贴基面的要求也较高，需专业队伍施工，而且由于胶粘剂方面的原因，要求使用环境的温度不高于 60℃，相对湿度不大于70%，且无腐蚀性介质。更为重要的是当构件承载力相差太多时（大于 30%）此法不适用。此外，粘贴好的碳纤维脆性很大。

加固实例表明，当轻级、中级工作厂房混凝土吊车梁承载力（受弯、受剪）相差小于20%左右时，粘贴碳纤维加固效果最好。由于吊车梁承受动荷载，其他方法加固使用一段时间后黏结、连接极易松动，不能有效传递荷载，打孔处混凝土使用一段时间后往往出现局部破坏。

3. 喷射混凝土加固法

喷射混凝土加固指用专用的空气压缩机、喷浆机，将混凝土拌合料和水（干喷机）或混凝土湿料（湿喷机）以高速喷射到旧结构表面，并快速凝结，对原结构进行加固的方法，且还可在构件表面布设钢筋。喷射混凝土不需振捣，它借助水泥与骨料之间连续反复的冲击达到密实，也不需支模或只需部分支模，施工方便，速度快，工期短，与原结构的黏结较好。该法在隧道、护坡加固施工中使用较多，表面积大的工业与民用建筑也可用此法加固。

4. 化学灌浆和水泥灌浆修补法

它们是用压力设备将化学浆液或水泥浆液灌入构件的裂缝之中从而实现堵漏、补强目的或灌入地基中以提高地基承载力的方法。灌浆法具有操作简便、费用低的优点，但需采用专用设备，化学浆液有一定的腐蚀性或毒性，灌浆时需采取劳动保护措施。

5. 植筋加固法

植筋加固法是近年来兴起的一种新型加固方法，发展非常迅速，但目前尚未列入规范、规程或标准。该方法指在基础、柱、梁的混凝土中打孔，然后往打好的孔中注入高强灌浆料或胶粘剂后，插入钢筋，胶粘剂完全凝固后能使钢筋应力达到或超过屈服强度而不发生黏结破坏。事实上它不是一种独立的加固方法，通过植筋解决了加固或新加梁、柱、板混凝土中的钢筋生根问题，使新加部分能很好地传递内力。目前这种方法主要用于房屋改造中新增梁、柱、板的钢筋生根。此法引入工程大大方便了工程改造，但对植筋料及施工人员的素质要求较高，目前如何确保质量还没有统一标准，对植筋的受力机理研究也较少。

本 章 小 结

1. 钢筋混凝土结构构件的现场检测内容主要包括混凝土强度检测、混凝土中钢筋的检测、腐蚀机理检测、混凝土碳化检测、混凝土的冻融检测、混凝土的工作状态检测、结构或构件的构造与连接检测等。常见的混凝土强度检测方法有回弹法、超声法、钻芯法等。混凝土中钢筋的检测主要包括检测钢筋的品种、位置、直径、保护层厚度及钢筋锈蚀状况。混凝土裂缝检测主要检测裂缝的宽度、深度、长度及裂缝类型和成因。混凝土结构的工作状态的检测包括混凝土的工作应力测定、钢筋的工作应力测定、结构构件挠度、变形、侧移以及承载力等的检测。通过这些项目的检测可以基本掌握构件的实际工作状态，为可靠性计算、分析以及鉴定评级提供基础数据。

2. 钢筋混凝土结构或构件的鉴定评级应包括承载能力、构造和连接、裂缝、变形四个子项。当混凝土结构受拉构件的受力裂缝宽度小于 0.15mm 及受弯构件的受力裂缝宽度小于 0.20mm 时，构件可不作承载能力验算，直接评级。

3. 钢结构检测的重点是疲劳断裂、钢结构的失稳、钢结构的脆性破坏、钢结构防火、钢结构的变形、钢结构的偏差等。

4. 钢结构的疲劳断裂是钢材或焊缝中的微观裂缝在连续重复荷载作用下不断扩展直至断裂的脆性破坏。断裂可能贯穿于母材，可能贯穿于焊缝，也可能贯穿于母材和焊缝。出现疲劳断裂时，截面上的应力低于材料的抗拉强度，同时疲劳破坏属于脆性破坏，塑性变形极小，是一种没有明显变形的突然破坏，危险性较大。疲劳破坏出现在承受反复荷载作用下的结构，常见于钢吊车梁，特别是重级工作制作用下的吊车梁。出现的部位一般是已出现质量缺陷、应力集中现象的部位和焊缝区域以及截面突然变化处。如焊接工字形钢吊车梁变截面处受拉翼缘（下翼缘）与腹板、加劲肋与上翼缘、加劲肋与腹板之间等部位。

5. 钢构件壁厚小而长度大，在承载过程中会因持续快速增长的变形而在短时间内失效，发生失稳破坏。这种破坏主要出现于受压构件、受弯构件和压弯构件中。钢结构的失稳分两类：丧失整体失稳和丧失局部失稳。两类失稳形式都将影响结构或构件的正常承载和使用或引发结构的其他形式破坏。

6. 钢构件的连接有四种基本形式：焊缝连接、螺栓连接、铆钉连接以及铰连接。螺栓连接又分为普通螺栓连接和高强度螺栓连接，螺栓连接包括受剪连接和受拉连接两种基本形式。受剪螺栓连接有五种破坏形式：螺杆剪切破坏、孔壁挤压破坏、连接截面破坏、端孔剪切破坏、螺杆弯曲变形。对于摩擦型高强度螺栓，其承载能力极限状态以接触面不产生滑移为标志，如果使用过程中接触面出现滑移，则意味着连接破坏。对于承压型高强度螺栓，其承载能力极限状态同普通螺栓，但正常使用极限状态以接触面不产生滑移为标志，如果使用过程中接触面出现滑移，则意味着连接不满足正常使用的要求（承载力可能满足要求)。除了强度破坏的原因以外，高强度螺栓还可能因延迟断裂而破坏。受拉螺栓连接的破坏形式主要是螺栓断裂。在实际工程中，由于各种原因，螺栓还可能出现松动、脱落、锈蚀等现象。

7. 焊缝连接的失效形式是出现裂缝。焊缝探伤技术有射线探伤、超声波探伤、磁粉探伤、渗透探伤等。

8. 单层厂房钢结构或构件的鉴定评级应包括承载能力（包括构造和连接）、变形、偏差三个子项。钢结构或构件应进行强度、稳定性、连接、疲劳等承载能力（包括构造和连接等）的验算。

9. 砌体结构的主要检测项目是砌体强度、裂缝、腐蚀及风化、变形、连接及墙体稳定性检测等。

10. 砖的强度检测一般采取现场取样送回实验室进行抗压、抗折试验。砂浆的强度检测可用砂浆回弹仪、推出法、筒压法、砂浆片剪切法、点荷法、射钉法、砂浆贯入法等中的一种或多种方法进行检测。砌体强度分砌体抗压强度和砌体抗剪强度两种，砌体抗压强度可用轴压法、扁顶法等方法检测，砌体抗剪强度可用原位单剪法、原位单砖双剪法等方法检测。砌体抗压强度、抗剪强度和抗拉强度还可以根据砌筑砂浆和砖的强度等级进行推断。

11. 砌体常见裂缝有承载力不足产生的裂缝、沉降裂缝、温度裂缝等。

12. 砌体结构或构件的鉴定评级应包括承载能力、变形裂缝（变形裂缝系指由于温度、收缩变形和地基不均匀沉降引起的裂缝）、变形、构造和连接四个子项。

13. 地基基础的鉴定包括地基、桩基、斜坡、基础和桩等。地基基础虽然位于建筑物的下部，但其出现问题后都要通过上部建筑来表现，因此检测可以从调查建筑物的变形开始。引起地基基础发生沉降，承载力降低的因素一般有：使用荷载增大、建筑物周围相邻工程的施工、地基含水率的变化、建筑物周围原有地形环境的变化、地基材料老化或腐蚀、原地基加固或处理材料性能的变化、各种原因引起的振动、地震危害等。

14. 结构构件承载力不足时一般采用以下方法进行加固：增大截面加固法（混凝土结构构件增加配筋混凝土、钢结构构件补焊型钢）、预应力加固法、构件外部粘钢及粘贴碳纤维法、喷射混凝土加固法、增设支撑（或支点）加固法及植筋加固法等。

思 考 题

1. 名词解释：混凝土碳化、钻芯法测试混凝土强度、回弹法测试混凝土强度。

2. 钢筋混凝土结构或构件的现场检测主要包括哪些内容？

3. 按对建筑物的破坏程度可将检测混凝土强度的常用方法分为哪几种？每种有哪些测试方法，优缺点是什么？

4. 混凝土中钢筋的检测主要包括哪些内容？如何检测？

5. 混凝土常见的腐蚀有几种？怎样测定混凝土碳化？碳化与钢筋腐蚀有何关系？

6. 混凝土结构或构件的鉴定评级应包括哪些项目？需要验算哪些项目？

7. 如何评定混凝土结构或构件因主筋锈蚀产生的沿主筋方向的裂缝宽度的等级？

8. 判断正确与错误：

混凝土强度越高其耐久性越好。（　　　）

混凝土中 $Ca(OH)_2$ 含量越高，钢筋越易于腐蚀。（　　）

在可靠性鉴定评级中承载力是主要项目，构造与连接是次要项目。（　　）

单层厂房钢结构或构件的鉴定评级应包括承载能力（包括构造和连接）、变形、偏差三个子项。（　　）

钢结构或构件的承载能力验算应只进行强度，不需进行稳定性、连接、疲劳等项目的验算。（　　）

钢筋混凝土结构或构件的鉴定评级应包括承载能力、构造和连接、裂缝与变形三个子项。（　　）

当砌体结构构件已出现明显的受力裂缝时，表明构件承载力已严重不足，此时不需验算，应视其严重程度，将构件直接定为 c 或 d 级。（　　）

9. 钢结构的疲劳裂缝有何特点？疲劳裂缝在何种情况下出现？

10. 钢结构的焊缝连接的失效形式有哪几种？探伤有哪些方法？

11. 砖、砂浆、砌体的强度检测各有哪些方法？优缺点是什么？

12. 为什么地基基础的检测可以从调查建筑物的变形开始？

13. 常见的混凝土结构、钢结构加固方法有哪些，为什么混凝土结构或构件采用加大截面法加固时，加固计算过程中要乘以一个加固用混凝土和纵向钢筋的强度利用系数？

第11章 结构试验的数据处理

11.1 概　述

结构试验中或结构试验后，必须对采集得到的数据（即原始数据）进行整理换算、统计分析和归纳演绎，以得到代表结构性能的公式、图像、表格、数学模型和数值等，这就是数据处理。例如，把应变式位移传感器测得的应变值换算成位移值，由测得的位移值计算挠度，由应变计测得的应变得到结构的应力和内力，由结构的变形和荷载的关系可得到结构的屈服点、延性和恢复力模型等。对原始数据进行统计分析可以得到平均值等统计特征值，对动态信号进行变换处理可以得到结构的自振频率等动力特性，等等。

结构试验时采集到的原始数据不仅量大、杂乱无章，而且不可避免地伴随有误差，有时甚至有错误；所以，必须对原始数据进行处理，才能得到可靠的试验结果。

数据处理的内容和步骤包括以下几个方面：1) 数据的整理和换算；2) 数据的统计分析；3) 数据的误差分析；4) 信号处理及分析。

11.2　数据的整理和换算

11.2.1　数据整理

定量分析中的各种测量值，需记录下来经过运算方能得到分析结果。

数据采集时，由于各种原因，会得到一些错误的信息。例如，仪器参数（如应变计的灵敏系数）设置错误造成的差错，人工读数时读错，人工记录时的笔误，环境因素造成的数据失真（温度引起应变增加等），测量仪器的缺陷或布置有误造成的数据差错，或者测量过程受到干扰造成的错误，等等。这些数据错误一般都可以通过复核仪器参数等方法进行整理，加以改正。

采集得到的数据有时是杂乱无章的，不同仪器得到的数据位数也长短不一，应该根据试验要求和测量精度，按照有关的规定（如国家标准《数值修约规则与极限数值的表示和判定》GB/T 8170—2008）进行修约，把试验数据修约成规定有效位数的数值。数据修约时应按下面的规则进行。

1. 进舍规则

(1) 拟舍弃数字的最左一位数字小于 5 时，则舍去，即保留的各位数字不变。例如，将 12.1498 修约到一位小数，得 12.1；将 12.1498 修约成两位有效位数得 12。

(2) 拟舍弃数字的最左一位数字大于 5，或者是 5，但其后随的数字非全部为 0 时，则进 1，即将保留的末位数字加 1。例如，将 1268 修约到"百"数位得 $13×10^2$；将 1268 修约成三位有效位数，得 $127×10$；将 10.502 修约到个数位，得 11。

(3) 拟舍弃数字的最左一位数为 5，而右边无数字或皆为 0 时，若所保留的末位数字为奇数（1，3，5，7，9）则进 1，为偶数（2，4，6，8，0）则舍弃。例如，将 32500 和

33500 修约成两位有效位数，均得 33×10^3。

（4）负数修约时，先将它的绝对值按上述规则修约，然后在修约值前面加上负号。例如，将 -0.03650 和 -0.03552 修约到 0.001，均得 -0.036。

2. 不许连续修约

拟修约数值应在确定修约位数后一次修约获得结果，不得多次按上述规则连续修约。例如，将 15.4546 修约到 1，正确的做法为 $15.4546 \rightarrow 15$，不正确的做法为 $15.4546 \rightarrow 15.455 \rightarrow 15.46 \rightarrow 15.5 \rightarrow 16$。

11.2.2 数据换算

试验后采集得到的数据通常需要进行换算以得到所要求的物理量。例如，把采集到的应变换算成应力，把位移换算成挠度、转角、应变等，把应变式传感器测得的应变换算成相应的力、位移、转角等等。

（1）应变到应力的换算

可以根据试件材料的应力-应变关系和应变测点的布置进行换算，若材料属于线弹性体，可按照材料力学的有关公式（表11-1）进行，公式中的弹性模量 E 和泊松比 ν 应先考虑采用实际测定的数值。

测点应变与应力的换算公式

表 11-1

受力状态	测点布置	主应力 σ_1、σ_2，及 σ_1 和 $0°$ 轴线的夹角 θ
单向应力		$\sigma_1 = E\varepsilon_1$ $\theta = 0$
平面应力（主方向已知）		$\sigma_1 = \dfrac{E}{1-\nu^2}(\varepsilon_1 + \nu\varepsilon_2)$ $\sigma_2 = \dfrac{E}{1-\nu^2}(\varepsilon_2 + \nu\varepsilon_1)$ $\theta = 0$
平面应力		$\sigma_{\frac{1}{2}} = \dfrac{E}{2}\left[\dfrac{\varepsilon_1+\varepsilon_3}{1-\nu} \pm \dfrac{1}{1+\nu}\sqrt{2(\varepsilon_1-\varepsilon_2)^2 + 2(\varepsilon_2-\varepsilon_3)^2}\right]$ $\theta = \dfrac{1}{2}\arctan\left(\dfrac{2\varepsilon_2-\varepsilon_1-\varepsilon_3}{\varepsilon_1-\varepsilon_3}\right)$
		$\sigma_{\frac{1}{2}} = \dfrac{E}{3}\left[\dfrac{\varepsilon_1+\varepsilon_2+\varepsilon_3}{1-\nu} \pm \dfrac{1}{1+\nu}\right.$ $\left.\sqrt{2\left[(\varepsilon_1-\varepsilon_2)^2 + (\varepsilon_2-\varepsilon_3)^2 + (\varepsilon_3-\varepsilon_1)^2\right]}\right]$ $\theta = \dfrac{1}{2}\arctan\left[\dfrac{\sqrt{3}(\varepsilon_2-\varepsilon_3)}{2\varepsilon_1-\varepsilon_2-\varepsilon_3}\right]$
		$\sigma_{\frac{1}{2}} = \dfrac{E}{2}\left[\dfrac{\varepsilon_1+\varepsilon_4}{1-\nu} \pm \dfrac{1}{1+\nu}\sqrt{(\varepsilon_1-\varepsilon_4)^2 + \dfrac{4}{3}(\varepsilon_2-\varepsilon_3)^2}\right]$ $\theta = \dfrac{1}{2}\arctan\left[\dfrac{2(\varepsilon_2-\varepsilon_3)}{\sqrt{3}(\varepsilon_1-\varepsilon_4)}\right]$ 校核公式：$\varepsilon_1 + 3\varepsilon_4 = 2(\varepsilon_2+\varepsilon_3)$
		$\sigma_{\frac{1}{2}} = \dfrac{E}{2}\left[\dfrac{\varepsilon_1+\varepsilon_2+\varepsilon_3+\varepsilon_4}{2(1-\nu)} \pm \dfrac{1}{1+\nu}\sqrt{2\left[(\varepsilon_1-\varepsilon_3)^3 + (\varepsilon_4-\varepsilon_2)^2\right]}\right]$ $\theta = \dfrac{1}{2}\arctan\left[\dfrac{\varepsilon_2-\varepsilon_4}{\varepsilon_1-\varepsilon_3}\right]$ 校核公式：$\varepsilon_1 + \varepsilon_3 = \varepsilon_2 + \varepsilon_4$

受力状态	测点布置	主应力 σ_1、σ_2、及 σ_1 和 $0°$轴线的夹角 θ
三向应力 （主方向已知）	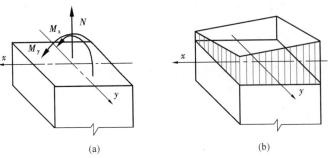	$\sigma_1 = \dfrac{E}{(1+\nu)(1-2\nu)}\left[(1-\nu)\varepsilon_1 + \nu(\varepsilon_2+\varepsilon_3)\right]$ $\sigma_2 = \dfrac{E}{(1+\nu)(1-2\nu)}\left[(1-\nu)\varepsilon_2 + \nu(\varepsilon_3+\varepsilon_1)\right]$ $\sigma_3 = \dfrac{E}{(1+\nu)(1-2\nu)}\left[(1-\nu)\varepsilon_3 + \nu(\varepsilon_1+\varepsilon_2)\right]$

采用平截面假定受弯矩和轴力等作用的构件，其某一截面上的内力和应变分布如图 11-1 所示。

图 11-1　构件截面分布

（a）截面内力；（b）应变分布

若测得构件截面上三个不在一条直线上的点处的应变值，即可求得该截面的应变分布和内力。对矩形截面的构件，常用的测点布置和由此求得的应变分布、内力计算公式见表 11-2。

截面测点布置与相应的应变分布、内力计算公式　　　　　　　　表 11-2

测点布置	应变分布和曲率	内力计算公式
只有轴力 N 和弯矩 M_x 两个测点（1, 2）	$\varphi_x = \dfrac{\varepsilon_2 - \varepsilon_3}{b}$ $\varphi_y = \dfrac{1}{h}\left(\dfrac{\varepsilon_2+\varepsilon_3}{2} - \varepsilon_1\right)$	$N = \dfrac{1}{2}(\varepsilon_1+\varepsilon_2)\cdot Ebh$ $M_x = \dfrac{1}{12}(\varepsilon_1-\varepsilon_2)\cdot Ehb^2$
只有轴力 N 和弯矩 M_y 两个测点（1, 2）	$\varphi_y = \dfrac{\varepsilon_2 - \varepsilon_1}{h}$	$N = \dfrac{1}{2}(\varepsilon_1+\varepsilon_2)\cdot Ebh$ $M_y = \dfrac{1}{12}(\varepsilon_2-\varepsilon_1)\cdot Ebh^2$

测 点 布 置	应变分布和曲率	内力计算公式
有轴力 N 和弯矩 M_x, M_y 三个测点（1，2，3） $\varphi_x = \dfrac{\varepsilon_2 - \varepsilon_3}{b}$ $\varphi_y = \dfrac{1}{h}\left(\dfrac{\varepsilon_2 + \varepsilon_3}{2} - \varepsilon_1\right)$		$N = \dfrac{1}{2}\left(\varepsilon_1 + \dfrac{\varepsilon_2 + \varepsilon_3}{2}\right) \cdot Ebh$ $M_x = \dfrac{1}{12}(\varepsilon_2 - \varepsilon_3) \cdot Ehb^2$ $M_y = \dfrac{1}{12}\left(\dfrac{\varepsilon_2 + \varepsilon_3}{2} - \varepsilon_1\right) \cdot Ehb^2$
有轴力 N 和弯矩 M_x, M_y 四个测点（1，2，3，4） $\varphi_x = \dfrac{\varepsilon_3 - \varepsilon_4}{b}$ $\varphi_y = \dfrac{1}{h}(\varepsilon_2 - \varepsilon_1)$		$N = \dfrac{1}{4}(\varepsilon_1 + \varepsilon_2 + \varepsilon_3 + \varepsilon_4) \cdot Ebh$ 或 $N = \dfrac{1}{2}(\varepsilon_1 + \varepsilon_2) \cdot Ebh$ $N = \dfrac{1}{2}(\varepsilon_3 + \varepsilon_4) \cdot Ebh$ $M_x = \dfrac{1}{12}(\varepsilon_3 - \varepsilon_4) \cdot Ehb^2$ $M_y = \dfrac{1}{12}(\varepsilon_2 - \varepsilon_1) \cdot Ehb^2$

（2）梁曲率的换算

梁的曲率可由位移测量或转角测量结果计算得到，见图 11-2。

位移测量计算：在梁的顶面和底面布置位移测点（标距为 l_0）；梁变形后，这两点的相对位移即为 $(l_1 - l_0)$ 和 $(l_2 - l_0)$，由此可得在标距 l_0 内的平均曲率 φ 为：

$$\varphi = \frac{(l_2 - l_0) - (l_1 - l_0)}{l_0 \cdot h} \qquad (11\text{-}1)$$

转角测量方法：在梁高的中间布置两个转角测点（标距为 l_0），梁变形后，由于弯曲引起测点处截面 1 和截面 2 产生转角 α_1 和 α_2，由此可得在标距 l_0 内的平均曲率 φ 为：

$$\varphi = \frac{\alpha_1 + \alpha_2}{l_0} \qquad (11\text{-}2)$$

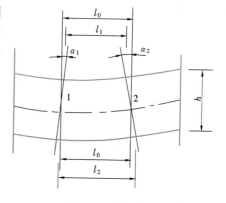

图 11-2 梁的曲率

在曲率计算中，位移和转角以图 11-2 中所示的方向为正。

（3）剪切变形的换算

结构的剪切变形可按图 11-3 的方法进行测量和计算。图 11-3（a）为墙体的剪切变形，测量出墙体顶部和底部的水平位移 Δ_1 和 Δ_2 及墙体底部的转角 α，可得剪切变形 γ 为：

$$\gamma = \frac{\Delta_2 - \Delta_1}{h} - \alpha \tag{11-3}$$

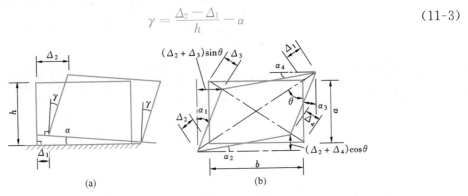

图 11-3　剪切变形

（a）墙体变形；（b）节点变形

图中 $\cos\theta = \dfrac{a}{\sqrt{a^2+b^2}}$，$\sin\theta = \dfrac{b}{\sqrt{a^2+b^2}}$

图 11-3（b）为梁柱节点核心区的剪切变形，可通过测量矩形区域对角测点的相对位移 $(\Delta_1 + \Delta_2)$ 和 $(\Delta_3 + \Delta_4)$，得到剪切变形 γ 为：

$$\gamma = \alpha_1 + \alpha_2 = \alpha_3 + \alpha_4 \tag{11-4a}$$

或

$$\gamma = \frac{1}{2}(\alpha_1 + \alpha_2 + \alpha_3 + \alpha_4) \tag{11-4b}$$

由图 11-3（b）的几何关系，得：

$$\alpha_1 = \frac{\Delta_2 \cdot \sin\theta + \Delta_3 \sin\theta}{a} = \frac{\Delta_2 + \Delta_3}{a} \cdot \frac{b}{\sqrt{a^2+b^2}} \tag{11-5}$$

$$\alpha_2 = \frac{\Delta_2 + \Delta_4}{b} \cdot \cos\theta = \frac{\Delta_2 + \Delta_4}{b} \cdot \frac{a}{\sqrt{a^2+b^2}} \tag{11-6}$$

$$\alpha_3 = \frac{\Delta_4 + \Delta_1}{a} \cdot \sin\theta = \frac{\Delta_4 + \Delta_1}{a} \cdot \frac{b}{\sqrt{a^2+b^2}} \tag{11-7}$$

$$\alpha_4 = \frac{\Delta_1 + \Delta_3}{b} \cdot \cos\theta = \frac{\Delta_1 + \Delta_3}{b} \cdot \frac{a}{\sqrt{a^2+b^2}} \tag{11-8}$$

把 $\alpha_1 \sim \alpha_4$ 代入式（11-4b），整理得到：

$$\gamma = \frac{1}{2}(\Delta_1 + \Delta_2 + \Delta_3 + \Delta_4) \cdot \frac{\sqrt{a^2+b^2}}{ab} \tag{11-9}$$

11.3　数据的统计分析

数据处理的目的是得到一个最接近真值的代表值及其偏离真值程度。可以用统计分析从很多数据中找到一个或若干个代表值，并对试验的误差进行分析。统计分析贯彻于数据处理过程的始终，以下介绍统计分析中常用的概念和计算方法。

1. 平均值

平均值有算术平均值、几何平均值和加权平均值等，按以下公式计算：

算术平均值 $\overline{x}$：

$$\overline{x} = \frac{1}{n}(x_1 + x_2 + \cdots + x_n) \tag{11-10}$$

式中，x_1，x_2，$\cdots$，x_n 为一组试验值。算术平均值在最小二乘法意义下是所求真值的最佳近似，是最常用的一种平均值。

几何平均值 $\overline{x}_a$：

$$\overline{x}_a = \sqrt[n]{x_1 + x_2 + \cdots + x_n} \tag{11-11a}$$

或

$$\lg\overline{x}_a = \frac{1}{n}\sum_{i=1}^{n}\lg x_i \tag{11-11b}$$

当对一组试验值（x_i）取常用对数（$\lg x_i$）所得图形的分布曲线更为对称（同 x_i 比较）时，常用此法。

加权平均值 $\overline{x}_\omega$：

$$\overline{x}_\omega = \frac{\omega_1 x_1 + \omega_2 x_2 + \cdots + \omega_n x_n}{\omega_1 + \omega_2 + \cdots + \omega_n} \tag{11-12}$$

式中，ω_i 是第 i 个试验值 x_i 的对应权，在计算用不同方法或不同条件观测同一物理量的均值时，可以对不同可靠程度的数据给予不同的"权"。

2. 标准差

标准差又称为均方根误差，用它来表示测量数据的分散性最为理想。对一组试验值 x_1，x_2，$\cdots$，x_n，当用测量结果的平均值代替真值，且可靠度程度相同时，其标准差 σ 为：

$$\sigma = \sqrt{\frac{1}{n-1}\sum_{i=1}^{n}(x_i - \overline{x})^2} \tag{11-13}$$

当它们的可靠程度不同时，其标准差 σ_ω 为：

$$\sigma_\omega = \sqrt{\frac{1}{(n-1)\sum_{i=1}^{n}w_i}\sum_{i=1}^{n}w_i(x_i - \overline{x}_\omega)^2} \tag{11-14}$$

标准差越大表示分散和偏离程度越大，反之则越小。它对一组试验值中的较大偏差反映比较敏感，表征测量的精密度。

3. 变异系数

变异系数 c_v 通常用来衡量数据的相对偏差程度，它的定义为：

$$c_v = \frac{\sigma}{x} \tag{11-15a}$$

或

$$c_v = \frac{\sigma_\omega}{x_\omega} \tag{11-15b}$$

式中，$\overline{x}$ 和 $\overline{x}_\omega$ 为平均值，σ 和 σ_ω 为标准差。

4. 随机变量和概率分布

结构试验的误差及数据，既有分散性和不确定性，又有规律性，它们都是随机变量。因此须用概率的方法来确定，即对随机变量进行大量的测定，同时常将随机变量定义为具有一定概率分布的量，对其进行统计分析，从中演绎归纳出随机变量的统计规律及概率分布。

为了对试验结果（随机变量）进行统计分析，得到它的分布函数，需要进行大量（几百次以上）的测量，由测量值的频率分布图来估计其概率分布。绘制频率分布图的步骤如下：

（1）按观测次序记录数据；

（2）按由小至大的次序重新排列数据；

（3）划分区间，将数据分组；

（4）计算各区间数据出现的次数、频率（出现次数和全部测定次数之比）和累计频率；

（5）绘制频率直方图及累计频率图（图 11-4）。

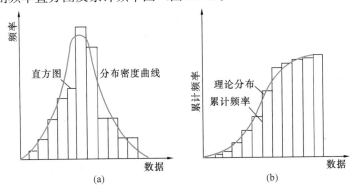

图 11-4 频率直方图和累计频率图
(a) 频率直方图；(b) 累计频率图

将频率分布近似作为概率分布（概率是当测定次数趋于无穷大的各组频率），并由此推断试验结果服从何种概率分布。

正态分布函数是最常用的描述随机变量的概率分布函数，试验测量中的偶然误差，材料的疲劳强度都近似服从正态分布。正态分布 $N(\mu, \sigma^2)$ 的概率密度分布函数为：

$$P_N(x) = \frac{1}{\sqrt{2\pi} \cdot \sigma} e^{\frac{(x-\mu)^2}{2\sigma^2}} (-\infty < x < \infty) \tag{11-16}$$

其分布函数为：

$$N(x) = \frac{1}{\sqrt{2\pi} \cdot \sigma} \int_{-\infty}^{x} e^{\frac{(x-\mu)^2}{2\sigma^2}} \cdot \mathrm{d}t \tag{11-17}$$

式中，μ 为均值、σ^2 为方差，它们是正态分布的两个特征参数。对于满足正态分布的曲线族，只要参数 μ 和 σ 已知，曲线就可以确定。图 11-5 所示为不同参数的正态分布密度函数，从中可以看出：

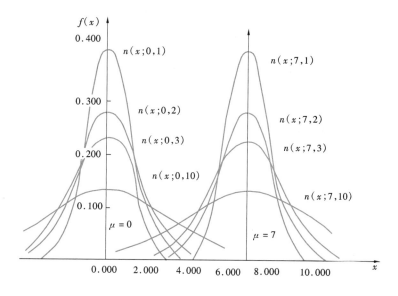

图 11-5 正态分布密度函数图

1) $P_N(x)$ 在 $x=\mu$ 处达到最大值，μ 表示随机变量分布的集中位置。

2) $P_N(x)$ 在 $x=\mu\pm\sigma$ 处曲线有拐点。σ 值越小，$P_N(x)$ 曲线的最大值就越大，并且下降得越快，所以 σ 表示随机变量分布的分散程度。

3) 若把 $x-\mu$ 称作偏差，可得到小偏差出现的概率较大，很大的偏差很少出现。

4) $P_N(x)$ 曲线关于 $x=\mu$ 对称，即大小相同的正负偏差出现的概率相同。

$\mu=0$，$\sigma=1$ 的正态分布称为标准正态分布，它的概率密度分布函数和概率分布函数如下：

$$P_N(t;0,1)=\frac{1}{\sqrt{2\pi}}e^{-\frac{t^2}{2}} \tag{11-18}$$

$$N(t;0,1)=\frac{1}{\sqrt{2\pi}}\int_{-\infty}^{x}e^{-\frac{t^2}{2}}\cdot\mathrm{d}t \tag{11-19}$$

标准正态分布函数被广泛用于误差理论中，函数值可以从有关表格中取得。对于非标准的正态分布 $P_N(x;\mu,\sigma)$ 和 $N(x;\mu,\sigma)$ 可用 $t=\dfrac{x-\mu}{\sigma}$ 进行变量代换，先将函数标准化，然后从标准正态分布表中查取 $N\left(\dfrac{x-\mu}{\sigma};0,1\right)$ 的函数值。

除正态分布外，常用的概率分布还有：二项分布、均匀分布、瑞利分布、χ^2 分布、t 分布、F 分布等。

11.4 误 差 分 析

结构试验中所测量的物理量总会有一个客观存在的量值，称为真值 X。真值无法测得，由误差理论可知，经过等精度，无穷多次重复测量所得的数据，在剔除粗大误差并尽可能消除和修正了系统误差之后，其测量结果的算术平均值就接近其真值。每次测量所得

的值称为实测值（测量值）x_i（$i=1$，2，3，$\cdots$，n），真值和测量值的差值

$$a_i = x_i - x \qquad (i = 1,2,3,\cdots,n) \tag{11-20}$$

称为测量误差，简称为误差。由于各种主观和客观的原因，任何测量数据不可避免地都包含一定程度的误差。只有了解了试验误差的范围，才有可能正确估计试验所得到的结果，同时，对试验误差进行分析将有助于在试验中控制和减少误差的产生。

11.4.1 误差的分类

根据误差产生的原因和性质，可以将误差分为粗大误差、随机误差和系统误差三类。

1. 粗大误差

粗大误差亦称为过失误差（或反常误差），它主要是由于操作不当，读数、记录和计算错误，测试系统的突然故障，环境条件的突然变化等因素所造成的误差。过失误差一般数值较大，并且常与事实明显不符，必须把过失误差从试验数据中剔除，还应分析出现过失误差的原因，采取措施以防再次出现。

2. 随机误差

随机误差是由一些预先难以确定的偶然因素造成的，它的绝对值大小和符号变化无常，具有随机性质，因此无法从测量数据中予以修正或将其消除。但如果进行大量的测量，可以发现随机误差的数值分布符合一定的统计规律，在实际工作中可以根据误差理论，通过增加量测次数来加以控制，减少其对量测结果的影响。

产生随机误差的原因有测量仪器、测量方法和环境条件等，如电源电压的波动，环境温度、湿度和气压的微小波动，磁场干扰，仪器的微小变化，操作人员操作上的微小差别等。随机误差在测量中是无法避免的，即使是一个很有经验的测量者，使用很精密的仪器，很仔细地操作，对同一对象进行多次测量，其结果也不会完全一致，而是有高有低。

随机误差的大小可以用精密度表示，精密度高表示测量的随机误差小。对随机误差进行统计分析，或增加测量次数，找出其统计特征值，就可在数据处理时对测量结果进行修正。

3. 系统误差

系统误差是由某些固定的原因所造成的，其特点是在整个测量过程中始终有规律地存在着，其绝对值大小和符号保持不变或按某一规律变化，以下几方面通常会导致系统误差的产生：

（1）方法误差　这种误差是由于所采用的测量方法或数据处理方法不完善所造成的。如采用简化的测量方法或近似计算方法，忽略了某些因素对测量结果的影响，以致产生误差。

（2）工具误差　由于测量仪器或工具本身的不完善（结构不合理，零件磨损等缺陷等）所造成的误差，如仪表刻度不均匀，百分表的无效行程等。

（3）环境误差　测量过程中，由于环境条件的变化所造成的误差，如测量过程中的温度、湿度变化。

（4）操作误差　由于测量过程中试验人员的操作不当所造成的误差，如仪器安装不当、仪器未校准或仪器调整不当等。

（5）主观误差　是测量人员本身某一主观因素造成的，如测量人员的特有习惯、习惯

性的读数偏高或偏低。

系统误差的大小可以用准确度表示，准确度高表示测量的系统误差小。只要查明系统误差的原因，找出其变化规律，就可以在测量中采取措施（改进测量方法，采用更精确的仪器等）以减小误差，或在数据处理时对测量结果进行修正。

11.4.2　误差计算

对误差进行统计分析时，同样需要计算三个重要的统计特征值，即算术平均值、标准误差和变异系数。如进行了几次测量，得到几个测量值 x_i，有几个测量误差 a_i（$i=1$，2，3，$\cdots$，n），则误差的平均值为：

$$\bar{a} = \frac{1}{n}(a_1 + a_2 + \cdots + a_n) \tag{11-21}$$

式中，a_i 按下式计算：

$$a_i = x_i - \bar{x} \tag{11-22}$$

$$\bar{x} = \frac{1}{n}\sum_{i=1}^{n} x_i \tag{11-23}$$

误差的标准差为：

$$\sigma = \sqrt{\frac{1}{n-1}\sum_{i=1}^{n} a_i^2} \tag{11-24a}$$

或

$$\sigma_{\mathrm{w}} = \sqrt{\frac{1}{n-1}\sum_{i=1}^{n}(x_i - \bar{x})^2} \tag{11-24b}$$

变异系数为：

$$c_{\mathrm{v}} = \frac{\sigma}{\bar{x}} \tag{11-25}$$

11.4.3　误差传递

前面讨论的测量误差，均指对某一参量进行直接测定时引入的误差。实践中有些参量不能进行直接测定，如应力 $\sigma = E\varepsilon$，剪力 $V = \dfrac{\varepsilon_2 - \varepsilon_1}{a_2 - a_1}EW$ 等，它们均是通过对应变 ε 和弹性模量 E 分别进行直接测定后经过计算求得，由其导出来的量 σ 和 V，称为间接测定值。由于直接测量值存在误差，由其导出的间接值也必然带有误差。因此必须对这类误差的传递结果作出估计。若将间接测定值的误差看作是各有关的直接测量值的函数，则利用误差传递公式就可以从自变量的误差计算函数的误差：

$$y = f(x_1, x_2, \cdots, x_m) \tag{11-26}$$

式中，x_i（$i=1$，2，3，$\cdots$，m）为直接测量值，y 为所要计算物理量的值。若直接测量值 x 的最大绝对误差为 Δx_i（$i=1$，2，3，$\cdots$，m），则 y 的最大绝对误差 Δy 和最大相对误差 δy 分别为：

$$\Delta y = \left|\frac{\partial f}{\partial x_1}\right|\Delta x_1 + \left|\frac{\partial f}{\partial x_2}\right|\Delta x_2 + \cdots + \left|\frac{\partial f}{\partial x_m}\right|\Delta x_m \tag{11-27}$$

$$\delta y = \frac{\Delta y}{|y|} = \left|\frac{\partial f}{\partial x_1}\right|\frac{\Delta x_1}{|y|} + \left|\frac{\partial f}{\partial x_2}\right|\frac{\Delta x_2}{|y|} + \cdots + \left|\frac{\partial f}{\partial x_m}\right|\frac{\Delta x_m}{|y|} \tag{11-28}$$

对一些常用的函数形式，可以得到以下关于误差估计的实用公式：

（1）代数和

$$y = x_1 \pm x_2 \pm \cdots \pm x_m \tag{11-29}$$

$$\Delta y = \Delta x_1 + \Delta x_2 + \cdots + \Delta x_m \tag{11-30}$$

$$\delta y = \frac{\Delta y}{|y|} = \frac{\Delta x_1 + \Delta x_2 + \cdots + \Delta x_m}{|x_1 + x_2 + \cdots + x_m|} \tag{11-31}$$

（2）乘法

$$y = x_1 \cdot x_2 \tag{11-32}$$

$$\Delta y = |x_2| \Delta x_1 + |x_1| \Delta x_2 \tag{11-33}$$

$$\delta y = \frac{\Delta y}{|y|} = \frac{\Delta x_1}{|x_1|} + \frac{\Delta x_2}{|x_2|} \tag{11-34}$$

（3）除法

$$y = x_1 / x_2 \tag{11-35}$$

$$\Delta y = \left|\frac{1}{x_2}\right| \Delta x_1 + \left|\frac{1}{x_1}\right| \Delta x_2 \tag{11-36}$$

$$\delta y = \frac{\Delta y}{|y|} = \frac{\Delta x_1}{|x_1|} + \frac{\Delta x_2}{|x_2|} \tag{11-37}$$

（4）幂级数

$$y = x^\alpha (\alpha \text{ 为任意实数}) \tag{11-38}$$

$$\Delta y = |\alpha \cdot x^{\alpha-1}| \Delta x \tag{11-39}$$

$$\delta y = \frac{\Delta y}{|y|} = \left|\frac{\alpha}{x}\right| \Delta x \tag{11-40}$$

（5）对数

$$y = \ln x \tag{11-41}$$

$$\Delta y = \left|\frac{1}{x}\right| \Delta x \tag{11-42}$$

$$\delta y = \frac{\Delta y}{|y|} = \frac{\Delta x}{|x \ln x|} \tag{11-43}$$

如 x_1、x_2、$\cdots$、x_m 为随机变量，它们各自的标准误差为 σ_1、σ_2、$\cdots$、σ_m，令 $y = f(x_1, x_2, \cdots, x_m)$ 为随机变量的函数，则 y 的标准误差 σ 为：

$$\sigma = \sqrt{\left[\frac{\partial f}{\partial x_1}\right]^2 \sigma_1^2 + \left[\frac{\partial f}{\partial x_2}\right]^2 \sigma_2^2 + \cdots + \left[\frac{\partial f}{\partial x_m}\right]^2 \sigma_m^2} \tag{11-44}$$

11.4.4 误差的检验

在试验中，粗大误差（过失误差）、随机误差和系统误差是同时存在的，试验误差是这三种误差的组合。通过对误差进行检验，剔除过失误差，尽可能地消除系统误差，使试验数据反映事实。

1. 异常数据的舍弃

在测量中，有时会遇到难以合理解释的误差较大的个别测量值，就是所谓的异常数据，应该把它们从试验数据中剔除。

检验异常值的基本思想是，根据被检验的样本数据属于正态分布这个假设，凡偏差超过未合理选择的小概率界限，就可以认为它是异常的。也就是说，按照偶然误差正态分布理论，绝对值越大的误差，其出现的概率越小；且数值不会超过某一范围。因此可以选择一个范围来对各个数据进行鉴别，如果某个数据的偏差超出此范围，则认为该数据中包含有过失误差，就予以剔除。常用的确定此范围的判别准则有：

（1）莱特（Wright）准则，也称 3σ 准则

由于随机误差服从正态分布，误差绝对值大于 3σ 的概率仅为 0.27%，即 370 多次观测才可能出现一次。因此，当某个数据的误差绝对值大于 3σ 时，应剔除该数据。实际试验时可用偏差代替误差，σ 按式（11-24a）或式（11-24b）计算。

$$T_0 \ (n, \ \alpha)$$

表 11-3

n \ α	0.05	0.01	n \ α	0.05	0.01
3	1.15	1.16	17	2.48	2.78
4	1.46	1.49	18	2.50	2.82
5	1.67	1.75	19	2.53	2.85
6	1.82	1.94	20	2.56	2.88
7	1.94	2.10	21	2.58	2.91
8	2.03	2.22	22	2.60	2.94
9	2.11	2.32	23	2.62	2.96
10	2.18	2.41	24	2.64	2.99
11	2.3	2.48	25	2.66	3.01
12	2.28	2.55	30	2.74	3.10
13	2.33	2.61	35	2.81	3.18
14	2.37	2.66	40	2.87	3.24
15	2.41	2.70	50	2.96	3.34
16	2.44	2.75	100	3.17	3.59

（2）格拉布斯（Grubbs）准则

格拉布斯是以 t 分布为基础，根据数理统计理论按危险率 α（指剔错的概率，在工程问题中置信度一般取 95%，$\alpha=5\%$）和子样容量 n（即测量次数 n）求得临界值 T_0（n, α）（表 11-3）。如某个测量数据 x_i 的误差绝对值满足下式时：

$$|x_i - \bar{x}| > T_0(n, \alpha) \cdot S \tag{11-45}$$

即应剔除该数据，上式中，S 为子样的标准差。

（3）肖维纳（Chauvenet）准则

这是 W. 肖维纳 1876 年提出的方法，其检验统计量和格拉布斯方法相同，用此准则也不先剔除可疑值，拒绝域临界值如表 11-4 所列。

肖维纳检验临界值 ω_n　　　　　　　　　　　　　　　　表 11-4

n	ω_n	n	ω_n	n	ω_n	n	ω_n	n	ω_n
3	1.38	9	1.92	15	2.13	21	2.26	40	2.49
4	1.53	10	1.96	16	2.15	22	2.28	50	2.58
5	1.65	11	2.00	17	2.17	23	2.30	75	2.71
6	1.73	12	2.03	18	2.20	24	2.31	100	2.81
7	1.80	13	2.07	19	2.22	25	2.33	200	3.02
8	1.86	14	2.10	20	2.24	30	2.39	500	3.20

除以上检验准则外，常用的还有七检验准则（罗曼诺夫斯基准则）、狄克松（Dixon）准则、狄克松双侧检验准则等。

2. 随机误差

通常认为随机误差服从正态分布，它的分布密度函数（即正态分布密度函数）为：

$$y=\frac{1}{\sqrt{2\pi}\cdot\sigma}e^{\frac{(x_i-x)^2}{2\sigma^2}} \tag{11-46}$$

式中，x_i-x 为随机误差，x_i 为实测值（减去其他误差），x 为真值。实际试验时，常用 $x_i-\overline{x}$ 代替 x_i-x，$\overline{x}$ 为平均值或其他近似的真值。

参照前面的正态分布的概率密度函数曲线图，标准误差 σ 越大，曲线越平坦，误差值分布越分散，精确度越低；σ 越小，曲线越陡，误差值分布越集中，精确度越高。

误差落在某一区间内的概率 $P(|x_i-x|\leqslant a_i)$ 如表 11-5 所示。

与某一误差范围对应的概率表　　　　　　　　　　　　　　表 11-5

误差限 a_i	0.32σ	0.67σ	σ	1.15σ	1.96σ	2σ	2.58σ	3σ
概率 P	25%	50%	68%	75%	95%	95.4%	99%	99.7%

一般情况下，99.7%的概率已可认为代表多次测量的全体，所以把 3σ 叫作极限误差；当某一测量数据的误差绝对值小于 3σ 时（其可能性只有 0.3%），即可以认为其误差已不足随机误差，该测量数据已属于不正常数据。

3. 系统误差的发现和消除

从数值上看，常见的系统误差有"固定的系统误差"和"变化的系统误差"两类。固定的系统误差是在整个测量数据中始终存在着的一个数值大小、符号保持不变的偏差。产生固定系统误差的原因有测量方法或测量工具方面的缺陷等等。固定的系统误差往往不能通过在同一条件下的多次重复测量来发现，只能用几种不同的测量方法或同时用几种测量工具进行测量比较时，才能发现其原因和规律，并加以消除，如仪表仪器的初始零点飘移等。

变化的系统误差可分为积累变化、周期性变化和按复杂规律变化三种。当测量次数相当多时，如率定传感器时，可从偏差的频率直方图来判别；如偏差的频率直方图和正态分布曲线相差甚远，即可判断测量数据中存在着系统误差，因为随机误差的分布规律服从正态分布。当测量次数不够多时，可将测量数据的偏差按测量先后次序依次排列，如其数值大小基本上有规律地向一个方向变化（增大或减小），即可判断测量数据是有积累的系统误差；如将前一半的偏差之和与后一半的偏差之和相减，若两者之差不为零或不近似为零，也可判断测量数据是有积累的系统误差。将测量数据的偏差按测量先后次序依次排列，如其符号基本有规律地交替变化，即可认为测量数据中有周期性变化的系统误差。对变化规律复杂的系统误差，可按其变化的现象，进行各种试探性的修正，来寻找其规律和原因；也可改变或调整测量方法，改用其他的测量工具，来减少或消除这一类的系统误差。

11.5　数据的表达方式

把试验数据按一定的规律和方式来表达，以对数据进行分析。一般采用的表达方式有表格、图像和函数。

11.5.1　表格方式

表格按其内容和格式可分为汇总表格和关系表格两类：汇总表格把试验结果中的主要内容或试验中的某些重要数据汇集于一表之中，使它起着类似于摘要和结论的作用，表中的行与行、列与列之间一般没有必然的关系。关系表格是把相互有关的数据按一定的格式列于表中，表中列与列、行与行之间都有一定的关系，它的作用是使有一定关系的代表两个或若干个变量的数据更加清楚地表示出变量之间的关系和规律。

表 11-6 为一汇总表格的例子，表中表示 8 个钢管桩承台试件主要的试件特点和试验结果。汇总表格式比较松散，可根据需要布置行列，行列可以不对齐，重要的是能清楚地表示出主要内容。

钢管桩承台劈裂试验结果汇总

表 11-6

试 件	盖板形式	试验日期	开裂荷载 （kN）	极限荷载 （kN）	破坏形式	备 注
No. 1	厚平盖	1992.5.9	没有开裂	481.08	钢管压屈	
No. 2	薄平盖加肋	1992.5.14	628.92	684.10	混凝土承台劈裂	
No. 3	厚平盖外挑	1992.5.16	650	654.71	钢管压屈	钢管加强
No. 4	弧形盖	1992.5.4	没有开裂	550.89	钢管压屈	钢管加强，裂缝未发展
No. 5	弧形盖	1992.5.12	610	681.02	混凝土承台劈裂	钢管加强
No. 6	无盖、有网片	1992.4.28	460	468.77	钢管压屈	裂缝未发展
No. 7	无盖	1992.5.3	457.32	472.86	钢管压屈	裂缝未发展
No. 8	无盖	1992.5.7	428.28	452.61	混凝土承台劈裂	

关系表格由若干个关系变量数据列为主组成，如荷载列、位移列、应变列等，每列都有一个名称（通常在表格的上部），名称包括本列的变量名和单位；每一行都是它在某一

时刻各个变量的取值，如某一荷载及相应的位移和应变等。这种按列布置的变量数据称为列表格，较为常用。表中除主要的变量数据列外，还可以根据需要加上编号列（常在最左面）和备注列以记录试验过程中的特殊现象（如混凝土开裂、屈服、破坏等）。如情况需要，也可以按行布置变量数据，组成行表格。表 11-7 为一关系表格的实例，为钢筋混凝土异型柱侧移刚度承载力及延性试验结果，由表中数据可清楚地看到不同编号异型柱位移与荷载的关系，及在某一级荷载时结构的整体变形情况。

表格的主要组成部分和基本要求如下：

（1）每个表格都应有一个表格名称，一篇文章中有一个以上的表格时，还应该将表格顺序编号。表名和编号通常放在表格的顶上。

侧移刚度、承载力及延性试验结果　　　　　　　　　表 11-7

柱编号	轴压比	水平正向加数						水平负向加数						平均值	
		F_y (kN)	F_u (kN)	u_y (mm)	u_d (mm)	μ	K_y (kN·mm⁻¹)	F_y (kN)	F_u (kN)	u_y (mm)	u_d (mm)	μ	K_y (kN·mm⁻¹)	$\bar{\mu}$	K_y (kN·mm⁻¹)
2T-1	0.296	21.1	21.1	4.80	—	—	4.40	47.2	47.2	7.2	—	—	6.56	—	5.48
2T-2	0.592	25.6	25.6	6.50	13.3	2.05	5.40	48.2	60.1	6.7	12.0	1.79	7.19	1.92	6.30
2T-3	0.592	9.4	11.9	3.10	7.80	2.52	3.03	31.0	33.4	6.5	11.2	1.72	4.78	2.12	3.90
2T-4	0.592	29.7	30.3	5.40	11.5	2.12	5.50	53.2	57.2	7.2	20.4	2.83	7.39	2.48	6.44
2X-1	0.592	23.8	24.5	7.30	16.9	2.32	3.26	38.1	38.5	8.6	16.1	1.87	4.43	2.09	3.85
2X-2	0.592	41.9	45.2	9.60	13.20	1.38	4.36	45.3	51.0	10.2	17.7	1.74	4.44	1.58	4.40

（2）表格的形式应该根据表格的内容和要求决定，在满足基本要求的情况下，可以将表格中的细节进行变动。

（3）不论何种表格，每列都必须有列的名称，以表示该列数据的意义和单位。列的名称都应放在每列的第一行对齐，形成"表头"；如果第一行空间不够，可以把列名的部分内容放在表格下面的注解中去。主要的数据列或自变量列应尽量放在靠左边的位置。

（4）表格中的内容应尽量完全，能完整地说明问题。

（5）表格中的符号和缩写应该采用标准格式，数字应该整齐、准确。

（6）如果需要对表格中的内容加以说明，可以在表格的下面、紧挨着表格加一注解，不要把注解放在其他任何地方，以免混淆。

（7）应突出重点，把主要内容放在醒目的位置。

11.5.2　图像方式

试验数据还可用图像来表达，图像表达方式有：曲线图、直方图、形态图等形式，其中最常用的是曲线图和形态图。

1. 曲线图

曲线可以清楚、直观地显示两个或两个以上的变量之间关系的变化过程，或显示若干个变量数据沿某一区域的分布，还可显示变化过程或分布范围中的转折点、最高点、最低点及周期变化的规律。对于定性分布和整体规律分析来说，曲线图是最合适的方法。

图 11-6、图 11-7 为某试验中沉管灌注桩以及水泥搅拌桩和土应力比随荷载变化的曲线。由图可以看出，两种桩土应力比曲线变化趋势相近，近似随荷载呈比例增大。加荷初期桩土应力比较小，随着荷载的增加，桩土应力比逐渐增大。

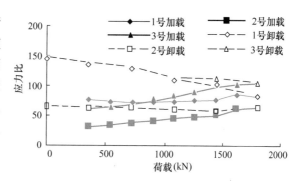

图 11-6　沉管灌注桩与土应力
比随荷载变化曲线

曲线图的主要组成和基本要求为：

（1）每个曲线图都必须有图名，如果文章中有一个以上的曲线图，还应该有图的编号。图名和图号通常放在图下。

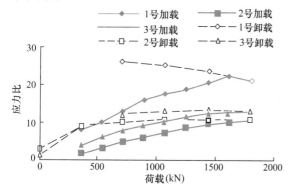

图 11-7　水泥搅拌桩和土应力
比随荷载变化曲线

（2）每个曲线图应该有一个横坐标和一个或一个以上的纵坐标，每个坐标都应有名称；坐标的形式、比例和长度可根据数据的范围决定，但应该使整个曲线图清楚、准确地反映数据的规律。

（3）通常取横坐标作为自变量，纵坐标作为因变量，自变量通常只有一个，因变量可以有若干个；一个自变量与一个因变量可以组成一条曲线，一个曲线图中可以有若干条曲线。

（4）有若干条曲线时，可以用不同线形（实线、虚线、点划线和点线等）或不同的标记（＋、□、△、×等）加以区别，也可以用文字说明来区别。

（5）曲线必须以试验数据为根据，对试验时记录得到的连续曲线（如 X-Y 函数记录仪记录的曲线、光线示波器记录的振动曲线等），可以直接采用，或加以修整后采用；对试验时非连续记录得到的数据和把连续记录离散化得到的数据，可以用直线或曲线顺序相连，并应尽可能用标记标出试验数据点。

（6）如果需要对曲线图中的内容加以说明，可以在图中或图名下加上注解。

由于各种原因，由试验直接得到的曲线上会出现毛刺、振荡等，影响对试验结果的分析。对于这种情况，可以将试验曲线进行修匀、光滑处理，如试验曲线的数据列于表 11-8。

试　验　数　据　　　　　　　　　　　　表 11-8

x	x_0	$x_1=x_0+\Delta x$	...	$x_i=x_0+i\Delta x$	...	$x_m=x_0+m\cdot\Delta x$
y	y_0	y_1	...	y_i	...	y_m

表 11-8 是以 x 为自变量、y_i 为按等距 Δx 作测量得到的数据，用直线的滑动平均法，

可得到新的 y_i' 值，用 (x_i, y_i') 顺序相连，可得到一条较光滑的曲线。取三点滑动平均，y_i' 可由下式算得：

$$y_i' = \frac{1}{3}(y_{i-1} + y_i + y_{i+1}) \qquad (i = 1, 2, \cdots, m-1) \tag{11-47a}$$

$$y_0' = \frac{1}{6}(5y_0 + 2y_1 - y_2) \tag{11-47b}$$

$$y_m' = \frac{1}{6}(-y_{m-2} + 2y_{m-1} + 5y_m) \tag{11-47c}$$

取五点滑动平均，y_i' 由下式计算：

$$y_i' = \frac{1}{5}(y_{i-2} + y_{i-1} + y_i + y_{i+1} + y_{i+2}) \qquad (i = 1, 2, \cdots, m-2) \tag{11-48a}$$

$$y_0' = \frac{1}{5}(3y_0 + 2y_1 + y_2 - y_4) \tag{11-48b}$$

$$y_1' = \frac{1}{10}(4y_0 + 3y_1 + 2y_2 + y_3) \tag{11-48c}$$

$$y_{m-1}' = \frac{1}{10}(y_{m-3} + 2y_{m-2} + 3y_{m-1} + 4y_m) \tag{11-48d}$$

$$y_m' = \frac{1}{5}(-y_{m-4} + y_{m-2} + 2y_{m-1} + 3y_m) \tag{11-48e}$$

还可以用二次抛物线或三次抛物线的滑动平均法，对试验曲线进行修匀、光滑处理。

2. 形态图

把结构在试验时的各种难以用数值表示的形态，用图像表示，这种图像就是形态图，例如，混凝土结构的裂缝情况、钢结构的屈曲失稳状态、结构的变形状态、结构的破坏状态的图像等。

形态图的制作方式有照相和手工画图。照片形式的形态图可以真实地反映实际情况，但有时容易把一些不需要的细节也包括在内；手工画的形态图可以对实际情况进行概括和抽象，突出重点，更好地反映本质情况；制图时，可根据需要作整体图或局部图，还可以把各个侧面的形态图连成展开图。制图应考虑各类结构的特点、结构的材料、结构的形状等。

形态图用来表示结构的损伤情况、破坏形态等，这是不能用其他表达方法代替的。

3. 直方图和饼图

直方图的作用之一是统计分析，通过绘制某个变量的频率直方图和累计频率直方图即可以判断它的随机分布规律。为了研究某个随机变量的分布规律，首先要对该变量进行大量的观测，然后按照以下步骤绘制直方图：

（1）从观测数据中找出最大值和最小值；

（2）确定分组的区间和组数，区间宽度为 Δx，算出各组的中值；

（3）根据原始记录，统计出各组内量测值出现的频数 m_i；

（4）计算各组的频率 f_i（$f_i = m_i / \Sigma m_i$）和累计频率；

（5）绘制频率直方图和累计频率直方图，以观测值为横坐标，以频率密度（$f_i / \Delta x$）为纵坐标，在每一分组区间，作以区间宽度为底、频率密度为高的矩形，这些矩形所组成的阶梯形即称为频率直方图；再以累计频率为纵坐标，可绘出累计频率直方图。从频率直方图和累计频率直方图的基本趋向，可以判断该随机变量的分布规律。

直方图的另一个作用是进行数值比较，把大小不同的数据用不同长度的矩形来代表，可以得出更加直观的比较。

饼图中，用大小不同的扇形面积来代表不同的数据，得到一个更加直观的比较。

11.5.3 函数方式

试验数据还可以用函数方式表达，能反映试验数据之间存在着一定的关系。这种表示方式比较精确、完善。在试验数据之间建立函数关系，包括两个工作：一是确定函数的形式，二是求函数表达式中的系数。试验数据之间的关系是复杂的，很难找到一个真正反映这种关系的函数，但可以找到一个最佳近似函数。常用来建立函数的方法有回归分析、系统识别等方法。

1. 确定函数形式

由试验数据建立函数，首先要确定函数的形式，函数的形式应能反映各个变量之间的关系，有了一定的函数形式，才能进一步利用数学手段来求得函数式中的各个系数。

函数形式可以从试验数据的分布规律中得到，通常是把试验数据作为函数坐标点画在坐标纸上，根据这些函数点的分布或由这些点连成的曲线的趋向，确定一种函数形式。在选择坐标系和坐标变量时，应尽量使函数点的分布或曲线的趋向简单明了，如呈线性关系；还可以设法通过变量代换，将原来关系不明确的转变为明确的，将原来呈曲线关系的转变为呈线性关系。常用的函数形式以及相应的线性转换见表 11-9。还可采用多项式如：

$$y = a_0 + a_1 x + a_2 x^2 + \cdots + a_n x^n \tag{11-49}$$

表 11-9 所示的函数形式通常用于研究结构的恢复力特性。如果研究的问题有两个或两个以上自变量，则可以选择二元函数或多元函数。

确定函数形式时，应该考虑试验结构的特点，考虑试验内容的范围和特性，例如：是否经过原点，是否有水平或垂直或沿某一方向的渐近线、极值点的位置等，这些特征对确定函数形式很有帮助。严格地说，所确定的函数形式，只在试验结果的范围内才有效，并只能在试验结果的范围内使用；如要把所确定的函数形式推广到试验结果的范围以外，则应该要有充分的依据。

2. 求函数表达式的系数

对某一试验结果，确定了函数形式后，应通过数学方法求其系数，所求得的系数使得这一函数与试验结果尽可能相符。常用的数学方法有回归分析和系统识别。

（1）回归分析

设试验结果为 $(x_i, y_i, i = 1, 2, \cdots, n)$，用一函数来模拟 x_i 与 y_i 之间的关系，这个函数中有待定系数 $a_j (j = 1, 2, \cdots, m)$，可写成：

$$y = f(x, a_j; j = 1, 2, \cdots, m) \tag{11-50}$$

图 形 及 特 征	名 称 及 方 程
$a>0$ $b<0$ / $a>0$ $b>0$	双曲线 $\dfrac{1}{Y}=a+\dfrac{b}{X}$
	令 $Y'=\dfrac{1}{Y},X'=\dfrac{1}{X}$,其中 $Y'=a+bX'$
$b>0$ / $b<0$	幂函数曲线 $Y=rX^b$
	令 $Y'=\lg Y,X'=\lg X,a=\lg r$,则 $Y'=a+bX'$
$b>0$ / $b<0$	指数函数曲线 $Y=re^{bX}$
	令 $Y'=\ln Y,a=\ln r$,则 $Y'=a+bX$
$b<0$ / $b>0$	指数函数曲线 $Y=re^{\frac{b}{X}}$
	令 $Y'=\ln Y,X'=\dfrac{1}{X},a=\ln r$,则 $Y'=a+bX'$
$b>0$ / $b<0$	对数曲线 $Y=a+b\lg X$
	令 $X'=\lg X$,则 $Y=a+bX'$
	S 形曲线 $Y=\dfrac{1}{a+be^{-X}}$
	令 $Y'=\dfrac{1}{Y},X'=e^{-X}$,则 $X'=a+bX'$

上式中的 a_j 也可称为回归系数。求这些回归系数所遵循的原则是：当将所求到的系数代入函数式中，用函数式计算得到数值，应与试验结果呈最佳近似，通常用最小二乘法来确定回归系数 a_j。

所谓最小二乘法，就是使由函数式得到的回归值与试验值的偏差平方之和 Q 为最小，

从而确定回归系数 a_j 的方法。Q 可表示为 a_j 的函数：

$$Q = \sum_{i=1}^{n} \left[y_i - f(x_i, a_j; j = 1, 2, \cdots, m) \right]^2 \tag{11-51}$$

式中（x_i，y_i）为试验结果。根据微分学的极值定理，要使 Q 为最小的条件是把 Q 对 a_j 求导数并令其为零，如：

$$\frac{\partial Q}{\partial a_j} = 0 \qquad (j = 1, 2, \cdots, m) \tag{11-52}$$

求解以上方程组，就可以解得使 Q 值为最小的回归系数 a_j。

（2）一元线性回归分析

设试验结果 x_i 与 y_j 之间存在着线性关系，可得直线方程如下：

$$y = a + bx \tag{11-53}$$

相对的偏差平方之和 Q 为：

$$Q = \sum_{i=1}^{n} (y_i - a - bx_i)^2 \tag{11-54}$$

把 Q 对 a 和 b 求导，并令其等于零，可解得 a 和 b 如下：

$$b = \frac{L_{xy}}{L_{xx}} \tag{11-55}$$

$$a = \overline{y} - b\overline{x} \tag{11-56}$$

式中，$\overline{x} = \dfrac{1}{n} \sum\limits_{i=1}^{n} x_i$，$\overline{y} = \dfrac{1}{n} \sum\limits_{i=1}^{n} y_i$，

$$L_{xx} = \sum_{i=1}^{n} (x_i - \overline{x})^2, \quad L_{xy} = \sum_{i=1}^{n} (x_i - \overline{x})(y_i - \overline{y})$$

设 γ 为相关系数，它反映了变量 x 和 y 之间线性相关的密切程度，γ 由下式定义：

$$\gamma = \frac{L_{xy}}{\sqrt{L_{xx} L_{yy}}} \tag{11-57}$$

式中 $L_{yy} = \sum\limits_{i=1}^{n} (y_i - \overline{y})^2$。显然 $|\gamma| \leqslant 1$。当 $|\gamma| = 1$，称为完全线性相关，此时所有的数据点（x_i，y_i）都在直线上；当 $|\gamma| = 0$，称为完全线性无关，此时数据点的分布毫无规则；$|\gamma|$ 越大，线性关系越好；$|\gamma|$ 很小时，线性关系很差，这时再用一元线性回归方程来代表 x 与 y 之间的关系就不合理了。表 11-10 为对应于不同的 n 和显著性水平 α 下的相关系数的起码值，当 $|\gamma|$ 大于表中相应的值时，所得到直线回归方程才有意义。

（3）一元非线性回归分析

相关系数检验表　　　　　　　　　　　　表 11-10

$n-2$	α 0.05	0.01	$n-2$	α 0.05	0.01
1	0.997	1.000	21	0.413	0.526
2	0.950	0.990	22	0.404	0.515
3	0.878	0.959	23	0.396	0.505
4	0.81	0.917	24	0.388	0.96
5	0.754	0.874	25	0.981	0.487
6	0.707	0.834	26	0.374	0.478
7	0.566	0.798	27	0.367	0.470
8	0.632	0.765	28	0.361	0.463
9	0.602	0.735	29	0.355	0.456
10	0.576	0.708	30	0.349	0.449
11	0.553	0.684	35	0.325	0.418
12	0.532	0.661	40	0.304	0.393
13	0.514	0.641	45	0.288	0.372
14	0.497	0.623	50	0.273	0.354
15	0.482	0.606	60	0.250	0.325
16	0.468	0.590	70	0.232	0.302
17	0.456	0.575	80	0.217	0.283
18	0.444	0.561	90	0.205	0.267
19	0.433	0.549	100	0.195	0.254
20	0.423	0.537	200	0.138	0.181

若试验结果 x_i 和 y_i 之间的关系不是线性关系。可以利用表 11-9 进行变量代换，转换成线性关系，再求出函数式中的系数；也可以直接进行非线性回归分析，用最小二乘法求出函数式中的系数。对变量 x 和 y 进行相关性检验，可以用下列的相关指数 R^2 来表示：

$$R^2 = 1 - \frac{\Sigma(y_i - y)^2}{\Sigma(y_i - \overline{y})^2} \tag{11-58}$$

式中，$y = f(x_i)$ 是把 x_i 代入回归方程得到的函数值；y_i 为试验结果；$\overline{y}$ 为试验结果的平均值。相关指数 R^2 的平方根 R 也可称为相关系数，但它与前面的线性相关系数不同。相关指数 R^2 和相关系数 R 是表示回归方程或回归曲线与试验结果拟合的程度，R^2 和 R 趋近 1 时，表示回归方程的拟合程度好；R^2 和 R 趋向零时，表示回归方程的拟合程度不好。

（4）多元线性回归分析

当所研究的问题中有两个以上的变量，其中自变量为两个或两个以上时，应采用多元回归分析。另外，由于许多非线性问题都可以化为多元线性回归的问题，所以多元线性回归分析是最常用的。设试验结果为 $y = f(x_{1i}, x_{2i}, \cdots x_{mi}, y_i; \quad i = 1, 2, \cdots, n)$，其中自变量为 $x_{ji}(j = 1, 2, \cdots, m)$，$y$ 与 x_j 之间的关系由下式表示：

$$y = a_0 + a_1 x_1 + a_2 x_2 + \cdots + a_m x_m \tag{11-59}$$

上式中的 $a_j(j = 1, 2, \cdots, m)$ 为回归系数，用最小二乘法求得。

（5）系统识别方法

在结构动力试验中，常常需要已知对结构的激励和结构的反应，来识别结构的某些参数，如刚度、阻尼和质量等。把结构看作一个系统，对结构的激励是系统的输入，结构的反应是系统的输出，结构的刚度、阻尼和质量等就是系统的特性。就可以用系统识别这一数学方法，由已知的系统的输入和输出，找出系统的特性或它的最优的近似解，确定试验结构的某些参数，如刚度、阻尼和质量以及恢复力模型。

11.6 信号处理及分析

对结构物进行动态测定的结果往往是极为复杂的，即便是在有规律的扰力激励下产生的振动信号也常包含有与结构振动无关的信号，所谓信号处理就是要设法压缩或过滤与结构振动无关的信号分量，突出与结构有关的信号分量，然后对这些信号进行分析，才能获得与结构振动有关的特征参量。

任何物理现象由于振动引起的波形，忽略次要分量后，均可分为确定性振动和非确定性振动两类。能用明确的数学关系式描述的振动过程被称为确定性的振动过程，例如简谐振动和周期性振动等。不能用明确的数学关系式描述，且无法预测未来时刻精确值的振动过程则被称为非确定性的振动或随机振动过程，如地震引起的结构振动等。

1. 确定性信号

（1）周期性振动信号

1）单一简谐振动波形分析

结构因受扰力而起振。当扰力恒定时，结构的振动过程将连续不断地重复出现，它可以用时间的确定函数来描述。按简谐规律出现的振动是一种最简单的振动信号，其数学表达式为：

$$x(t) = x_m \sin\omega t \tag{11-60}$$

式中　x_m——振幅值；

　　　ω——振动频率，$\omega = 2\pi f$。

单一简谐振动具有单一周期或单一频率，如图 11-8 所示。它在时域内描述了一个随时间增长而作周期变化的振动过程，在记录纸上找到时间指标与振动曲线的关系就可以得到频率。因为它只含有一个频率成分，所以用频率图来描述时，应该是该频率处的一根线的线谐（图 11-8b）。

2）两个简谐振动合成的信号分析

两个简谐振动叠加合成的振动是一个复杂的周期信号，它由以 n 为倍数的不同频率组合。其信号分析方法视振动台合成波形的复杂程度而异。

图 11-9 为两个简谐频率相差较大的时程曲线，图中实线为振动记录图，虚线为勾画的

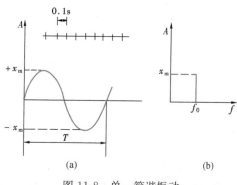

图 11-8　单一简谐振动

（a）时域图；（b）频域图

包络线，仔细地从图上找出两个相似点，便可定出周期 T_1 和相应的振幅 $2a_1$，它代表的是低频波的周期和振幅，高频波的周期为 T_2，振幅是 $2a_2$。其频域图由两条离散的直线组成。

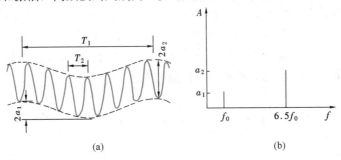

(a) (b)

图 11-9 频率相差较大的振动合成
(a) 振动时程曲线；(b) 频谱图

图 11-10 是两个频率相差两倍的时程曲线，实线为振动记录的时程曲线，分振动的周期为 T_1、T_2，对应的振幅为 a_1、a_2。

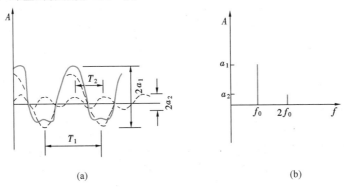

(a) (b)

图 11-10 频率相差两倍的振动合成
(a) 时程曲线；(b) 频谱图

图 11-11 为两个频率非常接近的振动合成，合成波出现"拍振"现象，对拍振可以采用包络法进行分析。

两种简谐波的频率和振幅如下：

$$\left.\begin{array}{l} f_1 = \dfrac{1}{T_1} = \dfrac{1}{T_a} + \dfrac{1}{T_b} \\[2mm] f_2 = \dfrac{1}{T_2} = \dfrac{1}{T_a} - \dfrac{1}{T_b} \end{array}\right\} \tag{11-61}$$

$$\left.\begin{array}{l} A_1 = \dfrac{a_{max} + a_{min}}{2} \\[2mm] A_2 = \dfrac{a_{max} - a_{min}}{2} \end{array}\right\} \tag{11-62}$$

若拍振腹部波峰与波峰之间的时间间隔小于腰部波峰与波峰的时间间隔，即 $L_f < L_e$，则低频波的振幅较大。而 $L_f > L_e$ 时，高频波的振幅较大。

因此对于周期振动，其振幅只能说明最大值，而不能说明振动性质，比如能量和功率谱密度等，故可引入"有效值"和"平均值"来表示。有效值就是均方根值，它与振动的能量有关，例如位移的有效值代表了振动系统的势能；速度的有效值代表了振动系统的动能；加速度的有效值代表的是振动系统的功率谱密度。此外，有效值还兼顾了振动过程的时间历程；它不同于峰值，只表示一个瞬时值，因此在目前，被认为是一种较全面的描述振动过程的表示方法。

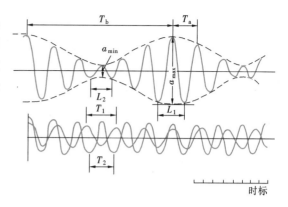

图 11-11　频率接近的"拍振"

当振动周期为 T 时，有效值的计算公式为：

$$x = \sqrt{\frac{1}{T}\int_0^T x^2 \, \mathrm{d}t} \tag{11-63a}$$

$$x = \frac{1}{\sqrt{2}}x_\mathrm{m} \quad （对简谐波） \tag{11-63b}$$

当振动周期为 T 时，平均值的计算公式为：

$$x = \frac{1}{T}\int_0^T |x| \, \mathrm{d}t \tag{11-64a}$$

$$x = 0.637x_\mathrm{m} \quad （对简谐波） \tag{11-64b}$$

3）非简谐周期振动信号分析。对于非简谐的周期振动仅仅确定其振动的峰值和有效值还不能找出振动对构件所产生的影响，而必须用频率分析法才能找出频谱的含量。因为一条复杂的曲线，是振幅和频率各不相等的若干振动图形合成，因此分析振动图形时首先要把它们分解成若干个单一频率的简谐分量，故也称谐量分析。

谐量分析的基础是傅里叶级数原理。任意一个圆频率为 ω 的周期函数都可分解为包括许多正弦函数的级数，它们的圆频率为 ω、2ω 等，即：

$$f(t) = \frac{1}{2}a_0 + \sum_{k=1}^{\infty}(a_\mathrm{K}\cos k\omega t + b_\mathrm{K}\sin k\omega t) \tag{11-65}$$

式中

$$\left. \begin{aligned} a_\mathrm{K} &= \frac{1}{\pi}\int_0^{2\pi} f(t)\cos k\omega t \, \mathrm{d}t \\ b_\mathrm{K} &= \frac{1}{\pi}\int_0^{2\pi} f(t)\sin k\omega t \, \mathrm{d}t \end{aligned} \right\} \tag{11-66}$$

a_K 和 b_K 为傅里叶系数，函数 $f(t)$ 的周期 $T=2\pi/\omega$，公式（11-65）可改写为：

$$f(t) = A_0 + \sum_{k=1}^{\infty} A_\mathrm{K}\sin(k\omega t + a_\mathrm{K}) \tag{11-67}$$

式中

$$
\left.\begin{aligned}
A_K &= \frac{1}{2}a_0 \\
A_K^2 &= a_K^2 + b_K^2 \\
a_K &= \arctan\frac{a_K}{b_K}
\end{aligned}\right\} \tag{11-68}
$$

当 $k=1$ 时，式（11-67）等号右边第二项 $A_1\sin(\omega t + a_1)$ 是具有和 $f(t)$ 相同频率的简谐分量，称为基本谐量。基本谐量的频率称基频。A_1 是基本谐量的振幅。a_1 是基本谐量的初相角。$A_K\sin(k\omega t + a_K)$ 是第 k 个谐量，其频率为 $k\omega$，振幅为 A_K，初相角为 a_K。常量 A_0 是函数 $f(t)$ 的平均值。如果函数 $f(t)$ 的数字表达式是已知的，那么从式（11-66）可求出傅里叶级数，再利用式（11-67）和式（11-68）就可以得到 $f(t)$ 的各个谐量分量，从而达到了谐量分析的目的。

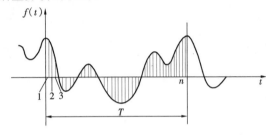

图 11-12 非简谐振动曲线

应该注意的是函数 $f(t)$ 是实测记录曲线，即 $f(t)$ 是以图形给出（如图 11-12 所示），故不能用积分式（11-66）计算 a_K 和 b_K。为此，将记录曲线中的一个周期 2π 分成 n 等分，每等分为 $\Delta\varphi = 2\pi/n$，令 $\varphi = \omega t$，$\varphi_r = r\Delta\varphi$（$r = 1$，$2$，$\cdots$，$n$），这样在时间轴上就得到 φ_0、φ_1、φ_2、$\cdots$、φ_r、$\cdots$、φ_n，相应的振幅 y_0、y_1、y_2、$\cdots$、y_r、$\cdots$、y_n，可以从图上量得，将式（11-66）改成近似积分式：

$$
\left.\begin{aligned}
a_K &= \frac{1}{\pi}\int_0^{2\pi} f(t)\cos k\omega t\,\mathrm{d}t = \frac{2}{\pi}\sum_{r=1}^n y_r\cos k\varphi_r \\
b_K &= \frac{1}{\pi}\int_0^{2\pi} f(t)\sin k\omega t\,\mathrm{d}t = \frac{2}{\pi}\sum_{r=1}^n y_r\sin k\varphi_r
\end{aligned}\right\} \tag{11-69}
$$

$$(k = 0,1,2,\cdots,m), n \geqslant 2(m+1)$$

式中，m 为谐波的数量，n 必须取偶数，至少等于 $2(m+1)$。如计算二次谐波振幅 a_2，这时 $m=2$，$n=2\times(2+1)=6$，亦即至少要将一个周期波分成六等分。n 越大计算越精确，但计算工作量也增大，实际上我们欲求的主要是前几个分量。

上述方法主要用于处理周期性振动记录图。对其进行谐量分析后，把一个复杂的振动分解成一个一个的简谐分量，将这些分量画成振幅谱和相位谱的图形，就可以清楚地表示出一个复杂振动的组成情况和各个谐量之间的关系。

【例题 11-1】 从某振动记录曲线中取出一个周期的波形如图 11-12 所示。试对其进行二次谐波分析。

【解】 将一个周期分成六等分，选取对应的 y 值列于表 11-11。将 2π 角也六等分，$\Delta\varphi = 60°$，得 $\varphi_r = r \cdot 60°$，（$r = 1$，2，$\cdots$，5），相应的正弦和余弦值列于表 11-12。

y 值表　　　　　　　　　　　　　表 11-11

y_0	y_1	y_2	y_3	y_4	y_5	y_6
4	1	−2	−2	−2	1	4

r	φ_r^0	$\sin\varphi_r$	$\cos\varphi_r$	$\sin2\varphi_r$	$\cos2\varphi_r$
0	0	0	1	0	1
1	60	0.866	0.5	0.866	−0.5
2	120	0.866	−0.5	−0.866	−0.5
3	180	0	−1	0	1
4	240	−0.866	−0.5	0.866	−0.5
5	300	−0.866	1	−0.866	−0.5

计算系数：

$$A_0 = \frac{a_0}{2} + \frac{1}{n}\sum_{r=0}^{n} y_r = \frac{1}{6}(4+1-2-2-2+1) = 0$$

$$a_1 = \frac{2}{6}\sum_{r=0}^{n} y_r\cos\varphi_r = 3$$

$$a_2 = \frac{2}{6}\sum_{r=0}^{n} y_r\cos2\varphi_r = 1$$

$$b_1 = \frac{2}{6}\sum_{r=0}^{n} y_r\sin\varphi_r = 0$$

$$b_2 = \frac{2}{6}\sum_{r=0}^{n} y_r\sin2\varphi_r = 0$$

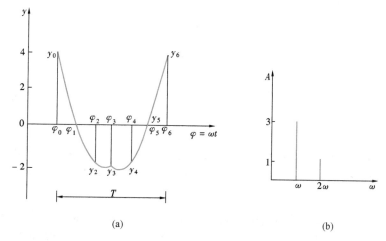

图 11-13　图形分析

（a）记录波形；（b）频谱图

故有：

$$y = 3\cos\varphi + \cos2\varphi = 3\cos\omega t + \cos2\omega t$$

据此画出频谱图，见图 11-13（b）。

（2）非周期振动信号

在非周期振动信号中，各谐波的频率不全为有理数，它没有最大公约数，即没有基波，只是由若干正弦波叠加而成。在时域上它没有重复的周期，在频域上是离散的谱线，而谱线间的距离又没有一定规律。例如，多台发动机不同步工作所引起的振动；构件在复合力作用下某一点产生的复合运动等。由于这类信号仍由周期性信号组成，故又称为准周期信号，其表达式可写作：

$$x(t) = x_1 \sin(t + \varphi_1) + x_2 \sin(3t + \varphi_2) + x_3 \sin(\sqrt{50}t + \varphi_3)t \tag{11-70}$$

除准周期性信号以外的非周期信号均属于瞬变性非周期性信号。例如，单一的三角形信号、矩形信号、半正弦信号和指数衰减信号等。

矩形脉冲波形的频率分析是以时间表示的函数 $f(t)$，经傅里叶变换成频率函数 $F(\omega)$。当矩形脉冲的幅值为 A，宽度为 T 时，则它的频谱可表达为：

$$F(\omega) = AT \frac{\sin \dfrac{\omega T}{2}}{\dfrac{\omega T}{2}} \tag{11-71}$$

图 11-14 为矩形脉冲的频谱分布，由图看出，脉冲的能量按频谱分布在 0→∞ 频率范围内，但大部分能量集中在 0→π/4 的频率范围内。频谱谱线间的距离趋近于零，谱线成为连续的曲线，因而不能用傅里叶级数表示，而必须用傅里叶积分表示，即：

$$F(\omega) = \int_{-\infty}^{+\infty} f(t) \mathrm{e}^{-3\omega t} \mathrm{d}\omega \tag{11-72}$$

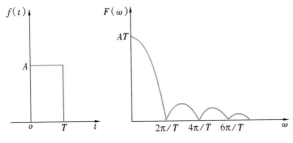

图 11-14 矩形脉冲的频谱分布

2. 随机振动信号分析

图 11-15 中的每一条时程曲线，都是随机振动的单次记录波形。从中可以看到随机振动的特征有：它的振幅随时间的变化是无规律的，不能用确定性函数表达，也不可能预测记录时间 T 以外的运动取值。如果从多次（图中表示有四次）记录图形来看，每次波形都不相同，即不可重复性和不可预测性确实是随机振动的重要特征。另一个特征是随机振动具有统计规律性，它可以用随机过程理论来描述。

通常把图 11-15 的单次记录时间历程曲线称作样本函数或称子样。将可能产生的全部样本函数的集体称随机过程或称母体。随机过程又可分为平稳随机过程和非平稳随机过程，前者是指母体的统计特征（均值和相关性）都与时间因素无关。若随机过程的统计特征均随试验时间和试验次数的变更而变动，则称为非各态历经的随机过程。反之，称各态历经的随机过程，这时每个样本的统计特征均可代表随机过程的统计特征。如果随机过程的统计特征母体均值同其中任一子样记录的时间平均值相等，则分析工作大为简化。因为只要记录的时间足够长。用一个样本函数就能描述出统计特征。工程中大部分随机振动过程都可以近似地这样处理。

对于非平稳随机过程的特征，只能用组成该过程的样本函数的集合（总体）乘瞬时平均值来确定，严格地讲，实际发生的随机过程大多是非各态历经的。因此，在处理信号时，应先确定随机过程的性质，即作平稳性和各态历经性等数据检验。下面我们讨论描述随机信号特征的几个主要统计函数。

（1）概率密度函数

随机振动的概率密度函数，是研究随机振动的瞬时幅值落在某指定范围中的概率值。某随机振动的时间历程样本函数 $f(t)$，欲求 $x(t)$ 落在 x 及（$x+\Delta x$）区间内取值的各段时刻（$\Delta t_1+\Delta t_2+\Delta t_3+\Delta t_4$），如图 11-16 所示。当 T 时间足够长时，其概率可由时间比值求得：

$$P[x<x(t)\leqslant(x+\Delta x)]=\lim_{T\to\infty}\frac{\sum_{i=1}^{k}\Delta t_i}{T}$$

(11-73)

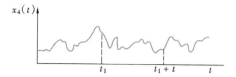
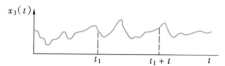
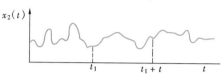
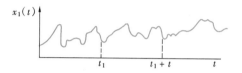

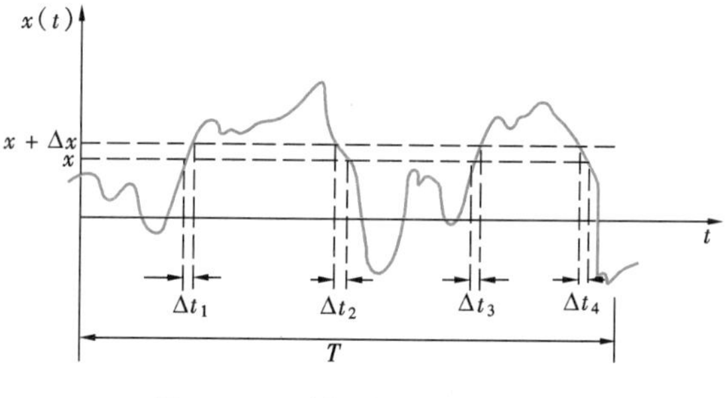

图 11-15　组成随机过程的样本

式中 $\sum_{i=1}^{k}\Delta t_i=\Delta t_1+\Delta t_2+\cdots+\Delta t_k$，为 $x(t)$ 落在（$x+\Delta x$）范围内的总时间，当 Δx 很小时，概率密度函数可按下式定义：

$$P(x)=\lim_{\Delta x\to 0}\frac{1}{\Delta x}\left[\lim_{T\to\infty}\frac{\sum_{i=1}^{k}\Delta t_i}{T}\right]$$

(11-74)

在自然界中存在着大量的随机过

图 11-16　随机过程 $P(x)$ 计算

程，而多数都符合高斯概率分布，其表达式如下：

$$P(x)=\frac{1}{\sqrt{2\pi\cdot\sigma}}\exp^{-\left(\frac{(x-\mu)}{2\sigma^2}\right)}$$

(11-75)

（2）均值和均方值

式（11-75）中的 μ 和 σ 代表的是均值和均方值。它们是随机过程非常重要的特征参数，表示一个变化着的量是否有恒定值和波动值。其总平均值为：

$$\mu_{\mathrm{x}}=\lim_{n\to\infty}\frac{1}{n}\sum_{i=1}^{n}x_i(t)$$

(11-76)

即对组成总体的 n 个子样取同一时刻 t 的平均值。

若对 n 个子样分别取不同时刻 t_1、t_2、$\cdots$，且它们的数学期望分别都相等，即 $\mu_{\mathrm{x}}(t_1)=\mu_{\mathrm{x}}(t_2)=\cdots=\mu_{\mathrm{x}}(t_n)$，则说明均值与时间 t 无关，也就是该随机过程表示的是平稳随机过程的一个重要统计特性。用下列定义子样均值，即按时间取其均值：

$$\mu_{\mathrm{x}} = \lim_{T \to \infty} \frac{1}{T} \int_0^T x(t)\,\mathrm{d}t \tag{11-77}$$

当 T 不能趋于无穷大时，可用它的估计值来表示：

$$\hat{\mu}_{\mathrm{x}} = \frac{1}{T} \int_0^T x(t)\,\mathrm{d}t \tag{11-78}$$

均值 μ_{x} 或估计值 $\hat{\mu}_{\mathrm{x}}$，只能描述振动信号中的恒定分量，而不能描述波动情况（因为围绕平均值的正、负方向的波动被互相抵消，因而将每个值先平方后再平均）。用均方值 ψ_{x}^2 来描述动态过程更为合理。其数学定义为：

$$\psi_{\mathrm{x}}^2 = \lim_{T \to \infty} \frac{1}{T} \int_0^T x^2(t)\,\mathrm{d}t \tag{11-79}$$

同理定义其估计值为：

$$\hat{\psi}_{\mathrm{x}}^2 = \frac{1}{T} \int_0^T x^2(t)\,\mathrm{d}t \tag{11-80}$$

若随机过程的概率密度函数 $P(x)$ 已知，则可以用 $P(x)$ 来表示均值和均方值。由式（11-74）可得：

$$P(x) \cdot \Delta x = \lim_{T \to \infty} \frac{\sum\limits_{i=1}^{k} \Delta t_i}{T} \tag{11-81}$$

改变式（11-78）得：

$$\hat{\mu}_{\mathrm{x}} = \frac{1}{T} \int_0^T x(t)\,\mathrm{d}t = \int_0^T x(t)\,\frac{\mathrm{d}t}{T} = \sum_t x(t)\,\frac{1}{T}$$

所以，
$$\hat{\mu}_{\mathrm{x}} = \sum_x x[P(x)\mathrm{d}x] = \int_{-\infty}^{+\infty} xP(x)\,\mathrm{d}x \tag{11-82}$$

同理均方值为：

$$\psi_{\mathrm{x}}^2 = \int_{-\infty}^{+\infty} x^2 P(x)\,\mathrm{d}x \tag{11-83}$$

均方值是用来描述动态过程特征的。它包含了静态和动态的内容（恒定值和波动值），若只研究动态情况，则应从过程中将恒定值（静态分量）减去，则剩下的为波动特征，可用方差表示如下：

$$\begin{aligned}
\hat{\sigma}_{\mathrm{x}}^2 &= \frac{1}{T} \int_0^T [x(t) - \mu_{\mathrm{x}}]^2\,\mathrm{d}t \\
&= \frac{1}{T} \int_0^T x^2(t)\,\mathrm{d}t - 2\mu_{\mathrm{x}} \frac{1}{T} \int_0^T x(t)\,\mathrm{d}t + \frac{1}{T} \int_0^T \mu_{\mathrm{x}}^2\,\mathrm{d}t \\
&= \psi_{\mathrm{x}}^2 - 2\mu_{\mathrm{x}}\mu_{\mathrm{x}} + \mu_{\mathrm{x}}^2 \\
&= \psi_{\mathrm{x}}^2 - \mu_{\mathrm{x}}^2
\end{aligned} \tag{11-84}$$

（3）相关关系

分析相关关系用的两个统计量是自相关函数（对一个随机过程而言）和互相关函数（对两个随机过程而言）。

自相关函数是描述某一时刻的数值与另一时刻数值之间的依赖关系。它被定义为乘积的平均值，τ 为时延或称滞后。自相关函数表达式为：

$$R_x(\tau,t) = \lim_{T\to\infty} \frac{1}{T}\int_0^T x(t) \cdot x(t+\tau)\mathrm{d}t \tag{11-85}$$

当 T 不能取无穷大时，采用估计值：

$$\widehat{R}_x(\tau,t) = \frac{1}{T}\int_0^T x(t) \cdot x(t+\tau)\mathrm{d}t \tag{11-86}$$

若随机过程为各态历经的平稳随机过程，则平均值与时间无关，而只取决于 τ，故上式可改写为：

$$\widehat{R}_x(\tau,t) = \hat{R}_x(\tau) \tag{11-87}$$

由此可得自相关函数 $\widehat{R}_x(\tau)$ 的性质：

1）自相关函数在 $\tau=0$ 处具有极大值，且等于均方值。因为求自相关值时，是两个数相乘，两个数在同一时刻可正可负，取其均值时要抵消一部分，不如乘积全是正的平均值大。$\tau=0$ 处随机过程各点值自乘，全为正数，所以，$\tau=0$ 时出现最大值，则有：

$$\widehat{R}_x(0) \geqslant |\widehat{R}_x(\tau)| \tag{11-88}$$

且

$$\widehat{R}_x(0) = \frac{1}{T}\int_0^T x^2(t)\mathrm{d}t = \psi_x^2 \tag{11-89}$$

2）自相关函数是对称于 y 轴的偶函数，即：

$$\widehat{R}(\tau) = \widehat{R}_x(-\tau) \tag{11-90}$$

τ 的符号表示时延方向，向左移为正，向右移为负，但两者移动距离相同，所以自相关函数不变。

3）$\tau=\infty$ 时，自相关函数趋于均值的平方：

$$\widehat{R}_x(\infty) = \mu_x^2 \tag{11-91}$$

根据以上性质，给出四种典型信号的自相关函数图（图 11-17），其中假定信号是经过"中心化"处理的，即 $\mu=0$。

图 11-17（a）为正弦波信号。其相关函数为余弦信号，其包络线为常数，不随 τ 的增加而衰减。由此可知，正弦波可以根据"现在值"预测"未来值"。由相关函数的性质可知，其周期与正弦波的周期完全相同。值得注意的是，相关函数不完全不包括周期样本函数中的相位信息，这是自相关函数的一个特点或者是缺点。

图 11-17（b）为正弦波加随机噪声及其自相关函数图，其中当 τ 较小时，包络线降低较快，而当 τ 较大时包络线成为稳定值。这说明波形的"现值"与其"近似值"很不相似（由于随机噪声的影响），而与其"远期值"则很相似。这点由时域曲线也可以清楚地看出来。

图 11-17（c）为窄带随机信号及其自相关函数图。所谓"窄带"是指波形由较小的谐波成分所合成。当两个频率成分很相近的谐波合成为"拍"时，其自相关函数的包络线呈缓慢的周期时，$R_x(\tau)=0$，此时波形几乎完全不相似了。但当 τ 大于"拍"的周期时，$R_x(\tau)$ 值又逐渐有些增加，这是因为时域曲线的幅值又开始增大的缘故。

图 11-17（d）为宽带随机信号及其自相关函数图。所谓"宽带"是指波形由多种频

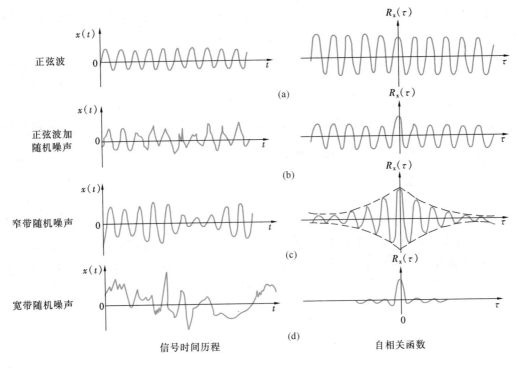

正弦波

正弦波加
随机噪声

窄带随机噪声

宽带随机噪声

信号时间历程　　　　　　自相关函数

图 11-17　典型信号的自相关函数图

率的谐波成分所合成,因此波形形状十分复杂。根据"现值"很难预计其"近期值"及其"未来值"。这一特点表现在其自相关函数曲线上是当 τ 稍微增加时 $R_x(\tau)$ 值急剧降落,称为"徒降特性"。

对"无穷带宽"的信号,即信号中包含的频率成分无穷大,这种信号称为"白噪声"。这是由于白光是由不同频率成分的有色光所合成的概念引申而来的一个名词。完全可以设想,白噪声的自相关函数将蜕变为一个脉冲函数。

在工程实践中,当同时存在有几个随机过程时,人们总希望找出它们相互间的相关性。因而需要研究两个随机过程、两组数据之间的依赖关系。例如,图 11-18 所示的两个随机过程 $x(t)$ 和 $y(t)$。它们的互相关函数可由 $x(t)$ 在 t 时刻的值与 $y(t)$ 在 $(t+x)$ 时刻的值的乘积平均求得。当平均时间(或取样时间)T 趋于无穷时,平均乘积将趋于正确的互相关函数,即:

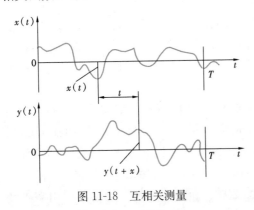

图 11-18　互相关测量

$$R_{xy}(\tau) = \lim_{T \to \infty} \frac{1}{T} \int_0^T x(t) \cdot y(t+\tau) \mathrm{d}t$$

$$(11\text{-}92)$$

T 不能趋于无穷大时,取其估计值:

$$\hat{R}_{xy}(\tau) = \frac{1}{T} \int_0^T x(t) \cdot y(t+\tau) \mathrm{d}t$$

$$(11\text{-}93)$$

互相关函数 $\hat{R}_{xy}(\tau)$ 是可正可负的实值函数。它和自相关不同,不一定在 $\tau=0$ 处具有最大值，也不是偶函数。一般情况下，互相关函数 $R_{xy}(\tau) \neq R_{yx}(\tau)$，但在 x、y 互换时有以下关系：

$$\left.\begin{array}{r} R_{xy}(\tau) = R_{yx}(-\tau) \\ R_{xy}(-\tau) = R_{yx}(\tau) \end{array}\right\} \tag{11-94}$$

当 $\tau \to \infty$ 时，$R_{xy}(\tau) = 0$，称 $x(t)$ 和 $y(t)$ 是不相关的。

（4）谱密度分析

前面三个描述随机过程的统计特性是分别从不同角度研究其规律的。均值、均方值、方差和概率密度函数都是在幅域内研究幅值分布的统计规律；相关函数是在时域内研究其统计规律；对随机振动的频域进行分析叫作谱密度分析。

由于随机振动的频率、幅值和相位都是随机的，既不能做幅度和相位谱分析，又不能用离散谱描述，但它具有统计的特性，可做功率谱密度谱分析。由于功率谱图中突出了主频率，所以有时根据需要只对随机信号做功率谱分析。

进行谱分析的目的在于对随机振动记录曲线作某些加工，使波形的性质能清楚地表现出来。例如欲从地震原始已录波形中辨认最大振幅、波数、振动周期及能量几乎都是不可能的，必须经过处理才能辨认。谱密度分析结果，应该求出自谱、互谱、相干函数和传递函数等特征量。

1）自功率谱密度

自功率谱密度函数又称自谱密度函数。自谱可通过幅度谱的平方求得，也可以通过相关函数的傅里叶变换求得。自谱的定义：

$$S_x(f) = \int_{-\infty}^{\infty} R_x(\tau) e^{-j2\pi f\tau} d\tau \tag{11-95}$$

且

$$R_x(\tau) = \int_{-\infty}^{\infty} S_x(\tau) e^{-j2\pi f\tau} d\tau \tag{11-96}$$

式中　$S_x(f)$——自功率谱密度函数；

　　　$R_x(\tau)$——自相关函数。

即随机振动波形在时域的自相关函数 $R_x(\tau)$，可以用傅里叶变换求得频域的自功率谱密度函数 $S_x(f)$，且两者构成傅里叶变换对。

自功率谱密度函数 $S_x(f)$ 是在 $(-\infty, \infty)$ 频率范围内的功率谱，所以又称双边谱。但在实际工程中，频率范围都是在 $(0, \infty)$ 内，考虑到两边能量等效，可以用单边功率 $G_x(f)$ 代替双边功率谱 $S_x(f)$，故得：

$$G_x(f) = 2S_x(f) \tag{11-97}$$

式中，$f \geqslant 0$。图 11-19 表示了单边谱和双边谱的关系。

由式（11-96）和式（11-97）得：

$$R_x(\tau) = \int_{-\infty}^{\infty} S_x(f) e^{-j2\pi f\tau} df$$

$$= \int_0^{\infty} G_x(f) e^{-j2\pi f\tau} df$$

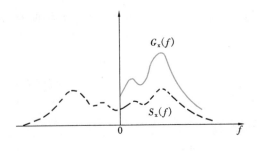

图 11-19　单边谱与双边谱的关系

当 $\tau=0$，$\mathrm{e}^{-j2\pi f\tau}=1$ 时，得：

$$R_x(0) = \int_{-\infty}^{\infty} S_x(f)\mathrm{d}f = \int_0^{\infty} G_x(f)\mathrm{d}f = \psi_x^2$$

$$(11-98)$$

由此表明，自谱密度函数图形的积分所得总面积等于随机信号 $x(t)$ 的均方值 ψ_x^2，它代表信号所占的总能量的大小（或功率的大小）。因此，自谱密度函数将表示单位频率宽度上所含能量（功率）的大小。而自谱密度函数的图形就表示能量按频率分布所表现的情况。$S_x(f)$ 或 $G_x(f)$ 具有能量（功率）的含义，也具有密度的含义，因而被称作自功率密度函数。几种典型的随机信号的自谱密度函数列于表 11-13。

随机信号的自谱密度函数表　　　　　　　表 11-13

序号	名称类别	样本函数	概率密度函数	自相关函数	自功率谱密度函数
a	正弦波	$x(t)$	$f(x)$	$R_x(\tau)$	$G_x(f)$
b	正弦波加随机噪声	$x(t)$	$f(x)$	$R_x(x)$	$G_x(f)$
c	窄带随机过程	$x(t)$	$f(x)$	$R_x(x)$	$G_x(f)$
d	宽带随机过程	$x(t)$	$f(x)$	$R_x(\tau)$	$G_x(f)$
e	白噪声	$x(t)$	$f(x)$	$\delta(t)$	$G_x(f)$

2）互功率谱密度

互功率谱密度函数又称互谱或交叉功率谱密度函数。定义为：

$$S_{xy}(f) = \int_{-\infty}^{\infty} R_{xy}(\tau)\mathrm{e}^{-j2\pi f\tau}\mathrm{d}\tau$$

$$(11-99)$$

$$R_{xy}(\tau) = \int_{-\infty}^{\infty} S_{xy}(f) e^{-j2\pi f \tau} df \qquad (11\text{-}100)$$

式中　$S_{xy}(f)$——互功率谱密度函数；

　　　$R_{xy}(\tau)$——互相关函数。

随机信号的互谱是互相关函数的傅里叶变换，两者又构成一个傅里叶变换对。因为互相关函数不是偶函数，所以互谱用下列复数形式表示，即：

$$G_{xy}(f) = C_{xy}(f) - jQ_{xy}(f) \qquad (f \geqslant 0) \qquad (11\text{-}101)$$

式中　$C_{xy}(f)$——共谱密度函数（实部）；

　　　$Q_{xy}(f)$——重谱密度函数（虚部）。

实部和虚部分别为 $x(t)$ 和 $y(t)$ 在窄带区间 $(f, f+\Delta f)$ 内的平均乘积除以带宽 $B(B = \Delta f)$ 得到的值：

$$C_{xy}(f) = \lim_{\substack{B \to 0 \\ T \to \infty}} \frac{1}{BT} \int_0^T x_B(t) y_B(t) dt \qquad (11\text{-}102)$$

$$Q_{xy}(f) = \lim_{\substack{B \to 0 \\ T \to \infty}} \frac{1}{BT} \int_0^T x_B(t) y_B^*(t) dt \qquad (11\text{-}103)$$

其中 $y(t)$ 与 $y^*(t)$ 相移 $90°$。互谱密度也可用极坐标表示：

$$C_{xy}(f) = |C_{xy}(f)| e^{-j\varphi_{xy}(f)} \qquad (11\text{-}104)$$

其中，

$$|C_{xy}(f)| = \sqrt{C_{xy}^2(f) + Q_{xy}^2(f)}$$

$$\varphi_{xy}(f) = \arctan \frac{Q_{xy}(f)}{C_{xy}(f)}$$

3）传递函数

系统的传递函数，即系统中两点 x、y 之间的传递函数等于互谱密度函数与点 x 的功率谱密度函数之比，即：

$$H_{xy}(f) = \frac{S_{xy}(f)}{S_{xx}(f)} \qquad (11\text{-}105)$$

若能测得 $S_{xx}(f)$ 和 $S_{xy}(f)$，就能确定 $H_{xy}(f)$ 的大小。

4）相干函数

相干函数是描述两个过程因果关系的量度。因为它是在频域内描述相关性，所以又称凝聚函数。定义相干函数为：

$$r_{xy}^2(f) = \frac{|S_{xy}(f)|^2}{S_x(f) S_y(f)} \leqslant 1 \qquad (11\text{-}106)$$

式中　$S_{xy}(f)$——随机过程 $x(t)$ 和 $y(t)$ 的互谱密度；

　　　$S_x(f)$——随机过程 $x(t)$ 的自谱密度；

　　　$S_y(f)$——随机过程 $y(t)$ 的自谱密度。

若 $r_{xy}^2(f) = 0$，则表明 $x(t)$ 和 $y(t)$ 在此频率域上是不相干的。

若 $r_{xy}^2(f) = 0$ 成立，则说明上述两个随机过程是独立的。

若 $r_{xy}^2(f) = 1$，则说明上述两个函数完全相干。

一般情况下，$r_{xy}^2(f)$ 在 0～1 之间。这对于一个结构系统来说，输出部分是来源于输入部分，其余部分为外界干扰。因此相干函数常用来判断传递特性计算的有效性。

3. 随机振动试验数据处理的一般步骤

前面对各种随机信号在幅域、时域和频域的概率分布和特征作了理论方面的介绍，但要付诸实践则必须借助计算机。近几十年来随着数字式电子计算机的迅速发展，特别是傅氏变换算法的出现，极大地推动了信号分析理论的应用，形成了一整套的分析方法和分析技术。由信号分析理论可知，所用的样本函数大部分是连续的，且是无限长的。但是这些连续化数据是数字式计算机所不能接受的，同时样本数据也不可能是无限长的。这就给我们提出了两个问题：一是怎样将连续信号离散化，也就是采样规律和快速傅里叶变换的算法问题。二是怎样从有限长样本数据进行参数估算问题。由此可见，数据处理和信号分析在解决工程实际问题时，是两个不可分割的内容。但从学科上来讲，两者又有相对独立性，数据处理的内容及流程如图 11-20 所示。

图 11-20　数据处理流程图

（1）不合理数据的剔除

数据有模拟量和数字量之分，因为模拟量比数字量更直观容易判断，所以在将模拟量信号转换成数字量之前，一般先判断是否有不合理的数据需要剔除。在采集数据过程中，因噪声干扰或传感器等使用不当，都可能产生过高或过低的偏差，其中不合理的数据不可避免地存在，应将其剔除。

（2）模拟量转换为数字量

模拟量转换为数字量即 A/D 转换，是试验数据进行数字化处理不可缺少的步骤。它包括的主要内容是采样和量化。对连续的电模拟量按一定的时间间隔进行取值，此工作称为采样。经过采样后的信号 $x(t)$ 就变成了离散信号 $x(n \cdot \Delta t)$，$n＝1，2，\cdots，\Delta t$ 为采样间隔时间。Δt 太大，即采样过稀，离散化的信号将不能真实地反映原来的连续信号。Δt 太小，即采样过密，必然增加计算工作量。确定 Δt 的原则，一般认为应该满足采样定理，定理规定无失真的采样频率 f_s 应该大于等于两倍信号的最高频率成分 f_c。采样时，若事先未知 f_c 值，则可用两个任意采样频率 f_{s1} 和 f_{s2} 分别采样。得到的频谱 $x_{s1}(t)$ 和 $x_{s2}(t)$，两者差别不大时，可以认为 $f_c \leqslant f_{s1}/2$（设 $f_{s1}＜f_{s2}$）；若两者差别较大，则再取样，使 $f_{s3} ＞ f_{s2}$，对频谱 $x_{s3}(t)$ 和 $x_{s2}(t)$ 进行比较，依此类推就可以确定 f_c。

量化是在幅值上对连续的模拟量离散化。经过采样，使连续的时间函数在时间上离散化。完成这一过程是靠电子元件"模-数转换器"或称 A/D 转换器来进行的。在模数转换之前，一般应先进行滤波，以排除高于研究信号的频率。

（3）数据预处理

数据预处理的目的，一是确定经过量化后的数字量与被测参量单位之间的换算关系，即校正数据的物理单位；二是进行中心化处理，即将原始数据减去平均值的处理，以便简化计算公式；再次是消除趋势项，趋势项是指样本记录周期大于记录长度的频率成分。它

244

可能是由于仪器的零点漂移或测试系统引起的，或者是变化缓慢的误差等，如果不把它事先消除，在相关分析和功率谱分析时将引起很大的畸变，以致使低频谱的估计完全失真。

（4）数据检验

前面讲到，对不同随机过程要求采用不同的分析方法。因此，对样本进行分析之前必须鉴别样本函数的基本特性，例如平稳性、周期性、正态性等，以便选取正确的分析方法。检验方法可参阅表 11-13 以及概率论和数理统计的有关章节。

（5）数据分析

数据经过以上各步处理后，即可用数学方法计算样本函数的统计特征，如自相关、互相关函数、功率谱、传递函数等，然后依据样本函数的性质分析结构的各阶振动频率、振型、阻尼等动力特性。

动力试验数据处理的另一种新方法是实验模态分析法。所谓实验模态分析法就是不用结构的质量矩阵、刚度矩阵和阻尼矩阵来描述结构的动力特性，而是通过试验方法求得结构的固有频率、模态阻尼和振型等振动模态参数。对于复杂结构，经过某些假定，可用少数低阶模态的叠加代替复杂的数学模型。与传统的分析方法相比，实验模态分析法还可以由结构的响应反推结构激励荷载，从而提供了控制结构动力反应的必要资料。实验模态分析法，已在结构动力分析中占据重要地位，已成为解决结构动力学问题的一个新的分支。

本 章 小 结

1. 数据处理就是在结构试验中或结构试验后，对所采集得到的数据（即原始数据）进行整理换算、统计分析和归纳演绎，以得到代表结构性能的公式、图像、表格、数学模型和数值。它包括：数据的整理和换算、数据的统计分析、数据的误差分析、数据的表达四部分内容。

2. 对结构试验采集得到的杂乱无章、位数长短不一的数据，应该根据试验要求和测量精度，按照有关的规定（如国家标准《数值修约规则与极限数值的表示和判定》GB/T 8170—2008）进行修约。此外，采集得到的数据有时需要进行换算，才能得到所要求的物理量。例如，把采集到的应变换算成应力，把位移换算成挠度、转角、应变等，把应变式传感器测得的应变换算成相应的力、位移、转角等。

3. 统计分析是常用的数据处理方法，可以从很多数据中找到一个或若干个代表值，也可以对试验的误差进行分析。统计分析中常用的概念和计算方法主要有：平均值、标准差、变异系数、随机变量和概率分布，其中正态分布函数是最常用的描述随机变量的概率分布函数。此外，常用的概率分布还有：二项分布、均匀分布、瑞利分布、χ^2 分布、t 分布、F 分布等。

4. 测量数据不可避免地都包含一定程度的误差，可以根据误差产生的原因和性质将其分为粗大误差、随机误差和系统误差三类。对误差进行统计分析时，需要计算三个重要的统计特征值即算术平均值、标准差和变异系数。对于代数和、乘法、除法、幂级数、对数等一些常用的函数形式，可以分别得到其最大绝对误差 Δy 和最大相对误差 δy，了解其误差传递。实际试验中，过失误差、随机误差和系统误差是同时存在的，试验误差是这三种误差的组合。可以通过 3σ 方法、肖维纳方法、格拉布斯方法剔除异常数据；利用分布密度函数确定极限误差来处理随机误差；而对于规律难以掌握的系统误差则需要通过改善测量方法、克服测量工具缺陷等一系列措施来减少或消除。

5. 试验数据应按一定的规律、方式来表达，以对数据进行分析。一般采用的表达方式有表格、图像和函数。表格按其内容和格式可分为汇总表格和关系表格两类；图像表达则有曲线图、直方图、形态图等形式，其中最常用的是曲线图和形态图。在试验数据之间建立一个函数关系，首先需要确定函数形式，其次需通过回归分析、一元线性回归分析、一元非线性回归分析、多元线性回归分析乃至系统识别等方法求出函数表达式中的系数。

6. 通常对结构物进行动态测定时需要设法压缩或过滤与结构振动无关的信号分量，突出与结构有关的信号分量，然后对这些信号进行分析，获得与结构振动有关的特征参量，这就是信号处理。由振动引起的波形，可分为确定性振动和随机振动两类。确定性振动包括周期性振动信号和非周期性振动信号，周期性振动信号可以通过时域图、能量和功率谱密度、谐量分析等手段表达；非周期性振动信号则必须用傅里叶积分来表示频谱谱线。不可重复性和不可预测性以及具有统计规律性是随机振动的特征，它可以通过概率密度函数、均值和均方值、相关关系、谱密度分析等随机过程方法及理论来描述。对于随机振动试验数据处理首先应剔除不合理数据，然后将模拟量转换为数字量，最后完成数据预处理、数据检验及数据分析。

思 考 题

1. 为什么要对结构试验采集到的原始数据进行处理？数据处理的内容和步骤主要有哪些？

2. 进行误差分析的作用和意义何在？

3. 误差有哪些类别？是怎样产生的？应如何避免？

4. 试验数据的表达方式有哪些？各有什么基本要求？

5. 图 11-21 为钢筋混凝土试件的截面应变测点布置图，各测点应变值（ε）如表 11-14 所示，试画出截面应变分布图。

各测点应变值（ε）　表 11-14

测点	1	2	3	4	5
荷载	测量应变				
A 级	−10	−5	0	+5	+10
B 级	−15	−7	+3	+8	+11
C 级	−20	−8	+5	+19	+32

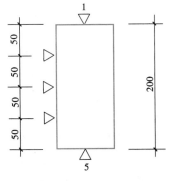

图 11-21　测点布置图

6. 测定一批构件的承载能力，得 4520、4460、4610、4540、4550、4490、4680、4460、4500、4830（单位：N·m），问其中是否包含过失误差？

7. 对结构物动态测定的数据处理分为哪几类？如何进行分析？

8. 阐述随机振动试验数据处理的一般步骤。

本科生试验

试验一　电阻应变片的粘贴	试验一 电阻应变片的粘贴试验
试验二　常用机式仪表的使用技术	试验二 常用机式仪表的使用技术试验
试验三　电阻应变测量技术	试验三 电阻应变测量技术试验
试验四　钢筋混凝土简支梁破坏试验	试验四 钢筋混凝土简 支梁破坏试验　试验四钢筋混 凝土简支梁破 坏试验视频
试验五　钢筋混凝土连续梁破坏试验	试验五 钢筋混凝土连续梁破坏试验
试验六　结构动力特性测定	试验六 结构动力特性测定试验　试验六结构动力 特性测定试验视频
试验七　钢筋混凝土构件的可靠度鉴定	试验七 钢筋混凝土构件的可靠度鉴定试验
更多试验照片及视频	空心剪力墙试验录像　L形反力墙录像

参 考 文 献

[1]　姚振刚，刘祖华. 建筑结构试验 [M]. 上海：同济大学出版社，1996.

[2]　宋彧，张贵文. 建筑结构试验 [M]. 3 版. 重庆：重庆大学出版社，2022.

[3]　赵顺波，等. 工程结构试验 [M]. 郑州：黄河水利出版社，2001.

[4]　中华人民共和国住房和城乡建设部. 工程结构可靠性设计统一标准：GB 50153—2008 [S]. 北京：中国建筑工业出版社，2008.

[5]　中华人民共和国住房和城乡建设部. 混凝土结构设计标准：GB/T 50010—2010（2024 年版）[S]. 北京：中国建筑工业出版社，2024.

[6]　中华人民共和国住房和城乡建设部. 建筑抗震设计标准：GB/T 50011—2010（2024 年版）[S]. 北京：中国建筑工业出版社，2024.

[7]　教育部高等学校土木工程专业教学指导分委员会. 高等学校土木工程本科专业指南 [M]. 北京：中国建筑工业出版社，2023.

[8]　柳昌庆. 实验方法与测试技术 [M]. 北京：煤炭工业出版社，1985.

[9]　章关永. 桥梁结构试验 [M]. 2 版. 北京：人民交通出版社，2010.

[10]　沈在康. 混凝土结构试验方法新标准应用讲评 [M]. 北京：中国建筑工业出版社，1991.

[11]　Clough R W，Penzien J. Dynamice of Structures [M]. New York：McGraw-Hill，1975.

[12]　Windows A L. 应变计技术 [M]. 北京：中国计量出版社，1989.

[13]　姚谦峰，等. 土木工程结构试验 [M]. 2 版. 北京：中国建筑工业出版社，2008.

[14]　应杯樵. 现代振动与噪声技术 [M]. 北京：航空工业出版社，2007.

[15]　傅恒箐. 建筑结构试验 [M]. 北京：冶金工业出版社，1992.

[16]　中华人民共和国住房和城乡建设部. 建筑抗震试验规程：JGJ/T 101—2015 [S]. 北京：中国建筑工业出版社，2015.

[17]　吴三灵. 实用振动试验技术 [M]. 北京：兵器工业出版社，1993.

[18]　朱伯龙. 结构抗震试验 [M]. 北京：地震出版社，1989.

[19]　朱世杰，等. 结构模型和试验技术 [M]. 北京：中国铁道出版社，1989.

[20]　李德寅，等. 结构模型试验 [M]. 北京：科学出版社，1996.

[21]　H. 霍斯多尔夫. 结构模型分析 [M]. 徐正忠，等译. 北京：中国建筑工业出版社，1986.

[22]　邱法维，钱稼茹，陈志鹏. 结构抗震试验方法 [M]. 北京：科技出版社，2000.

[23]　王秀逸，王庆霖，梁兴文，等. 砖砌体抗压强度现场原位检测的试验研究 [J]. 西安冶金建筑学院学报，1990，22（02）：120-126.

[24]　马永欣，郑山锁. 结构试验 [M]. 北京：科学出版社，2001.

[25]　吴慧敏. 结构混凝土现场检测技术 [M]. 长沙：湖南大学出版社，1988.

[26]　中华人民共和国住房和城乡建设部. 工业建筑可靠性鉴定标准：GB 50144—2019 [S]. 北京：中国建筑工业出版社，2019.

[27]　中华人民共和国住房和城乡建设部. 民用建筑可靠性鉴定标准：GB 50292—2015 [S]. 北京：中国建筑工业出版社，2015.

[28]　中华人民共和国冶金工业部. 钢结构检测评定及加固技术规程：YB 9257—96 [S]. 北京：冶金

工业出版社，1996.

[29]　中华人民共和国住房和城乡建设部. 回弹法检测混凝土抗压强度技术规程：JGJ/T 23—2011 [S]. 北京：中国建筑工业出版社，2011.

[30]　中华人民共和国住房和城乡建设部. 混凝土结构加固设计规范：GB 50367—2013 [S]. 北京：中国建筑工业出版社，2013.

[31]　中国工程建设标准化协会. 钢结构加固技术规范：CECS 77：96 [S]. 北京：中国计划出版社，1996.

[32]　龚洛书，柳春圃，等. 混凝土的耐久性及其防护修补 [M]. 北京：地震出版社，1990.

[33]　邱小坛，周燕. 旧建筑物的检测加固与维护 [M]. 北京：地震出版社，1991.

[34]　中国工程建设标准化协会. 超声回弹综合法检测混凝土强度技术规程：T/CECS 02—2020 [S]. 北京：中国计划出版社，2020.

[35]　中国工程建设标准化协会. 钻芯法检测混凝土强度技术规程：CECS 03：2007 [S]. 北京：中国计划出版社，2007.

[36]　中国工程建设标准化协会. 超声法检测混凝土缺陷技术规程：CECS 21：2000 [S]. 北京：中国城市出版社，2000.

[37]　中国工程建设标准化协会. 碳纤维增强复合材料加固混凝土结构技术规程：T/CECS 146—2022 [S]. 北京：中国建筑工业出版社，2022.

[38]　黄世霖. 相关函数与谱分析的应用 [M]. 北京：清华大学出版社，1988.

[39]　中国科学院数理统计组. 回归分析方法 [M]. 北京：科学出版社，1974.

[40]　汪荣鑫. 数理统计 [M]. 西安：西安交通大学出版社，1986.

[41]　王娴明. 建筑结构试验 [M]. 北京：科学出版社，1988.

[42]　中华人民共和国住房和城乡建设部. 混凝土结构试验方法标准：GB 50152—2012 [S]. 北京：中国建筑工业出版社，2012.

[43]　中华人民共和国机械电子工业部. 电阻应变仪技术条件：JB/T 6261—92 [S]. 北京：机械工业出版社，1992.

[44]　中华人民共和国国家质量监督检验检疫总局. 金属粘贴式电阻应变计：GB/T 13992—2010 [S]. 北京：中国标准出版社，2010.

[45]　中华人民共和国住房和城乡建设部. 混凝土物理力学性能试验方法标准：GB/T 50081—2019 [S]. 北京：中国建筑工业出版社，2019.

[46]　中华人民共和国国家质量监督检验检疫总局. 紧固件机械性能　螺栓、螺钉和螺柱：GB/T 3098.1—2010 [S]. 北京：中国标准出版社，2011.

[47]　中华人民共和国国家市场监督管理总局. 焊缝无损检测　射线检测　第1部分：X 和伽玛射线的胶片技术：GB/T 3323.1—2019 [S]. 北京：中国标准出版社，2019.

[48]　国家能源局. 承压设备无损检测　第3部分：超声检测：NB/T 47013.3—2023 [S]. 北京：北京科学技术出版社，2024.

[49]　国家标准化管理委员会. 数值修约规则与极限数值的表示和判定：GB/T 8170—2008 [S]. 北京：中国标准出版社，2008.